U0233665

L'OFFICIEL
时尚先锋
现代、优雅代言人

越野越烈
心有多野，未来就有多远
长城S级是长城全系的高端豪华车型，凭借大气稳重的外
型以及奢华的配置，长城S级博得不少成功人士的喜爱。
新款S级仅为中期改款车型，外观上仅作了小幅度修改。
修改过的保险杠进气口，还有LED日间行车灯让整车显得
更为年轻，而新的LED尾灯也增加了夜间行车安全性能。
Adaptive Highbeam Assist
自适应远光灯辅助系统
ATTENTION ASSIST
注意力辅助系统
Night View Assist Plus
增强型夜视辅助系统

北京站 第1季
八月大促
登录即给现金券
FREE SHIP
免运费

Home
News
Events
Audi Life
Media Center
BBS
Models
Price
Displacement
Power
Aftermarket
MOTORSPORT
ABT
关于我们
联系我们
官方链接
合作媒体

Looking for your car.
The ends of the earth

建筑赏析 APPRECIATION

FORT ARCHITECTURE

堡式经典建筑 Classic architecture
土体建筑高约 150 米，百米高堡式经典建筑，将海河美景与极地海洋尽收眼底。

部分货物和地区需要加木架费，详情请咨询客服：400111222
地域广阔，家具也属于特殊商品，只能发物流，不是所有城市都能到达，详情请查看包物流城市表。
家具到达当地后需要您自提，如需送货需要加收一定的送货费用。

抠图+修图+调色+合成+特效

Photoshop核心应用5项修炼

曾宽　潘擎　编著

人民邮电出版社
北京

图书在版编目（CIP）数据

抠图+修图+调色+合成+特效Photoshop核心应用5项修炼 / 曾宽，潘擎编著. -- 北京 : 人民邮电出版社, 2013.1 (2021.8 重印)
ISBN 978-7-115-30361-5

Ⅰ. ①抠… Ⅱ. ①曾… ②潘… Ⅲ. ①图象处理软件 Ⅳ. ①TP391.41

中国版本图书馆CIP数据核字(2012)第304865号

内 容 提 要

这是一本非常棒的书，主要讲解如何用 Photoshop 处理图片和做商业设计。

本书以案例为主导，核心内容包括抠图、修图、调色、合成和特效，这些案例均源自经验丰富的设计师、商业修图师，并由 Adobe Photoshop 产品专家根据读者的学习习惯进行优化、润色，力求给读者带来最佳的学习体验。

本书案例均从实际问题出发，先讲解决问题的思路，再讲如何通过 Photoshop 实现，这些问题也是通过大量的实际调研得出，很具有代表性。

本书配有一张 DVD9 教学光盘，包括本书实例中所需要的素材图像和视频教学文件，以及部分案例的 PSD 源文件，视频均由多位设计师亲自录制，读者可以书盘结合进行学习。

本书适合零基础、想快速提高图片处理水平的读者阅读；如果从未接触过 Photoshop，通过本书第 2 章能快速上手。

抠图+修图+调色+合成+特效Photoshop核心应用5项修炼

◆ 编　　著　曾　宽　潘　擎
　责任编辑　杨　璐
◆ 人民邮电出版社出版发行　北京市丰台区成寿寺路 11 号
　邮编　100164　电子邮件　315@ptpress.com.cn
　网址　http://www.ptpress.com.cn
　北京印匠彩色印刷有限公司印刷
◆ 开本：787×1092　1/16
　印张：18.75　彩插：4
　字数：466 千字　2013 年 1 月第 1 版
　印数：162 501–164 500 册　2021 年 8 月北京第 39 次印刷

ISBN 978-7-115-30361-5

定价：89.00 元（附光盘）

读者服务热线：(010)81055410　印装质量热线：(010)81055316
反盗版热线：(010)81055315
广告经营许可证：京东市监广登字 20170147 号

本书导读

1.版式说明

CHAPTER 3 Photoshop 解决问题

11. 复古色调

视频：视频\3.3 调色\3.3.8\11 复古色调
素材：练习\3-3 调色8-让图片的色彩更漂亮\11 复古色调\复古色调-原图.jpg

01 分析原图 这张图片比较有欧美复古的感觉。在调色的时候，希望能有一些复古的灰色调，同时让片子感觉朦胧一些，更配合模特慵懒的姿态。

02 做明暗 调色前的第一步，都是先调整图片的明暗。感觉图片整体有点暗， 新建曲线调整层，稍微提亮，然后再把暗部压下去一些，这样在提亮亮部的时候不会让暗部太灰。

Tips 并不是随便拿到一张片子都可以来个复古色调，拍摄出复古的感觉更重要。

03 处理皮肤的颜色 先观察人物的皮肤，偏红。新建可选颜色调整层，颜色选择红色，加青、减红、减黄；颜色选择黄色，减红、减黄，这样皮肤更正常一些。

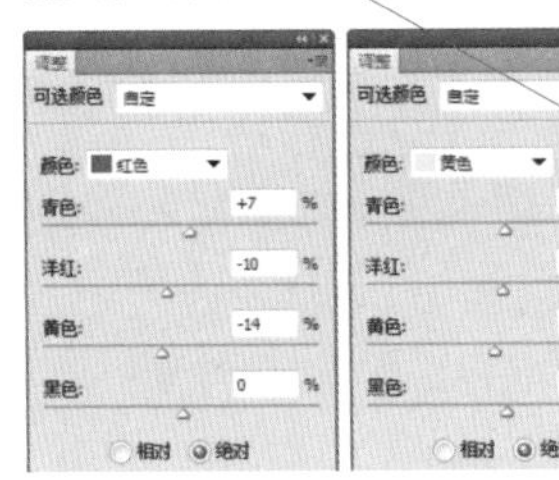

195

光盘路径
视频和素材在光盘中的位置，便于读者查看。

步骤
图文结合进行讲解，有操作步骤，也有对案例及图片的深入剖析。

技巧和说明
在讲解过程中配有大量的PS使用技巧，帮助读者快速提升PS水平。

关键词
重要的知识点或操作要点，用黄底色强调。

2.学习建议

在阅读过程中看到：滤镜\模糊，意为滤镜菜单中的模糊选项。

在阅读时看到：按Ctrl+Alt+E，意为在键盘上按相应的按键。

案例做完后，建议在微博上与作者进行互动，以获得建议和指导。

在学完某个内容后，建议用自己的照片或朋友的照片练习巩固，也可通过微博与作者交流照片处理心得。

前言

关于本书

在傻瓜式的修图工具满天飞的时代，Photoshop 可以做什么？近些年来很多人都提出了这个疑问，认为 Photoshop 独领风骚的时代将一去不复返。

为此我们调研了很多用户，包括专业人士和普通大众、爱好者，得出的结论是令人惊喜的，Photoshop 依然以其强大的优势，被越来越多的人所热爱着。本书则是在经过大量调研后，根据大多数用户的实际需求编写而成的。

写作目的

Photoshop 可以做很多事情，本书主要解决的问题是图片处理和商业设计。

主要内容

本书共分为 4 章。

第 1 章 Photoshop 能做什么，列举了很多用 Photoshop 在工作和生活中解决实际问题的典型案例，使读者在学习时更能明确方向、把握重点。

第 2 章 Photoshop 开胃菜，讲解了 Photoshop 的一些常识和最常用到的 Photoshop 工具。这一章主要是为了让没有 Photoshop 基础的读者快速上手，以便于更顺畅地学习后面的专业案例，而无需去恶补 Photoshop 基础。

第 3 章 Photoshop 解决问题，主要解决 5 类典型问题：抠图、修图、调色、合成、特效。很多 Photoshop 用户几乎每天都在解决这些问题。本章是本书的精华所在，有大量的商业案例，并且讲解由浅入深、循序渐进。

第 4 章 Photoshop 综合实例，包含了杂志封面设计、汽车广告设计等，这几个案例都是重量级的案例；特别是杂志封面设计案例，从策划、拍摄讲起，是非常珍贵的 Photoshop 完整工作流程教学案例。完成这几个商业案例后，读者就可以从本书中出师了。

本书配有一张 DVD9 教学光盘，包括本书实例中所需要的素材图像和视频教学文件，以及部分案例的 PSD 源文件，均由多位设计师亲自录制，读者可以书盘结合进行学习。

本书特色

本书在内容准备完毕后，已为超过 1000 位设计师、PS 爱好者、相关专业的老师和同学做过培训，并在培训过程中不断地改进和完善，最终编写而成；不仅内容精彩，而且极具学习性。

拓展

由于各位设计师编写水平有限，书中难免存在错误和不足之处，恳请广大读者指正。

如果读者有本书中未能解决的 Photoshop 问题，欢迎通过新浪微博与作者进行互动。

如果在阅读本书时，有更好的想法及案例，欢迎向本书投稿，被采纳后将会在下一个版本中更新。

本书以案例为主，读者做完案例后，可以通过新浪微博发送给作者，以获得作者的建议和指导。

请于新浪微博 @boxertian，讨论与本书有关的所有事宜。

注意

建议读者使用高版本软件练习书中的案例，本书案例及视频均在 Photoshop CS5 和 Photoshop CS6 中完成，但书中 90% 以上的内容均可通过低版本 Photoshop 实现。

本书部分案例临摹了网络上收集的设计稿，仅为了向更多的新人分享技法，无侵权之意，出处无法一一核实，望原著设计师理解。

最后，Photoshop 是 Adobe 公司最棒的产品之一，提倡大家使用正版的 Photoshop 来学习本书内容。

感谢

感谢摄影师程昌、程文为本书提供素材并进行专业的拍摄支持。

感谢商业修图师、视觉设计师曾宽，书中很多专业案例都是他完成的。

感谢北京青年政治学院设计系潘擎老师从教学角度为本书梳理内容结构并完成本书主要的编写工作。

感谢设计师 Phia 为本书精细编排了版式。

感谢张珍、孙劼为本书提供了专业的指导意见。

同时感谢其他为本书提供支持和帮助的朋友，这里不一一列举。

编者

2012.10.29

Contents 目录

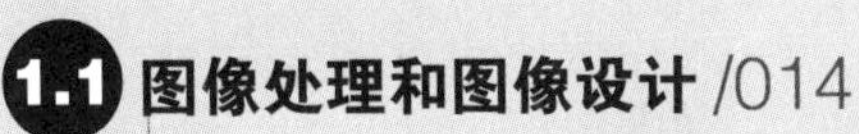

CHAPTER 1
Photoshop 可以做什么

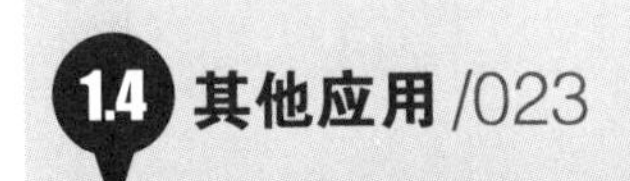

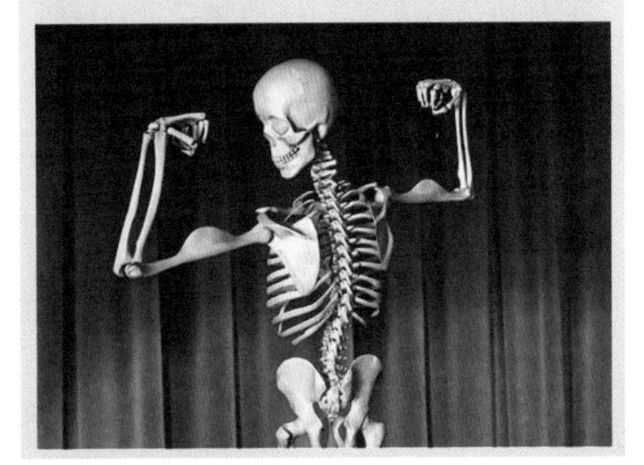

CHAPTER 2
Photoshop 开胃菜

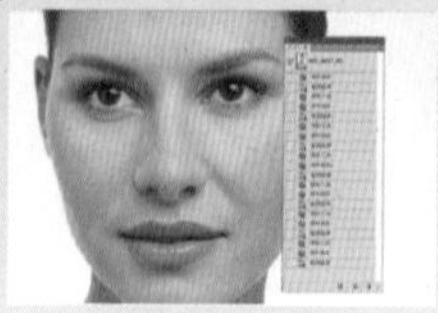

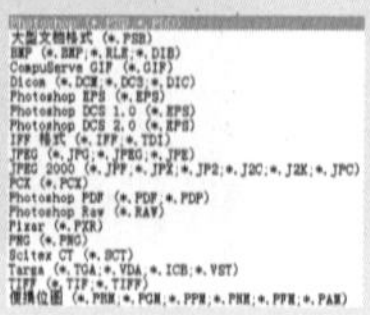

CHAPTER 3 Photoshop 解决问题

3.1 抠图 /080

3.2 修图 /099

3.3 调色 /147

3.4 合成 /199

3.5 特效 /231

4.1 普通人像 /248

4.2 杂志封面 /258

CHAPTER 4 Photoshop 综合实例

4.3 汽车广告 /280

视频和素材

视频和素材，请到光盘对应的2级标题下查找。视频，建议使用最新版的暴风影音观看。

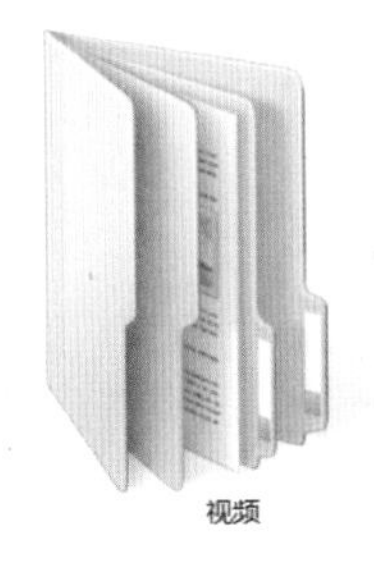

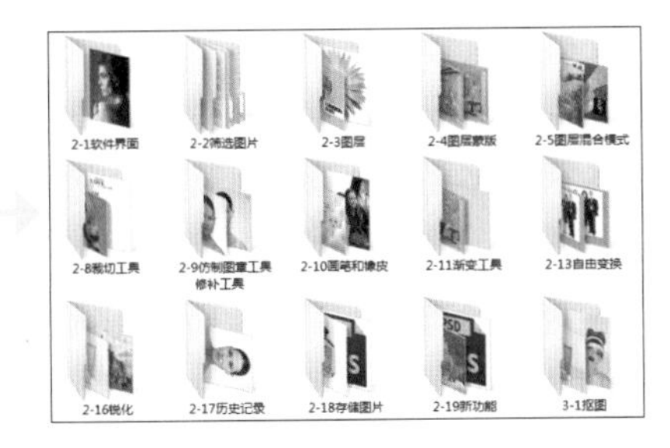

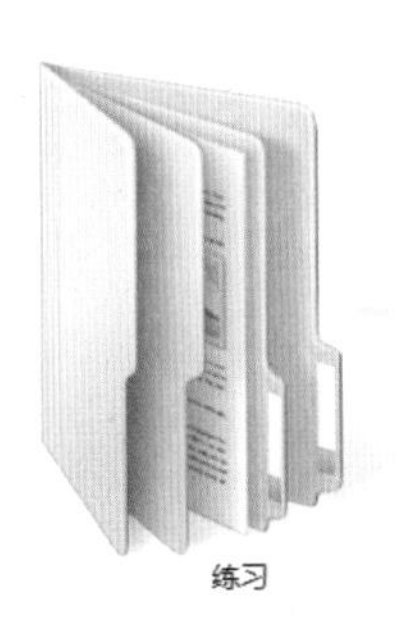

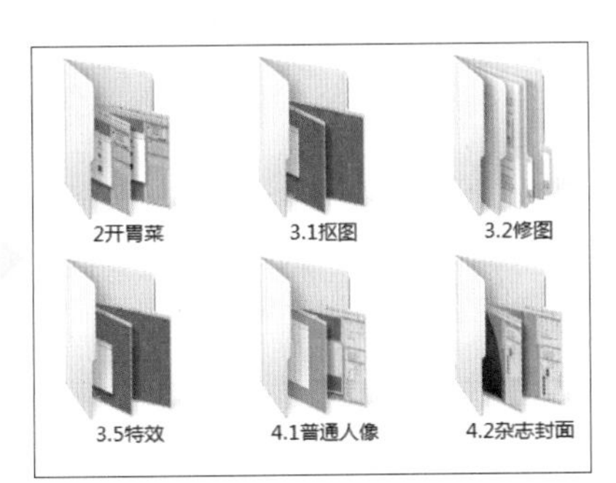

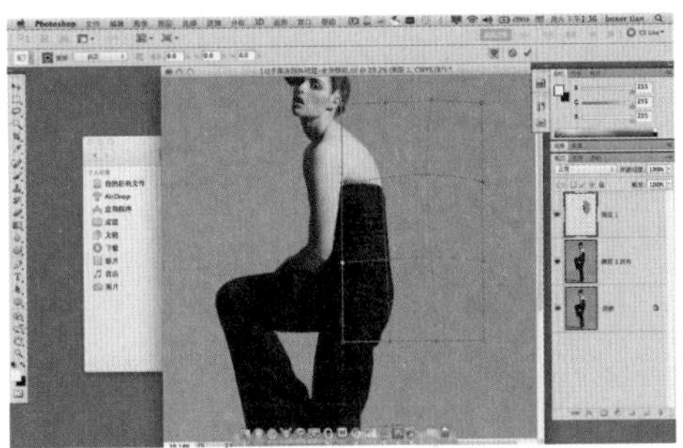

作者的话

这本书是第一版，存在很多不足之处，本书的作者团队会不断修订本书，也欢迎更多的Photoshop爱好者、教学人员、设计师，通过本书这个平台来分享精彩的内容，理论研究、案例、教程。我们会根据内容数量和质量支付稿酬，并会在下一个版本中更新您的精彩内容。

本书还配有讲义大纲，大纲中列明了书中的要点内容，用于在教学过程中讲师及学员参考，可以很好地提升教学效果。若想获得本书讲义大纲，需要在新浪微博转载本书的购买链接，当当、亚马逊均可，转载同时@boxertian即可，转载方法如下。

在当当或亚马逊搜索本书→单击新浪微博图标→登录微博并转载。

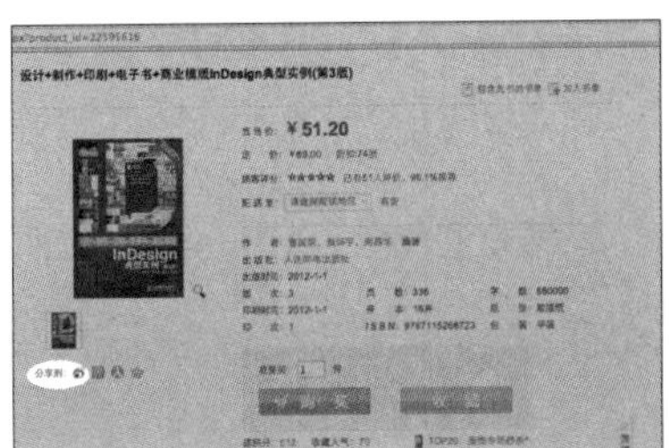

Adobe Photoshop，简称“PS”，主要处理由像素所构成的数字图像。Photoshop拥有强大的图片处理工具和绘图工具，可以有效地进行图片编辑工作。在最新版本的Photoshop中，甚至还可以完成3D及视频后期工作。

Photoshop是目前最强大的图片处理软件，通常我们所说的P图，就是从Photoshop而来。作为设计师，无论身处哪个领域，如平面、网页、动画和影视等，都需要熟练掌握Photoshop。

CHAPTER 1
Photoshop 可以做什么

本章主要通过案例展示Photoshop能够帮助用户解决哪些问题。

在实际应用中，Photoshop主要被用来做三件事。

1. 图像处理和图像设计
2. 界面设计
3. 绘画

1.1 图像处理和图像设计

用Photoshop进行图像处理和图像设计，主要是抠图、修图、调色、合成、特效，掌握了这些技能，常见的图片问题都可以迎刃而解，本书主要解决这些问题。

1.1.1 抠图

在做合成之前，首先要将素材抠好。在做产品画册、经营淘宝店时，也经常会有大量的图片需要抠图。如何更快、更好地抠图是每一个设计师的必修课。

1.1.2 修图

用Photoshop修图，可以美化图片，提升设计质量。在本书中，主要讲解修图的三个要点，即修形、修脏、修光影结构。

1. 修形

本书中修形特指修形体，无论是人物还是商品，在拍摄后，都或多或少地要对形体进行美化和细节上的雕琢，以加强其表现力，特别是在服装、奢侈品领域，更是极致地要求形体的完美，Photoshop是最佳的修形工具。

2. 修脏

修脏主要是处理人物皮肤、产品表面和拍摄环境中的瑕疵脏点，以及穿帮或影响美观的对象。

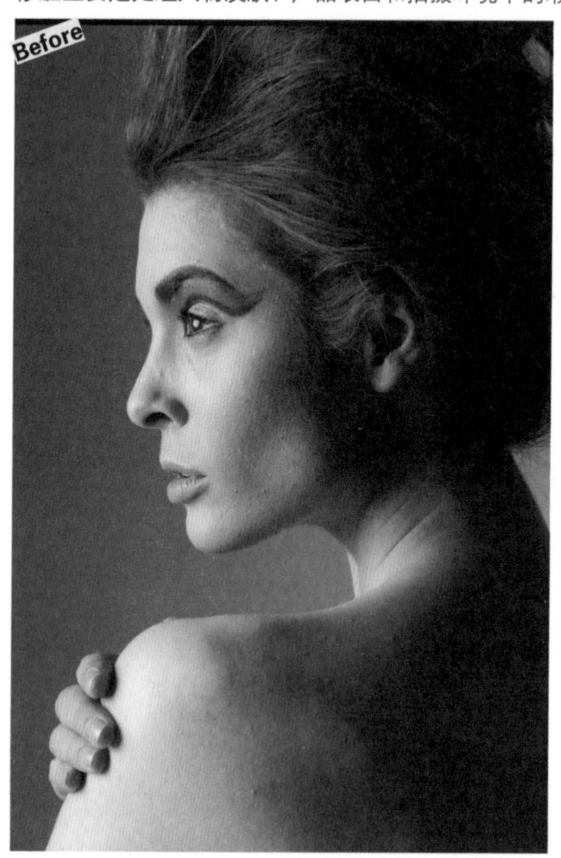

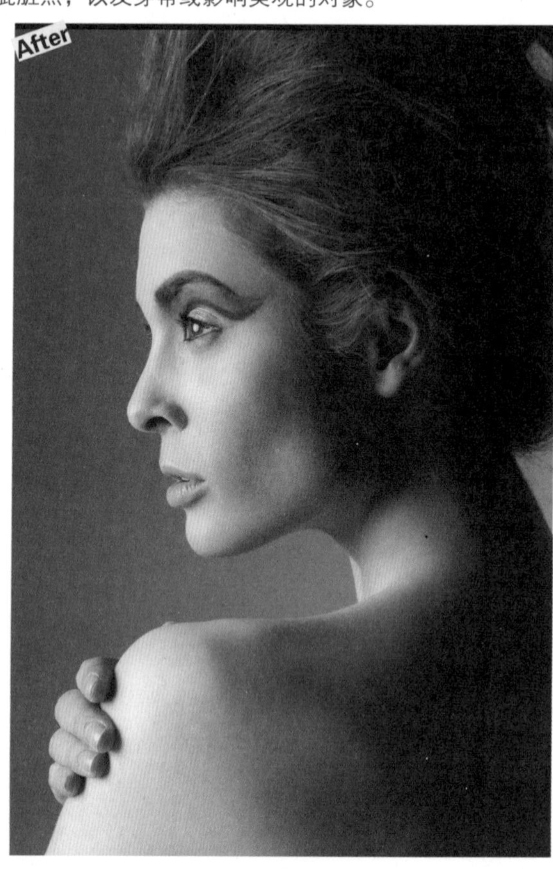

掌握了Photoshop的抠图、修形、修脏技能，可以在电子商务网站（如淘宝）上，为客户提供付费的抠图服务。

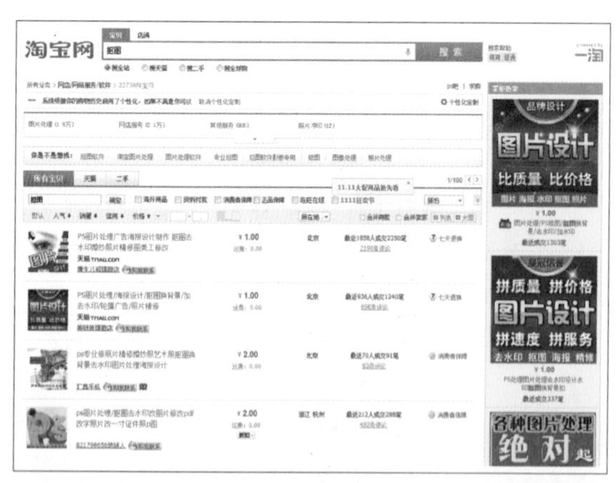

在淘宝上搜索“抠图”或“修图”，可以看到很多提供付费抠图、修图服务的店家。

在淘宝上每个月至少有上万次的抠图、修图服务交易。

3. 修光影结构

无论风景、商品还是人物，没有明确的光影结构将会让图片看起来很“平”，而混乱的光影结构会让图片抓不到重点，并且缺乏美感，用Photoshop可以对图片的光影进行非常细致地雕琢。

能够处理好光影结构，是使图片迈入商业级别的重要标准，会让图片品质有明显的提升。

1.1.3 调色

在拍摄照片时，由于各种原因，色彩总是无法像实景那么美丽，需要通过后期调色来弥补，而Photoshop不仅可以还原真实的色彩，还可以让图片的色彩更有表现力。

Before

Before

After

After

Before

After

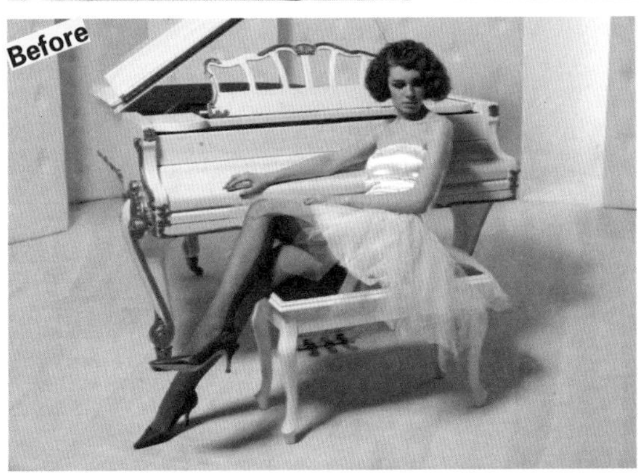
Before

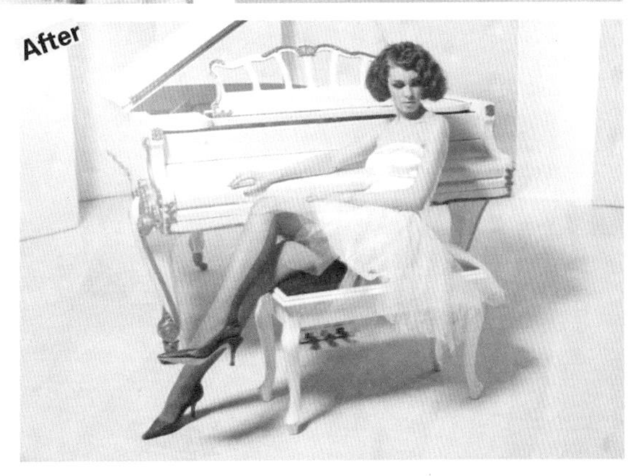
After

1.1.4 合成

当设计师产生一个很棒的创意后，通常都需要通过Photoshop实现出来。Phtoshop的合成会综合运用到抠图、修图、调色等技能。

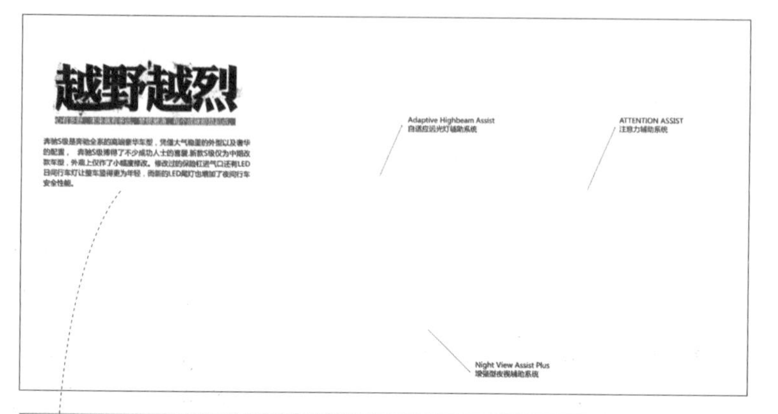

1.1.5 特效

用Photoshop做特效是很多Photoshop爱好者非常热衷的一件事，为图片添加特效后，能起到画龙点睛的效果。掌握一些简单、实用的特效制作方法，对于平面设计师来说非常必要。

1.2 界面设计

很多设计师都会选择用Photoshop来设计网站界面、手机等移动设备界面，然后再交由Dreamweaver等软件进行后期的制作及功能的实现。

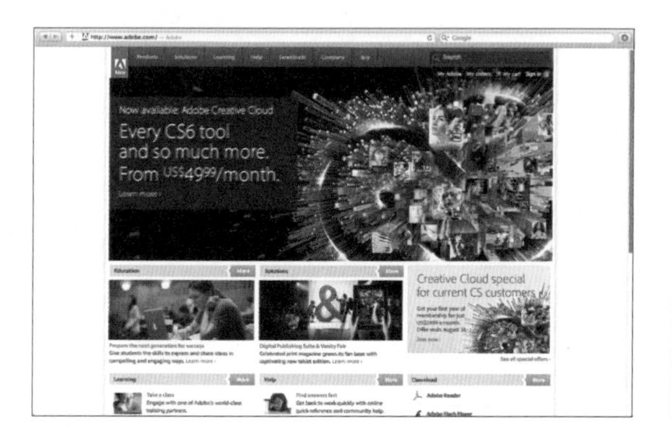

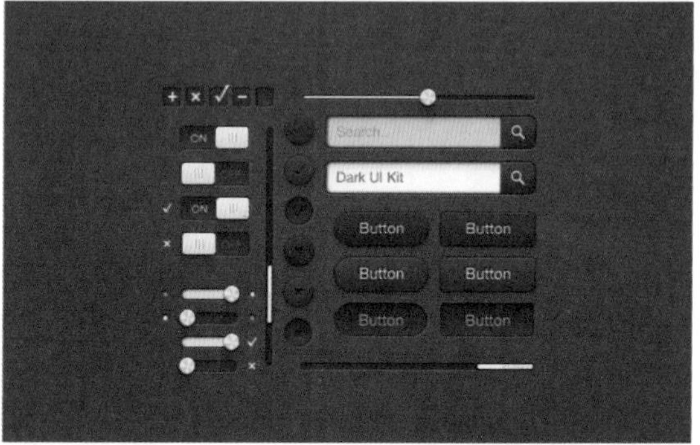

1.3 绘画

Photoshop是最专业的电脑绘画工具之一，很多游戏、电影的原画、插画，图书、杂志的插图都是用Photoshop完成的。

1.4 其他应用

Photoshop不仅可以用来进行专业的图片处理和绘画，还可以做动画，其最新版还能处理3D及视频，另外Photoshop还可以在我们的生活、娱乐中发挥巨大的作用。

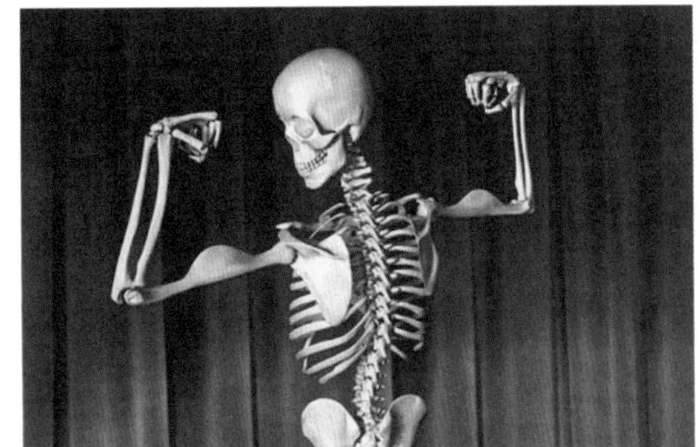

本章内容在叙述时，尽可能做到简单明了，让没用过Photoshop的读者能够快速上手。书中没有挨个工具、挨个参数地讲解，只讲经常会用到的重点内容。

在描述工具及相应的作用时难免有些片面，不足之处请读者指出，我们将会在本书的下一个版本中修订。如果有更好的建议，请发布在新浪微博@boxertian。

CHAPTER 2
Photoshop 开胃菜

目的：从Photoshop的功能出发进行讲解，本章挑选的Photoshop功能都是实际工作中经常会用到的功能，也是本书实例中使用频率很高的功能。如果没接触过Photoshop，本章能够帮助读者进行快速的入门；如果已经能熟练运用这些功能，建议快速翻看，而不是直接跳过。

讲解思路：功能-在哪-能干嘛-怎么干。

主要内容：软件界面、筛选图片、图层、工具箱、菜单、保存图片。

2.1 软件界面

将“练习\2-1软件界面”中的图片拖入Photoshop。

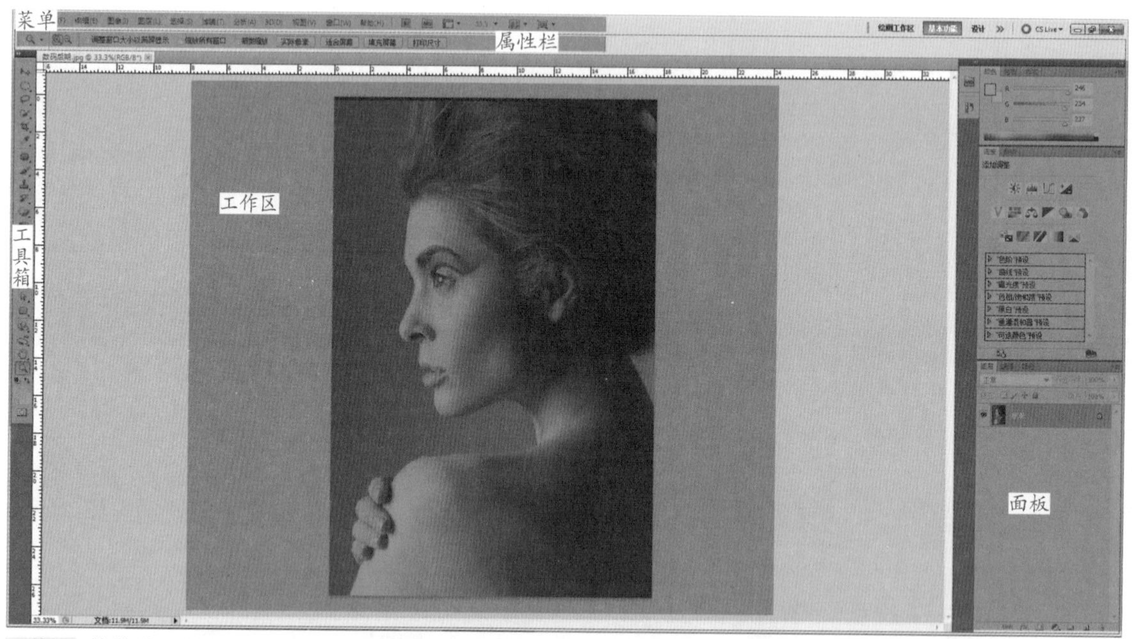

工作区 等待处理的图片在这里。\ **工具箱** 最常用的Photoshop工具。\ **属性栏** 在工具箱中选择一个工具后，这里可以设置工具的属性。\ **菜单** 所有的Photoshop命令。\ **面板** 最常用的Photoshop命令和状态栏。

缩放工具 在工具箱中选择缩放工具，在图片上单击可以放大图片，按着 Alt 键单击，可以缩小图片；另外，按着 Alt 键滚动滚轮也可以缩放图片。

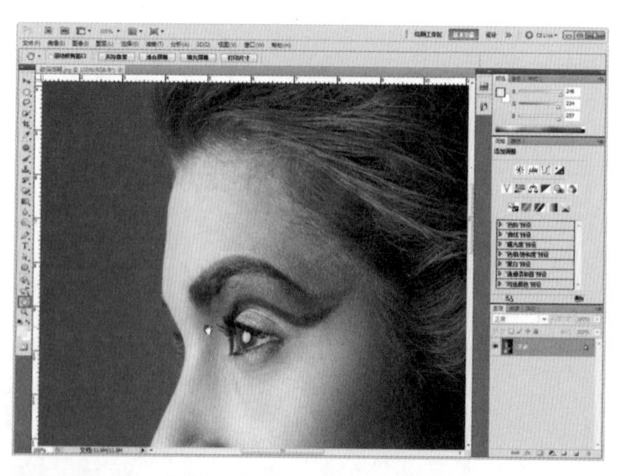

抓手工具 在工具箱中选择抓手工具，在图片上拖曳可以移动图片；另外，如果正在使用工具箱中的其他工具操作图片时，按住空格键即可切换至抓手工具，松开空格键还原。

2.2 筛选图片

筛选依据 清晰度、分辨率、图像大小。

清晰度决定了图片能否用，不清晰的图片建议换图。

分辨率决定了图片用在哪，如用在画册或是网站。

图像大小决定了图片能放多大，可以作为16K杂志的封面，还是网站上的豆腐块广告。

清晰度筛选实例 分别对图片的清晰度、分辨率、图像大小进行判断，以确定其是否能使用。

01 打开“练习\2-2 筛选图片\1-清晰”下的文件，这是两张清晰的图片。

02 双击工具箱中的缩放工具，以实际像素显示图片，用抓手工具移动至图片各个细节，并在此情况下判断图片是否清晰，特别是眼睛、头发等部位。

Tips 从 Photoshop 中可以检测出这两张图片的清晰度是合格的，但这并不能说明这张图片已经可用，还需要考虑图片的分辨率和大小因素。

03 打开“练习\2-2 筛选图片\2-不清晰”下的文件，这里提供了2组清晰和不清晰的图片对比，以及拍摄时，拍摄对象移动的图片。同样，在 Photoshop 中双击放大镜，并查看图片细节，即可发现问题。如果图片严重不清晰，建议用其他的清晰图片替代。

清晰度筛选练习 打开“练习\2-2筛选图片\3-清晰度判断练习”下的文件，并对其清晰度进行判断，注意观察图片的细节，找出清晰的图片。如果不确定答案是否正确，可将练习结果在新浪微博上@boxertian。

一共有 4 组图片，其中都有一张清楚的和一张不清楚的。

Tips 一张正常的照片不可能所有的部位都清晰，在检查图片是否清晰时，应把握重点。

分辨率 图像\图像大小，即可更改图片的分辨率。图片的用途不同，其分辨率也不同。用于网站的图片，其分辨率通常为72像素\英寸；用于画册印刷的图片，其分辨率通常为300像素\英寸。拿到一张图片后，应在第一时间根据图片的用途，更改其分辨率。

Tips 不勾选【重定图像像素】时更改图片的【分辨率】，图片本身的像素不会发生改变。勾选【重定图像像素】后，Photoshop 会增加或减少当前图像的像素数量。

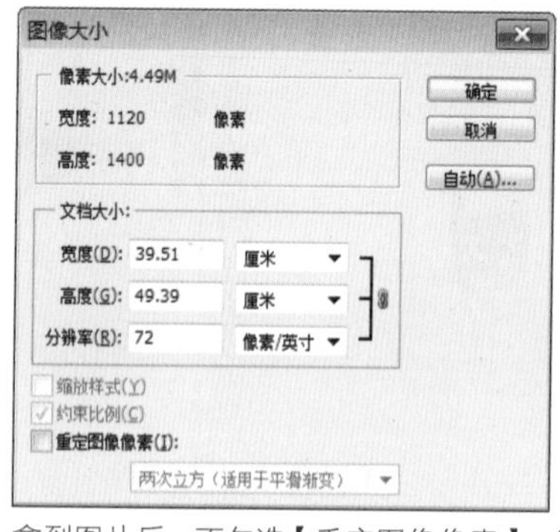

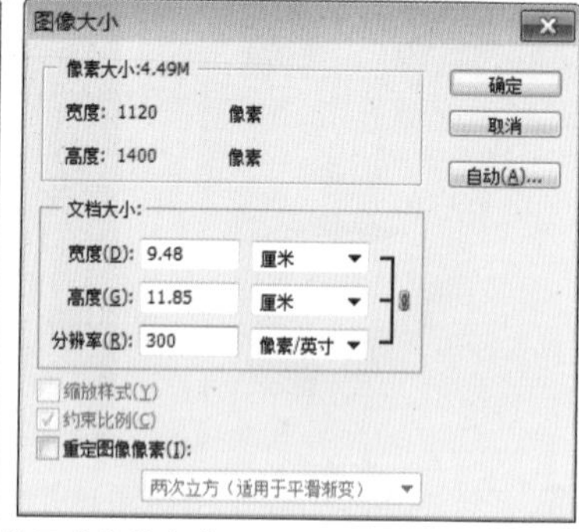

拿到图片后，不勾选【重定图像像素】，设置【分辨率】。若用于网页，【分辨率】设 72 像素 \ 英寸；若用于画册印刷的图片，分辨率设 300 像素 \ 英寸。

图像大小 拿到一张图片后，需要判断这张图片能用于多大的地方。如果图片用于印刷，看【文档大小】；如果图片用于网页，看【像素大小】。

❶ 打开“练习\2-2 筛选图片\4-图片大小判断练习”下如图所示的文件。从两位模特中挑选出一个适合用于杂志封面的图。

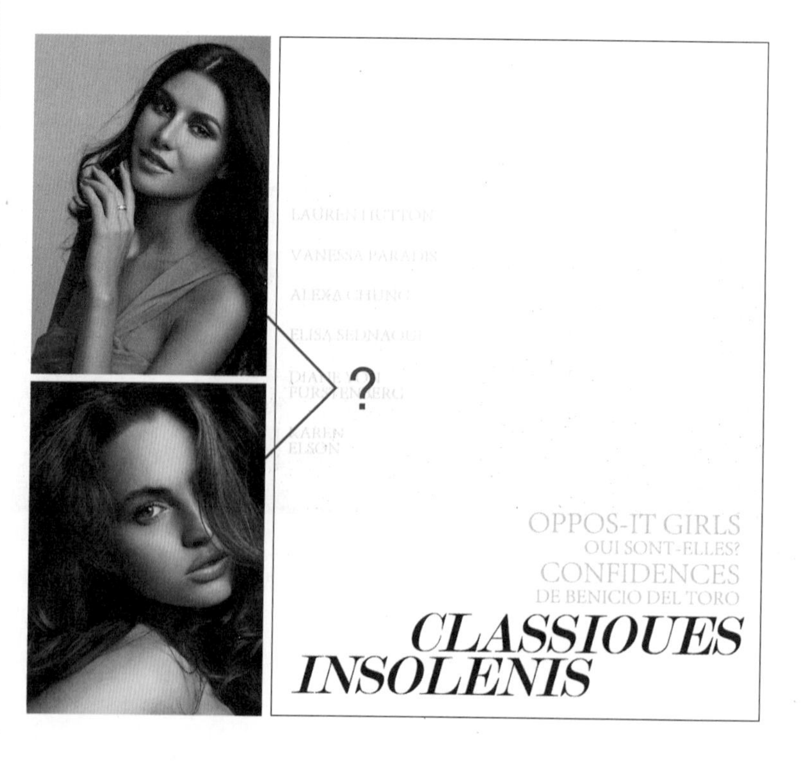

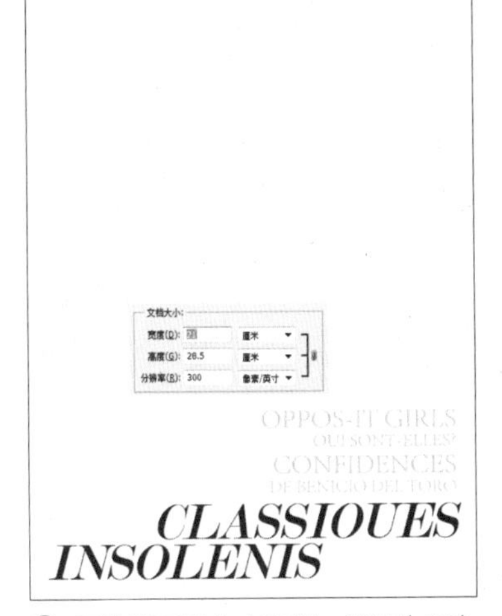

❷ 因为要用于杂志印刷，所以先看杂志封面文件的【文档大小】，宽度21厘米、高度28.5厘米，分辨率300像素\英寸，选图时尺寸和分辨率均要达到这个要求。

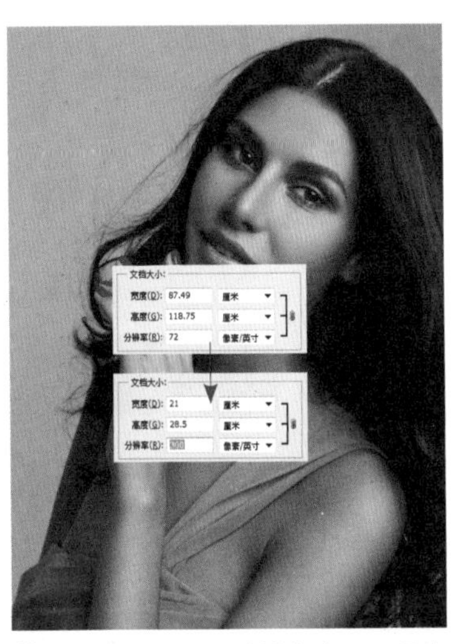

❸ 打开封面图1，分辨率为72，无法进行判断，不勾选【重定图像像素】将图片分辨率更改为300，此时可以看到宽度和高度值变小，与杂志大小一致，可初步判断此图片大小合格。

❹ 打开封面图2，分辨率为300，符合印刷要求，但其宽度和高度只有3.69厘米和4厘米，初步判断不符合印刷要求。

❺ 分别将两张模特图片拖入封面文件进行验证，封面图1拖入后清晰且大小基本合适。

❻ 封面图2拖入后，很小。因为在300像素\英寸下，封面有21厘米×28.5厘米，封面图2只有3.69厘米×4厘米。

❼ 如果用自由变换工具强行把封面图2放大使用，得到的图片质量将会非常差。

Tips 尽量不要在Photoshop中大幅度地缩放图片，特别是反复地放大或缩小图片。图片在每一次放大和缩小的操作后，都会降低图像的质量。

⑧ 打开“练习\2-2 筛选图片\4-图片大小判断练习”下如图所示的文件。从两张图片中选出一个大小合适的图片更新网页上的大图。

⑨ 因为图片用于网页，所以在【图像大小】中，查看【像素大小】，网页宽度为 1916，去除左右的白边，大约有 1200 左右。网页图 2 宽度为 1300，应符合要求，网页图 1 宽度为 600，估计不符合要求。

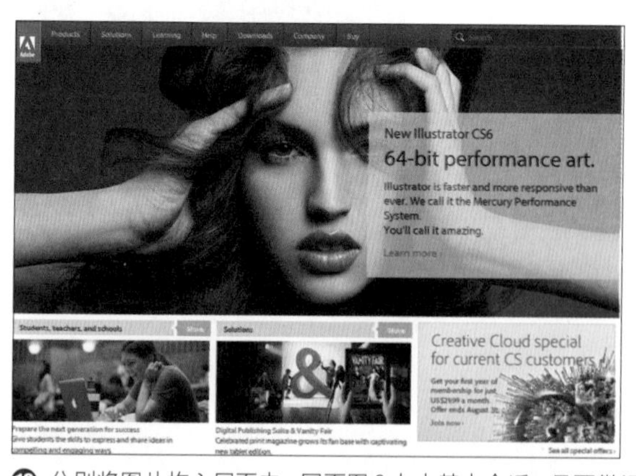

⑩ 分别将图片拖入网页中，网页图 2 大小基本合适，只要微调即可，网页图 1 太小，如果强行拉大使用，会导致图片不清晰。

Tips 在用 Phtoshop 处理图片时要注意，在拿到图片后，首先要进行判断，这张图片是否满足使用要求？最基本的判断标准就是清晰度、分辨率和尺寸。

2.3 图层

图层在 软件右侧的面板中右下角的位置。若无法找到，单击窗口\工作区\基本功能，再单击窗口\工作区、复位基本功能。窗口\图层，可以直接打开图层面板，快捷键是F7。

图层可以 将图片拆分成多个部分，并且独立地操作每一个部分，其他部分不受影响。

图层的操作 打开“练习\2-3 图层\图层的作用.tif”，这是一个包含了图层的文件。

01 打开“练习\2-3 图层\图层的作用.tif”。接下来将用这个文件来了解图层的基础操作。

02 **显示和隐藏** 单击图层左侧的眼睛可以控制图层的显示和隐藏，这样可以快速判断出图层所对应的图像。

03 **上下关系** 图层有上下关系，通过显示和隐藏即可看出，找到绿色小花所在的图层，然后把它拖到最上层。在图像中，它也会出现在最上层。

04 **新建** 单击图层面板右下角的新建按钮，新建一个空白图层。空白图层上没有任何东西，可以在上边进行绘画、填色等操作。

Tips 在一个有多图层的图片文件中，若要操作某个图层，首先要将该图层选中，选中后，图层会变蓝。

05 **涂鸦** 在工具箱中选择画笔工具，在【图层 3】上涂鸦，其他的图层不会受到影响。

06 **删除** 不想要的图层可以直接拖到图层面板右下角的垃圾桶删除，或按 Delete 键。可以看到，删除掉涂鸦的图层后，图像又恢复到了原样。在用 Photoshop 进行电脑绘画时，可以将不同的对象用不同的图层来画，这样修改起来也会很方便，而不像传统绘画，画完后想修改会很麻烦。

07 **改名** 如果一个图片中有很多个图层，并且它们的命名都是“图层 1、图层 1 副本、图层 2……”的话，很难快速地找到想要的图层。

08 在图层面板中双击图层的名称，如“图层 1”，将其改为一个容易识别的名字，如“红花”，这样可以快速地找到图层所对应的对象。

09 **移动** 在图层面板中单击红花所在的图层，然后在工具箱中选择移动工具（工具箱第 1 个，黑箭头），在图像中移动红花的位置。

⑩ **复制** 将“图层 1”拖至下方的新建按钮，图层 1 会被复制一份，但复制后的图层与原图层在同一位置，所以看不出来。

⑪ 用移动工具在图片上拖曳，即可看到复制后的效果。另外，选中图像所在的图层后，选择移动工具，按着 Alt 键拖曳，也可以复制图层。

⑫ **拖入新图层** 在“练习\2-3 图层”文件夹中选中“灰色的花 .tif”，然后拖入当前图片，拖入的图片会自动建立一个新的图层。

⑬ **不透明度** 选中“图层 2”，这个图层是文字下方的白色色块，在图层面板右上角的不透明度选项中输入一个数值，如 57，色块会变成半透明，后边的花也会显露出来。

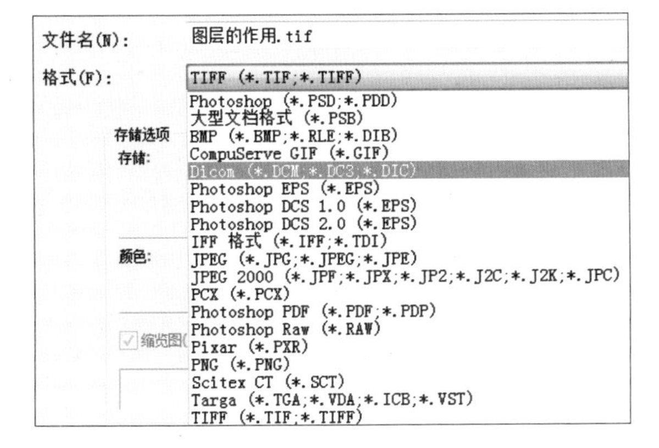

⑭ **保存图层** 文件\存储为，在格式选项中，可以看到很多图片格式，如果想保留图层，选择 Photoshop (*.PSD; *.PDD) 或 TIFF (*.TIF; *.TIFF)，如果不想保留图层，可以选择 JPEG。

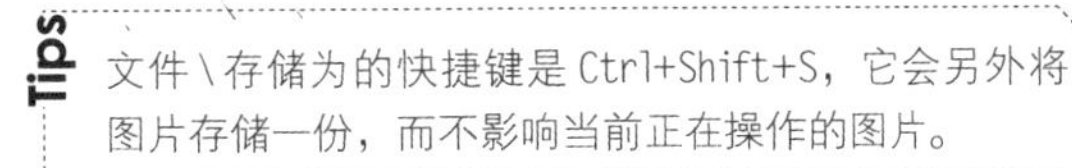

Tips 文件\存储为的快捷键是 Ctrl+Shift+S，它会另外将图片存储一份，而不影响当前正在操作的图片。

2.4 图层蒙版

图层蒙版 在图层面板下方 。

图层蒙版可以 遮挡当前图层不想看到的内容，显示其下面的内容。

图层蒙版的操作 图层蒙版可以用多种绘图工具操作，如画笔、渐变。

01 **用渐变控制蒙版** 在 Photoshop 中打开“练习\2-4 图层蒙版\1 蒙版素材 1.jpg 和 1 蒙版素材 2.jpg”。

02 用移动工具把蒙版素材 2 拖入 1 蒙版素材 1 中。

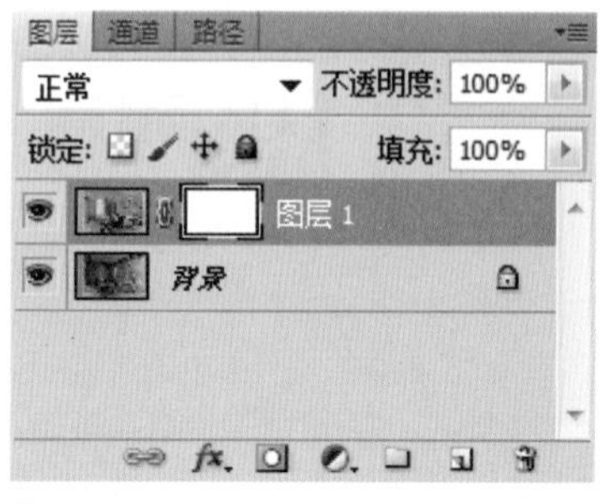

03 选中图层 1，单击图层下方的 ，为图层 1 添加一个图层蒙版，图层蒙版为白色，图片上没有任何变化。

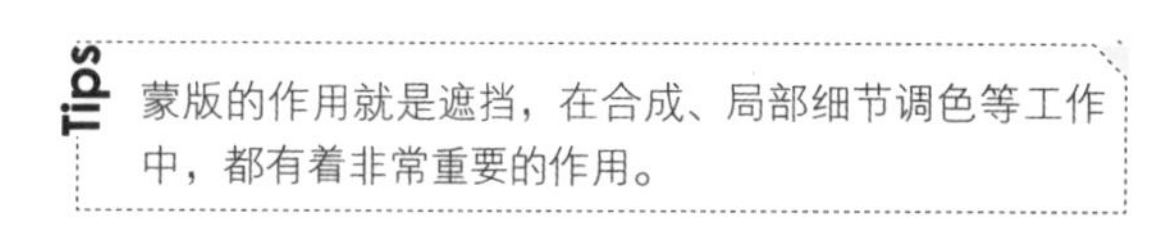

Tips 蒙版的作用就是遮挡，在合成、局部细节调色等工作中，都有着非常重要的作用。

04 单击**黑白小色块**，将前景色和背景色恢复为默认的白\黑，然后单击**双向箭头**，将前景色设置为黑色。

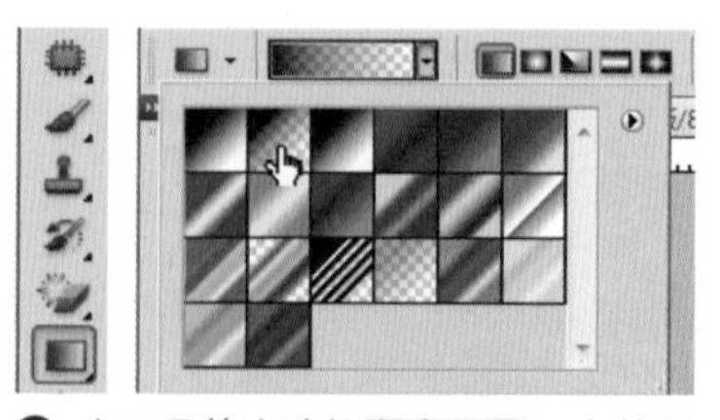

05 在工具箱中选择**渐变工具**，在其属性栏中选择由黑到透明的渐变。

⑥ 沿着箭头所示的方向进行拖曳。

Tips 在蒙版上拖渐变时，拖得越长，过渡越自然，拖得越短，过渡越生硬。

⑦ 图层 1 中，蒙版上黑色部分所对应的内容被“遮挡”，同时显露出下方背景层中的内容，因为是渐变式的过渡，由黑白到彩色的变换比较自然。

⑧ **用画笔控制蒙版** 在 Photoshop 中打开“练习 \2-4 图层蒙版 \2 蒙版 - 比基尼 .jpg 和 2 蒙版 - 盘子 .jpg”

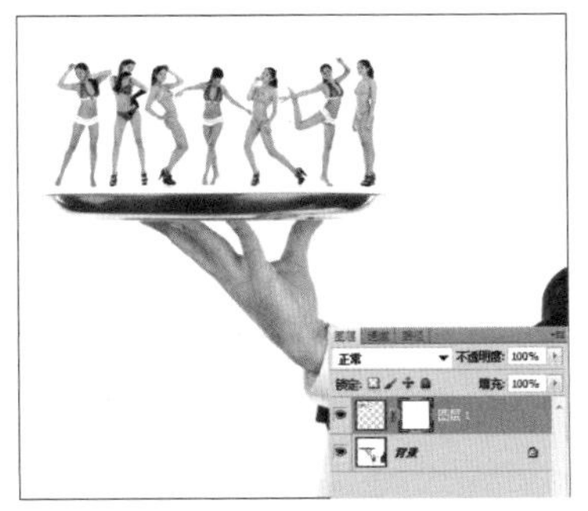

⑨ 将比基尼素材拖入盘子素材中，并为图层 1 添加一个图层蒙版。

⑩ 在工具箱中选择画笔工具并设置前景色为黑色，在图像上涂抹即可隐藏不想看到的内容。

Tips 画笔的快捷键是 B，橡皮擦的快捷键是 E，默认黑白前景色 \ 背景色的快捷键是 D，交换前景色和背景色的快捷键是 X。这些快捷键经常会用到。

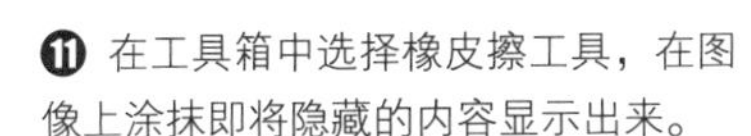

⑪ 在工具箱中选择橡皮擦工具，在图像上涂抹即将隐藏的内容显示出来。

Tips

在使用蒙版时要注意：首先要确认当前操作的是图层还是蒙版，如果在图层上涂抹，将会画出颜色来；如果在蒙版上涂抹，将会控制图层内容的显示或隐藏。选中图层或蒙版时，其周围会有一个小白框。

如果不想要图层蒙版，直接将其拖至垃圾桶即可，图片恢复原状。

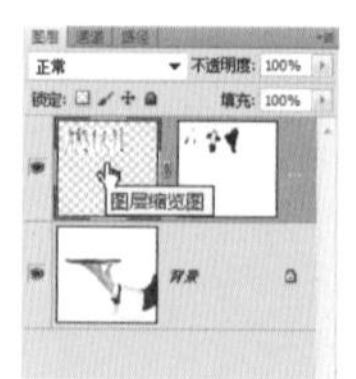

选中图层

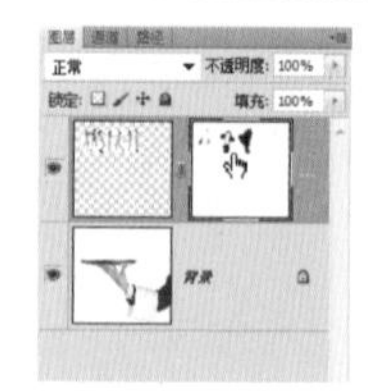
选中蒙版

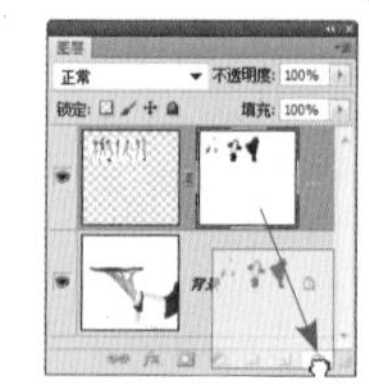
删除蒙版

2.5 图层混合模式

图层混合模式在 图层面板第1行。

图层混合模式可以 让两个图层混合在一起。

图层混合模式的操作 在图片中至少有2个图层，才能使用图层混合模式。在这里只讲两个使用频率非常高的混合模式，即滤色和正片叠底。

01 用滤色让图片变亮 打开“练习\2-5 图层混合模式\滤色.jpg”。

02 按 Ctrl+J 将图层复制一份，并将其混合模式改为滤色，图片整体变亮。

⓪③ 如果觉得图片变得过亮，可以用不透明度来调整变亮的程度。

⓪⑥ 如果觉得图片变得过暗，可以用不透明度来调整变暗的程度。

⓪⑦ **去黑和去白** 在混合图片时，用正片叠底可以快速去除图片中的白底，用滤色可以快色去除图片中的黑底。

⓪④ **用正片叠底让图片变暗** 打开“练习\2-5 图层混合模式\正片叠底.jpg”。

⓪⑤ 按 Ctrl+J 将图层复制一份，并将其混合模式改为正片叠底，图片整体变暗。

2.6 移动工具

移动工具在 工具箱第一个 ▸✥。

移动工具可以 移动、复制图层。

移动工具的操作 移动工具主要用来移动和复制图层，配合Shift键还可以沿着水平、垂直方向移动。

01 打开“练习\2-6 移动工具”下的图片，在工具箱中选择移动工具，找到模特所在图层。

02 用移动工具在图像上拖曳可移动模特，按着Shift键拖曳可实现水平移动。

03 按着Alt键用移动工具拖曳，可以将模特所在图层复制一份。

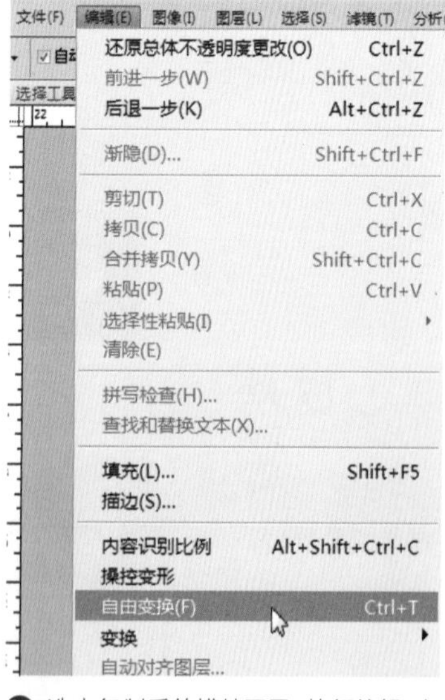

04 选中复制后的模特图层，执行编辑\自由变换。

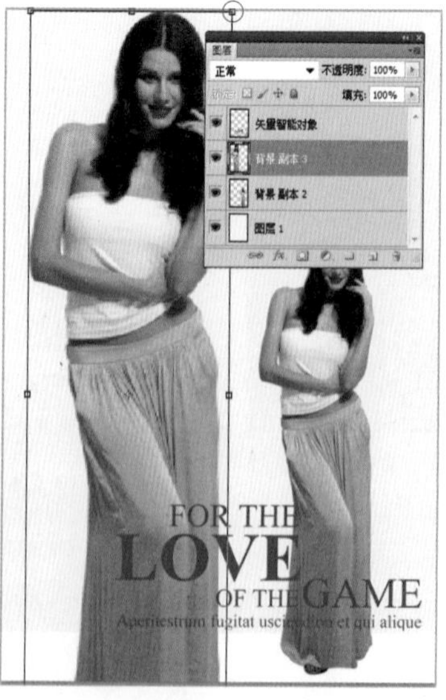

05 按着Shift键在出现的矩形框的角处拖曳，把模特拉大。

06 降低不透明度，使其成为背景。

2.7 选取类工具

选取类工具在 工具箱中。

常用选取类工具包括 魔棒、套索、钢笔。

选取类工具可以 创建一个范围，之后的操作仅对当前图层、当前范围有效。

选取类工具的操作 各选取工具都有自己擅长的领域，下面通过实例进行讲解。

2.7.1 魔棒和套索

01 **用魔棒做选区** 打开“练习\2-7 选取类工具\1 魔棒－套索.JPG”，在工具箱中选择魔棒工具。

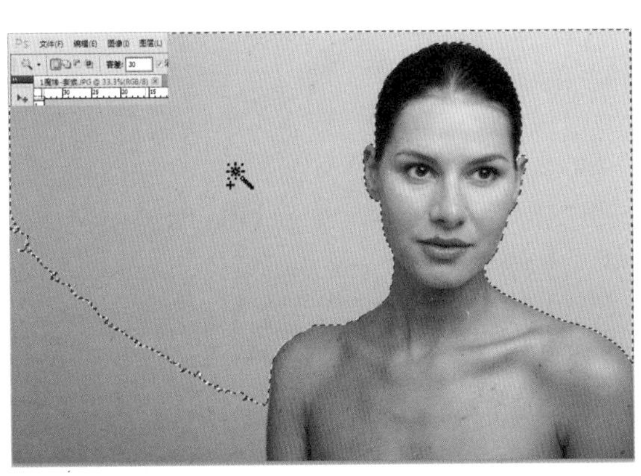

02 在属性栏里设置容差为 30，用魔棒在图片的背景上单击，可以创建一个选区。魔棒可以选中颜色相近的区域，容差越大，选的范围越大。

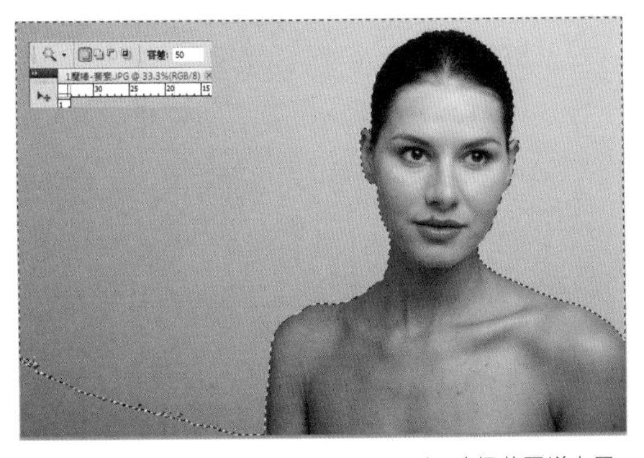

03 将容差改为 50，再次单击，可以看到，选择范围增大了。

04 按着 Shift 键单击未被选中的背景区域。

Tips Photoshop CS5 新功能快速选择工具和魔棒类似，可以快速选中颜色接近的区域。

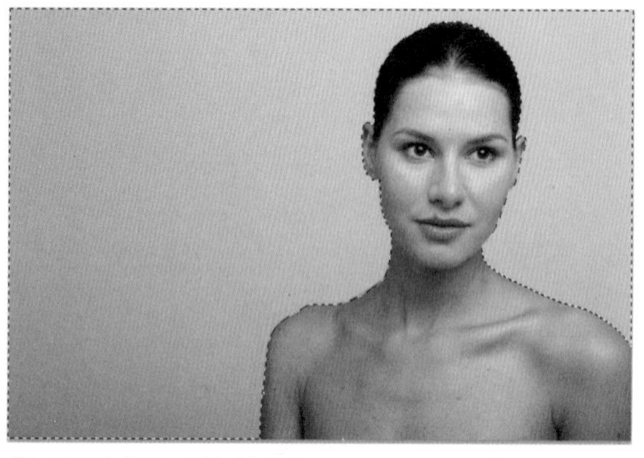

05 所有的背景区域都被选中。

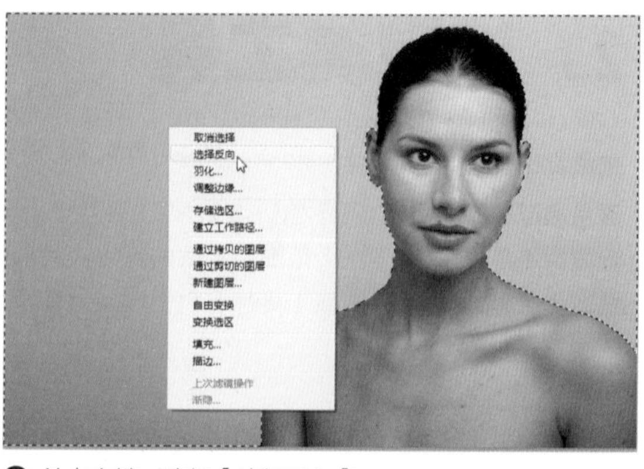

06 单击右键，选择【选择反向】。

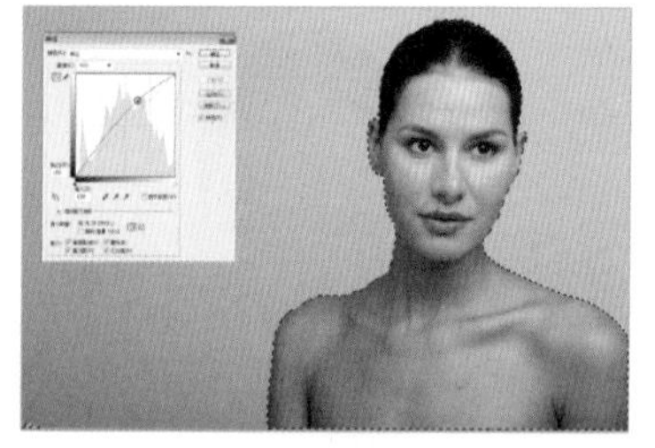

07 反向后人物被选中。执行图像\调整\曲线，将中间的曲线向上拖曳。

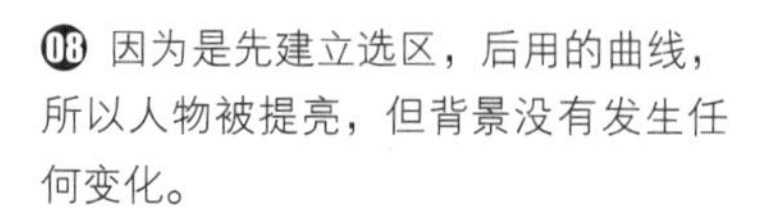

08 因为是先建立选区，后用的曲线，所以人物被提亮，但背景没有发生任何变化。

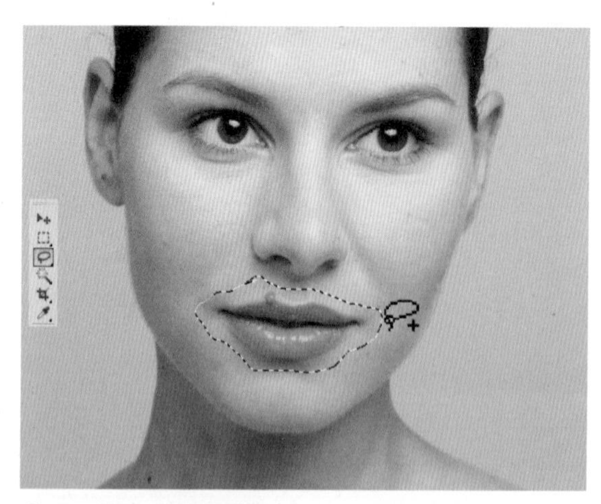

09 **用套索选中嘴巴并缩小** 在工具箱中选择套索，然后沿着嘴巴外围拖曳，做出如图所示的选区。

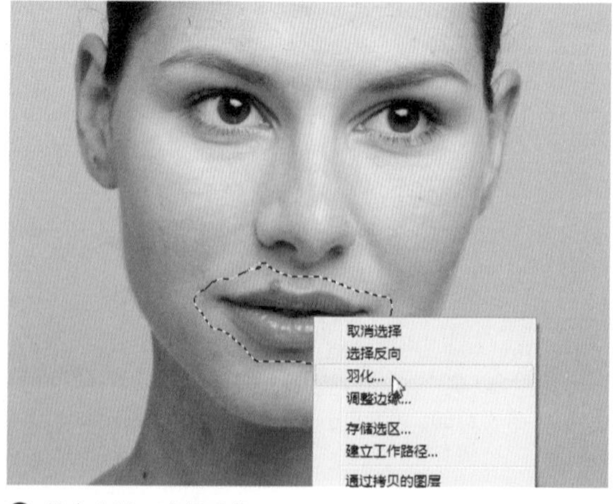

10 单击右键，选择羽化。

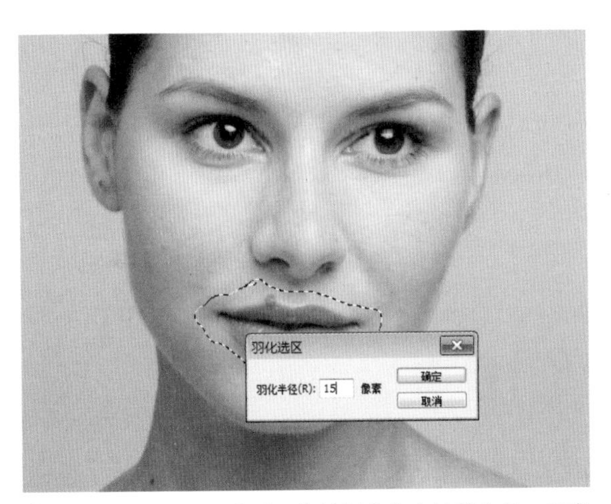

⓫ 羽化 15 像素。羽化后，缩放操作将会比较自然，不容易穿帮。

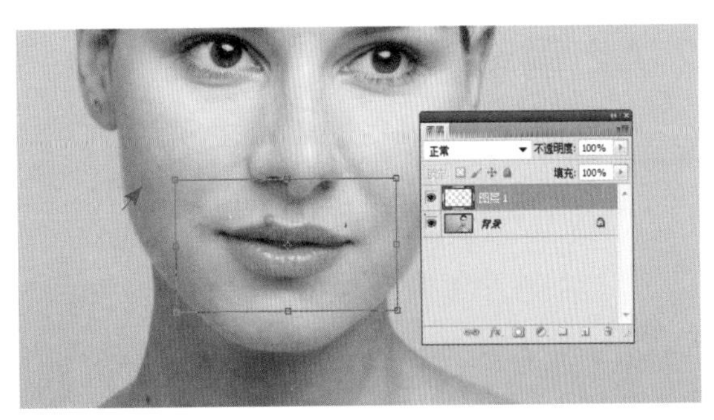

⓬ 按 Ctrl+J 键将所选区域复制为新的图层。按 Ctrl+T，进行自由变换，按着 Alt 键和 Shift 键向矩形框内拖曳，缩小嘴巴。

Tips 套索工具适合快速地做不需要非常精确的选区，并且用套索工具做完选区后，通常要加一些羽化，羽化可以使调整的区域与周围环境过渡更自然。

⓭ 最终结果。模特被皮肤被调亮（魔棒），嘴巴略微变小（套索）。

2.7.2 钢笔

01 执行文件\新建，建立一个任意大小的文档，先来做个钢笔的基础练习。

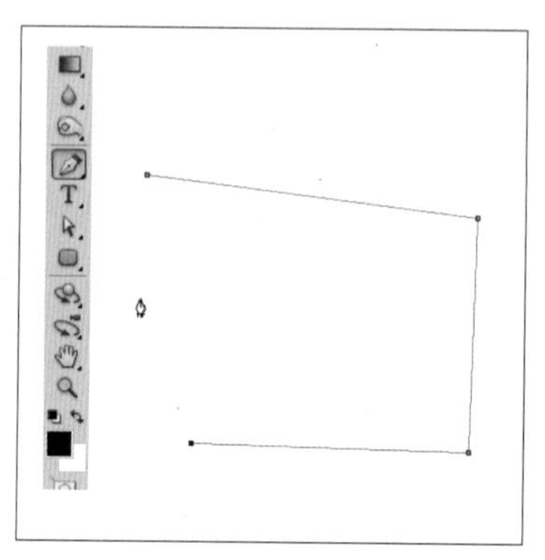

02 **用钢笔画直线** 在工具箱中选择钢笔。连续单击，即可创建直线。

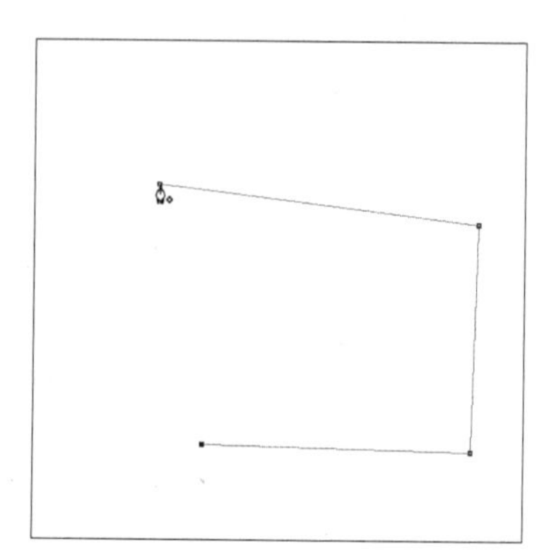

03 在第 1 个点上单击，即可闭合路径。

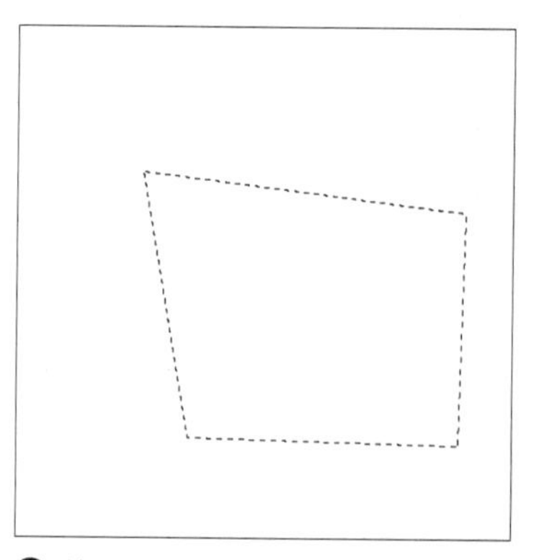

04 按 Ctrl+ 回车键可以将路径转换为选区。

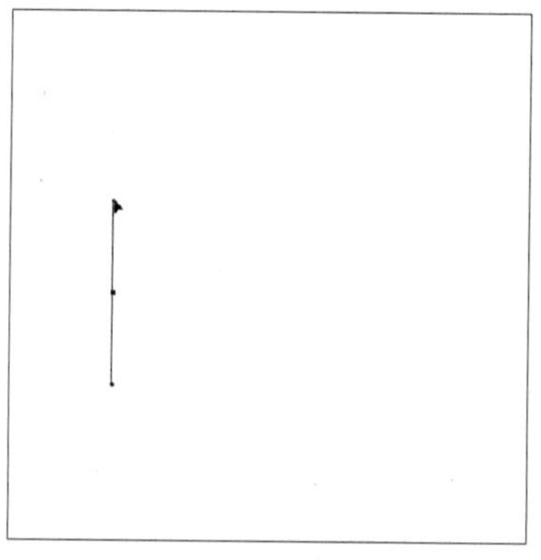

05 **用钢笔画曲线** 直接向上拖曳鼠标，创建曲线的第一个点。图中看到的实心方块为锚点，其上下为方向线，方向线只是用来控制曲线的弧度，不属于曲线的组成部分。

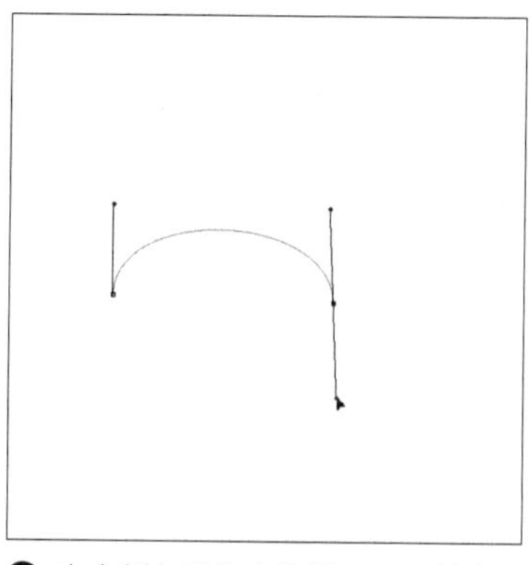

06 在右侧向下拖曳鼠标，即可创建一条曲线，曲线的两端有两个锚点（方块），还有两条方向线。

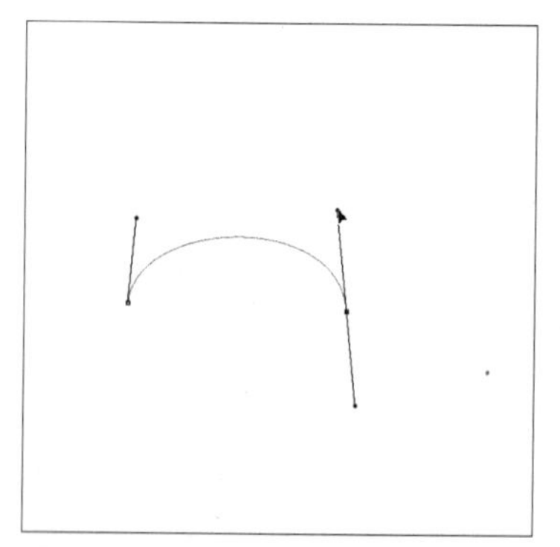

07 按 Ctrl 键，钢笔会变为白色箭头，此时可以对当前曲线进行调整。拖曳方向线，可以改变曲线的角度及弧度。

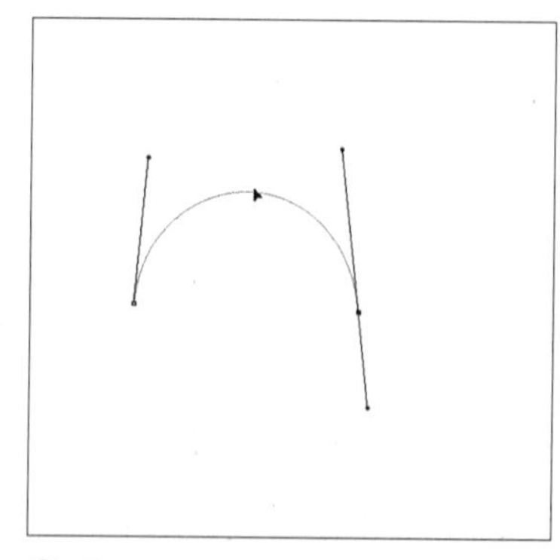

08 按 Ctrl 后，直接在曲线上拖曳，同样可以改变曲线的形状。

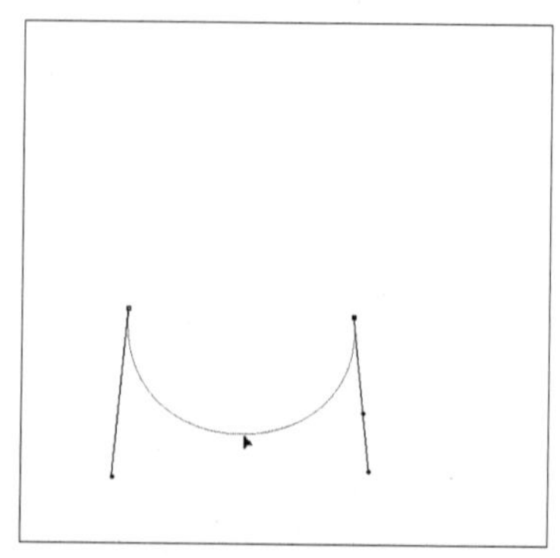

09 向下拖曳，甚至还可能改变曲线的开口方向。

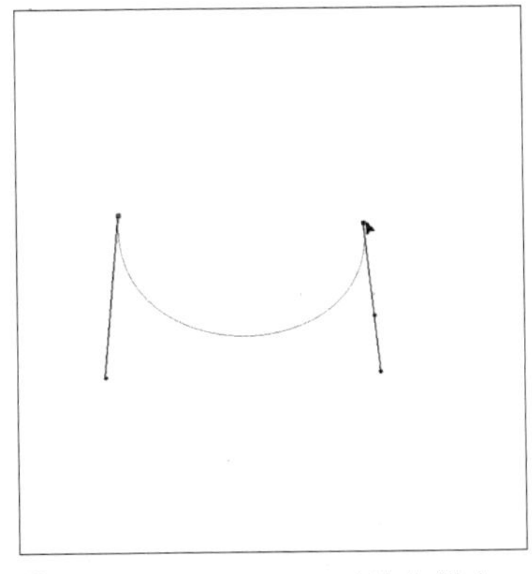

❿ 按 Ctrl 键后，还可以拖曳锚点，改变曲线的宽度。

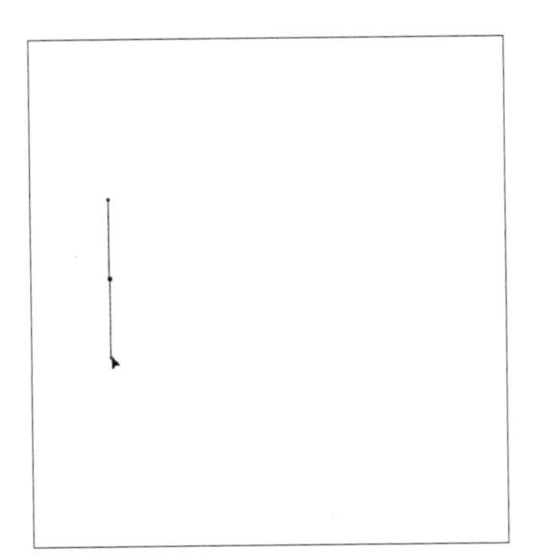

⓫ **用钢笔画 S 形曲线** 在工具箱中选择钢笔，向下拖创建第 1 个锚点。

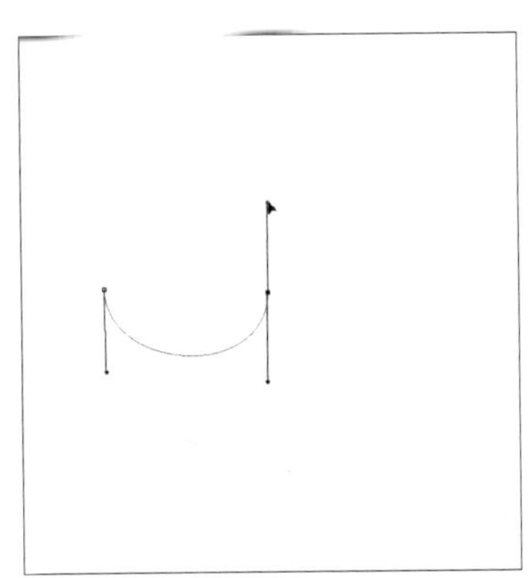

⓬ 在向上拖创建第 2 个锚点。

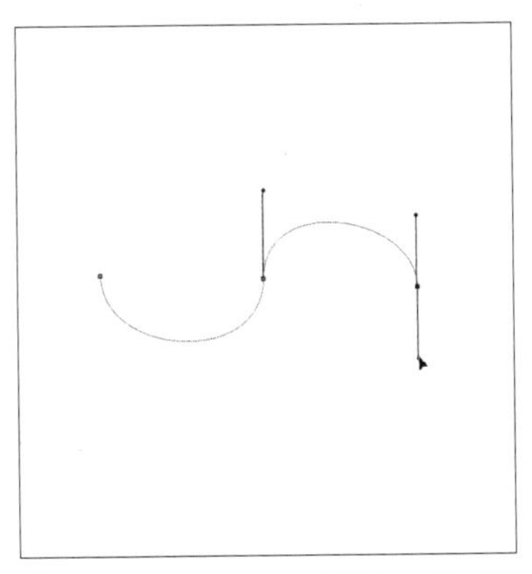

⓭ 再向下拖得到第 3 个锚点，同时得到一个 S 形曲线。

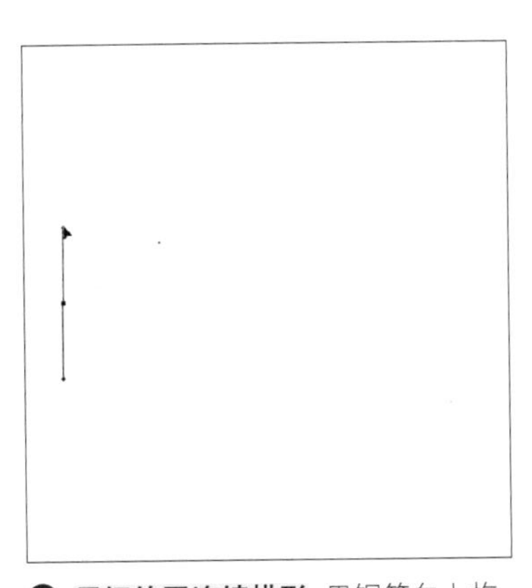

⓮ **用钢笔画连续拱形** 用钢笔向上拖，创建第 1 个锚点。

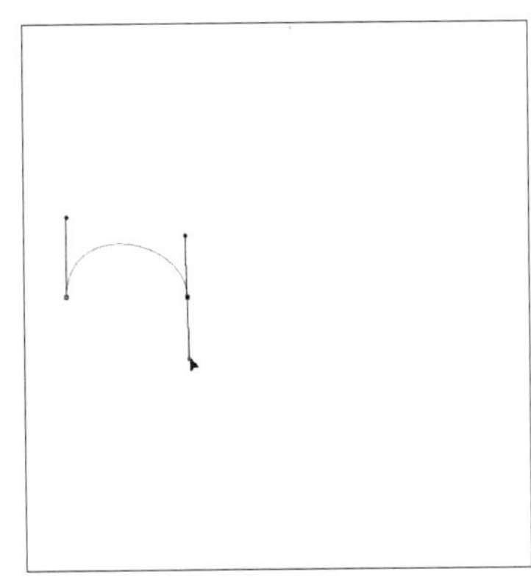

⓯ 向下拖，创建第 2 个锚点，得到第 1 个拱形。

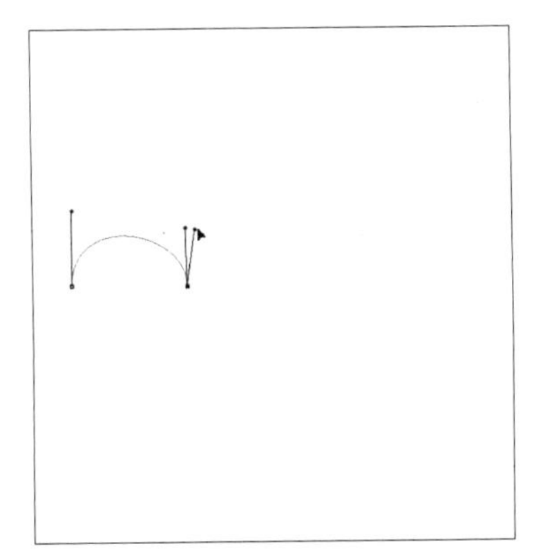

⓰ 按着 Alt 键，把下方的方向线转到上方。

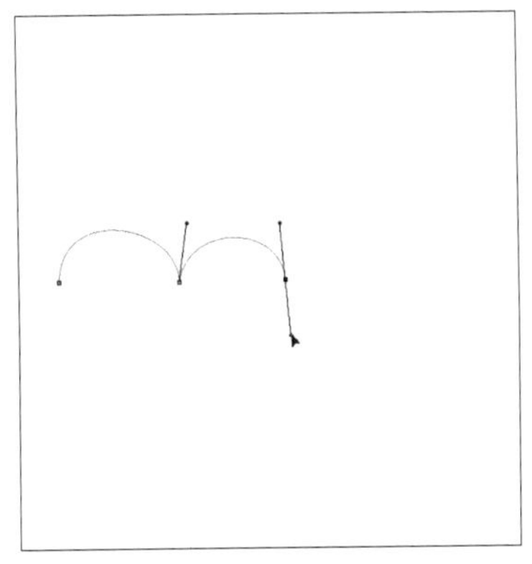

⓱ 在右侧向下拖，创建出第 2 个拱形。

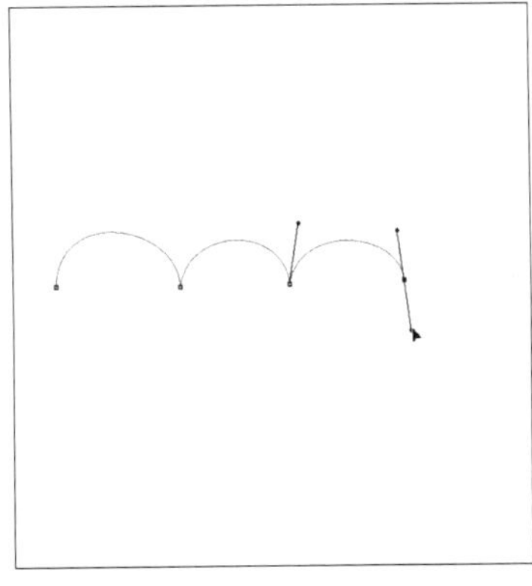

⓲ 用同样的方法绘制出第 3 个拱形。

⑲ **用钢笔画直线+曲线** 用钢笔单击，创建第 1 个锚点。

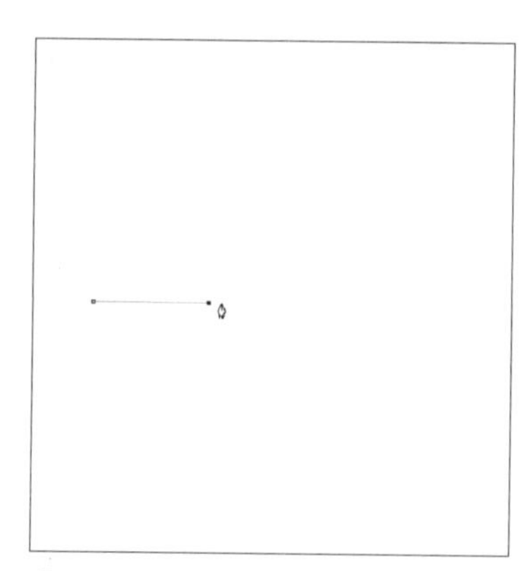

⑳ 用钢笔单击，创建第 2 个锚点。

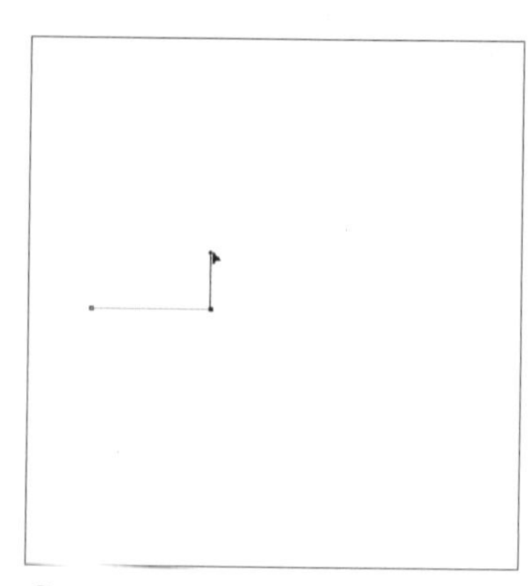

㉑ 在第 2 个锚点上，向上拖曳，拖出一条方向线。

Tips 这里花了很大的篇幅来讲解钢笔的基本用法，虽然很枯燥无味，但是对于初学者来说，熟练的掌握钢笔工具的基本用法，对于完成复杂案例非常重要，在 Photoshop 中，很多精细的抠图都是用钢笔来完成的。

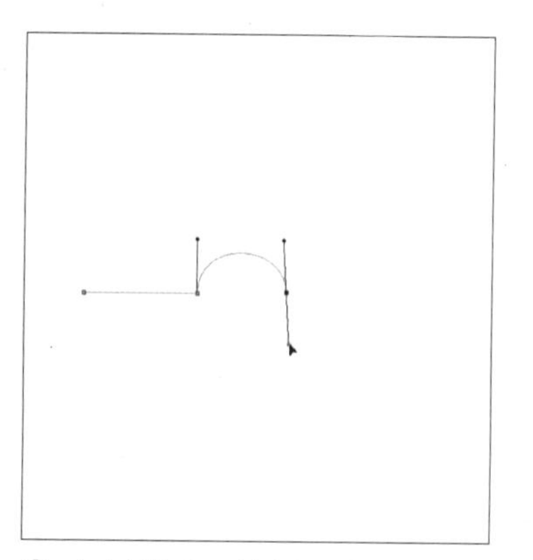

㉒ 在右侧拖曳，创建出一个曲线。

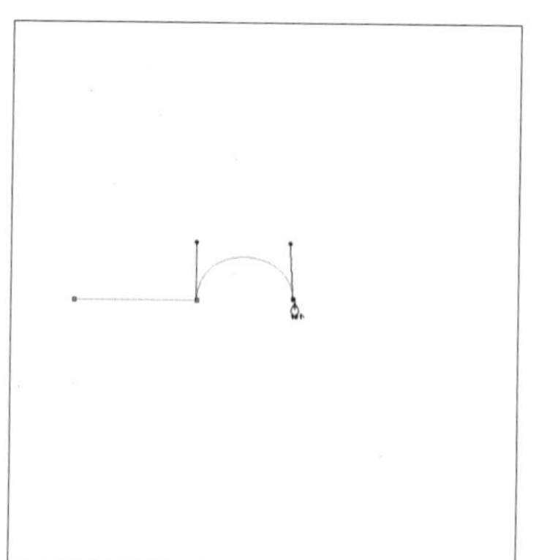

㉓ 在曲线右侧的锚点上单击，会将锚点下方的方向线去除。

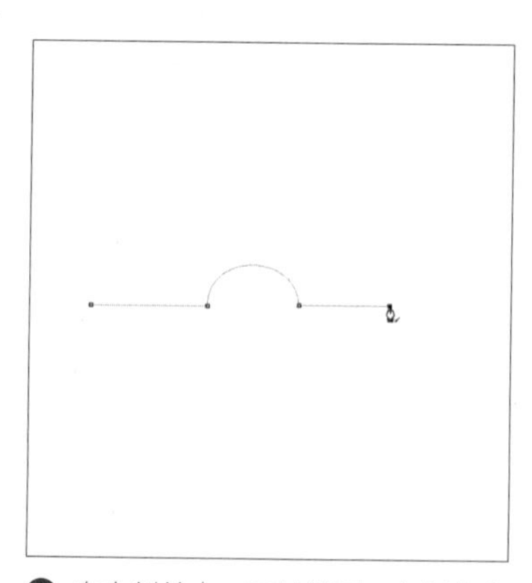

㉔ 在右侧单击，可以得到一条新的直线。

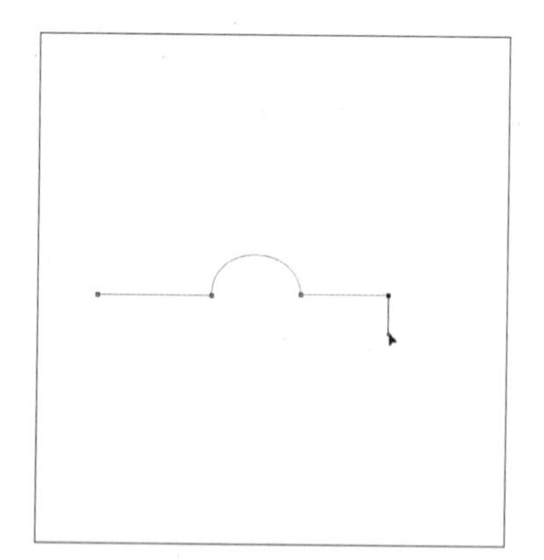

㉕ 在直线右侧的锚点上向下拖曳，得到一个方向线。

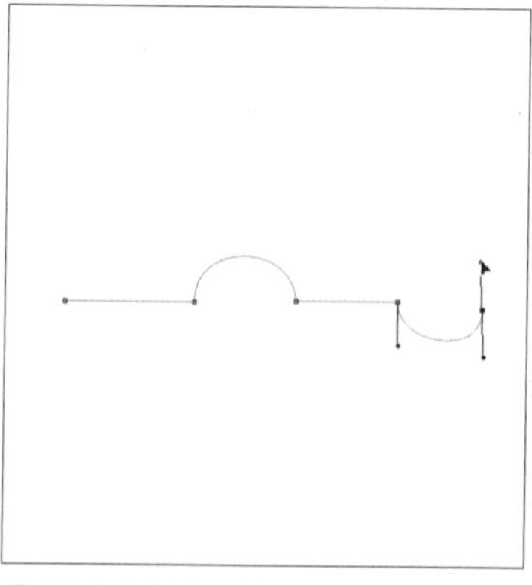

㉖ 再在右侧向上拖曳得到一个开口向上的曲线。

Tips 钢笔的基本操作就都介绍完了，建议读者跟着多练习几遍，以达到熟练运用钢笔的程度。

最后留一个钢笔抠图的练习作业，打开“练习\2-7 选取类工具”下的“2 钢笔 1.jpg 和 2 钢笔 2.jpg”将汽车从背景中抠出，并放置在新的图片中，将完成效果发布在新浪微博并 @boxertian，可以获得技术点评。

2.8 裁剪工具

裁剪工具在 工具箱 。

裁剪工具可以 对图片进行重新构图或裁掉不想要的地方。

裁剪工具的操作 裁图操作非常简单，掌握裁图技巧才能让裁出的图片很漂亮。

01 **裁剪操作** 在工具箱中选择裁剪工具，在图像上拖曳出一个矩形框。

02 双击鼠标左键，即可得到裁剪结果。

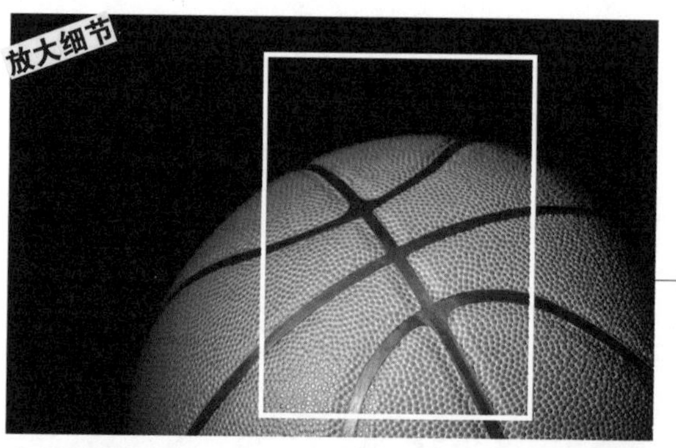

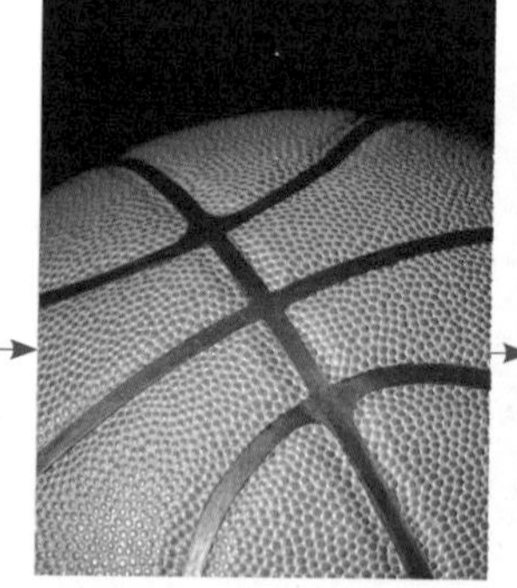

03 **裁剪技巧 1** 放大局部，同时还能让人通过局部迅速地联想到，这是什么。

04 **裁剪技巧 2** 大胆地破坏完整的图片，并给人以很强的视觉冲击力。

2.9 仿制图章工具和修补工具

2.9.1 仿制图章工具

仿制图章工具在 工具箱。

仿制图章工具可以 用一块好的区域填补不好的区域，从而修复粗糙的皮肤，让皮肤变光滑。

仿制图章工具的操作 按住Alt键单击好的地方取样，释放Alt键，再单击不好的地方填补。

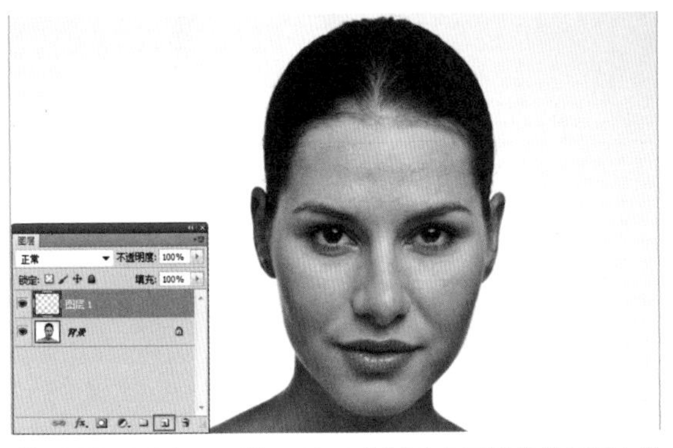

01 **新建图层** 打开"练习\2-9仿制图章工具修补工具\仿制图章工具.JPG"，单击【图层】面板的【创建新图层】按钮，得到新图层，这样可以不破坏原图，保留再操作的机会。

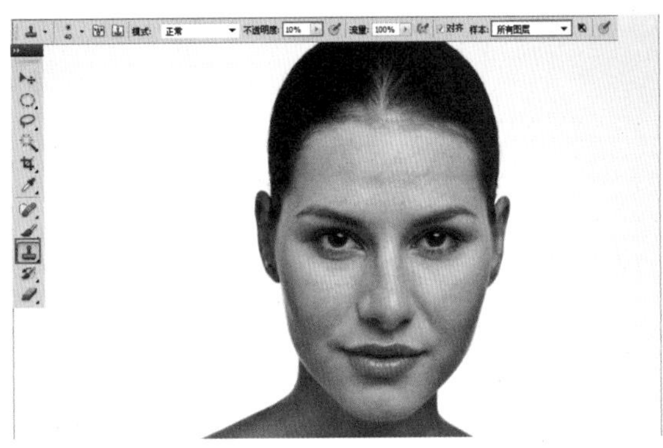

02 **设置仿制图章工具** 在工具箱中选择【仿制图章工具】，在属性栏上设置画笔的【硬度】为0，【不透明度】为10%，【样本】为所有图层。

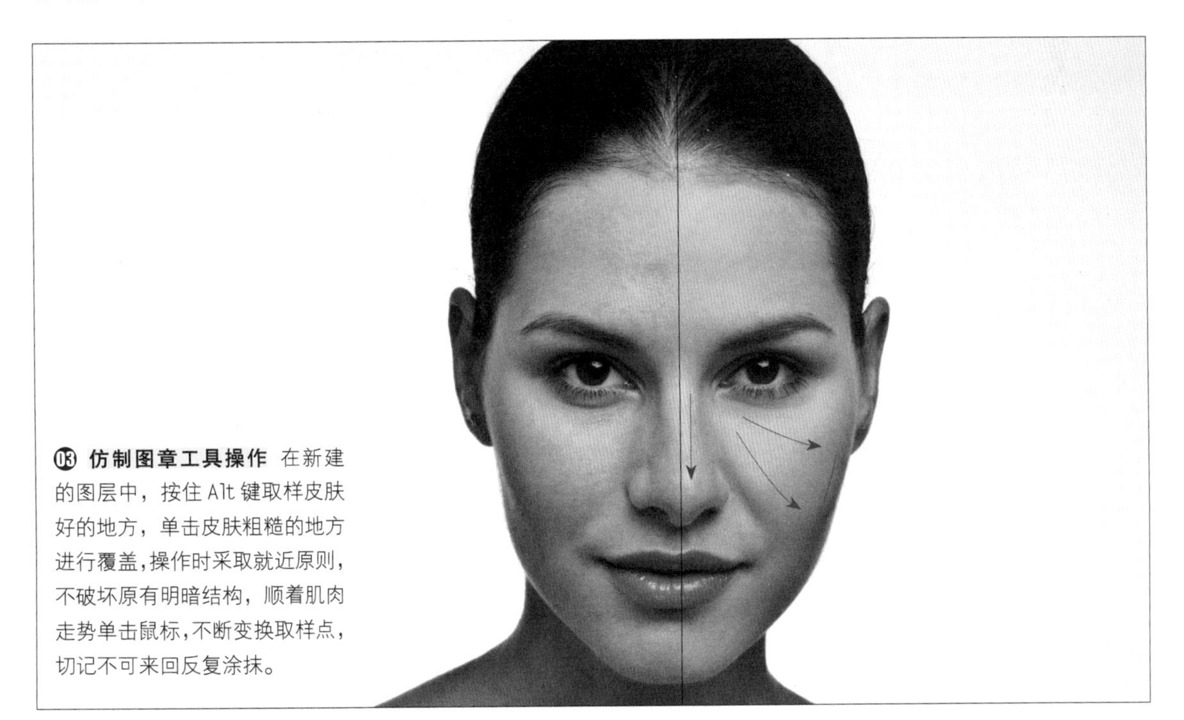

03 **仿制图章工具操作** 在新建的图层中，按住Alt键取样皮肤好的地方，单击皮肤粗糙的地方进行覆盖，操作时采取就近原则，不破坏原有明暗结构，顺着肌肉走势单击鼠标，不断变换取样点，切记不可来回反复涂抹。

Tips 用【仿制图章工具】修饰皮肤毛孔时，将【样本】设置为所有图层，结合在空白图层上操作，它的好处是涂抹坏了，可以用【橡皮擦工具】擦掉，再重新涂抹即可，【不透明度】建议设置在10%以下，可以保留皮肤质感，并且不容易涂坏。

2.9.2 修补工具

修补工具在 工具箱。

修补工具可以 修补图片中的不足，并和周围环境融合，常用来修大块的脏点。

修补工具的操作 框选不好的区域，拖向好的区域。

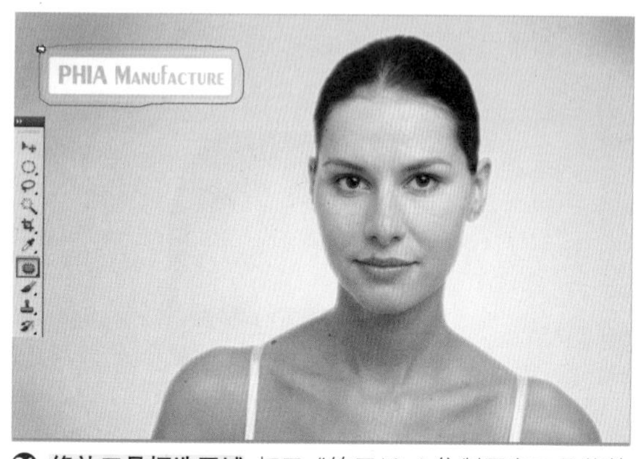

⓫ **修补工具框选区域** 打开“练习\2-9 仿制图章工具修补工具\修补工具.JPG”，在工具箱中选择【修补工具】，按住鼠标左键不放，拖曳鼠标圈选背景上的水印。

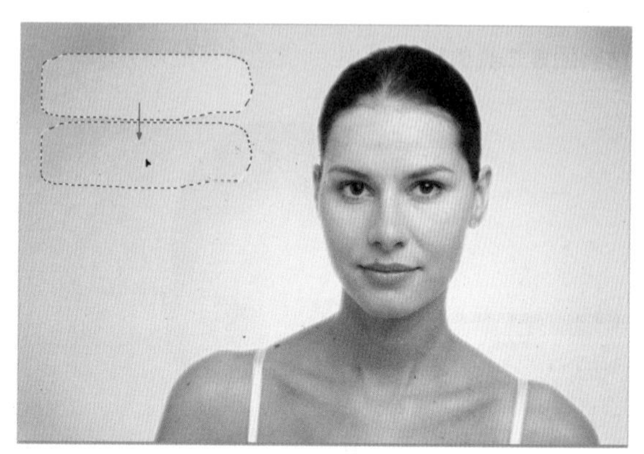

⓬ **拖向好的区域** 将选框拖曳至好的区域，即可去除水印。

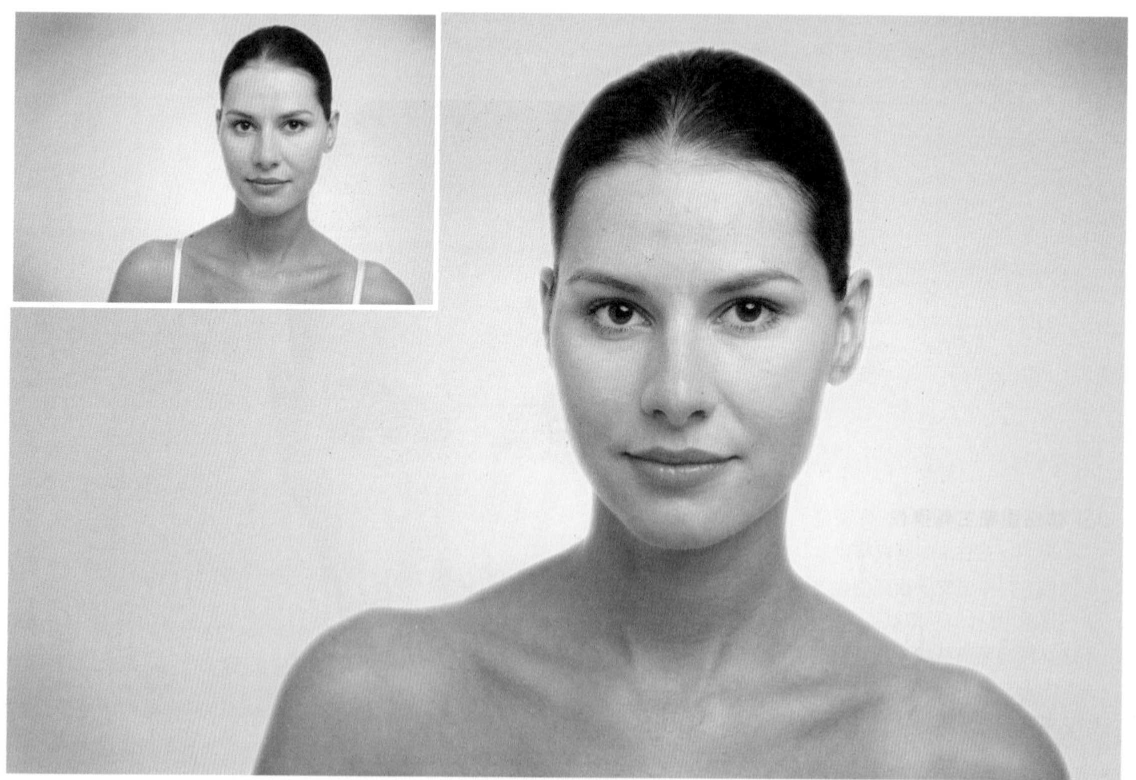

⓭ 用相同的方法可以去除皮肤上的大脏点和模特的肩带，在框选区域的时候尽量精确，拖曳至好的皮肤时，要顺着皮肤走势，暗部拖向暗的地方，亮部拖向亮的地方。

2.10 画笔工具和橡皮擦工具

画笔工具和橡皮擦工具在 工具箱（画笔工具）、（橡皮擦工具）。

画笔工具可以 画画、做选区、控制蒙版的显示和隐藏。

橡皮擦工具可以 擦掉画笔画得不好的地方。

画笔工具和橡皮擦工具操作 涂抹。

01 分层 打开“练习\2-10 画笔和橡皮\1 画笔涂鸦.jpg”，在用【画笔工具】画画时，建议分层操作，便于修改。单击【图层】面板的【创建新图层】按钮，得到新图层。

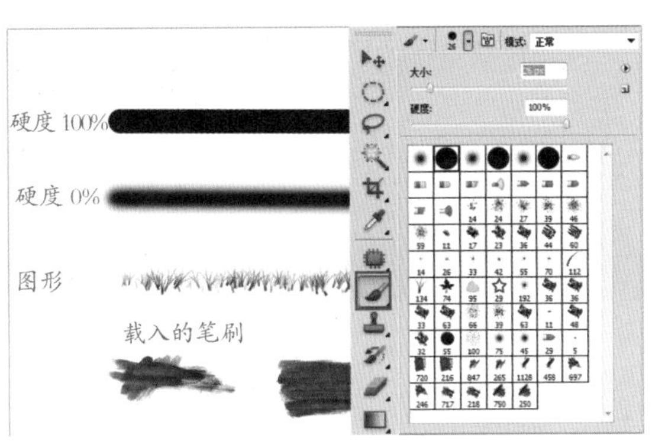

02 设置画笔工具 在工具箱中选择【画笔工具】，在属性栏上可以设置画笔的大小、硬度、笔头样式。硬度越大，画笔的边缘越实，硬度越小，画笔的边缘越虚，还可选择默认的图形笔刷，也可以到网站上下载不同类型的笔刷，载入到画笔中即可应用。

03 涂鸦 用【画笔工具】可以在图片上涂鸦。

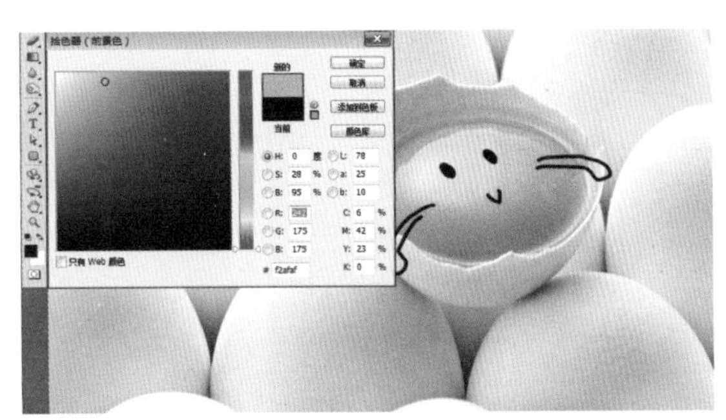

04 设置颜色 双击前景色，在弹出的面板中选择颜色，即可变换画笔的颜色。

05 将变换了颜色的画笔在图片上涂抹，按住【[】键或【]】键，可以改变画笔的大小。

06 如果有画不好的地方，可以用【橡皮擦工具】擦掉，设置与【画笔工具】相同，只是它们的功能是相反的。

⑦ **画笔工具做选区** 打开“练习\2-10 画笔和橡皮\2 快速蒙版选择嘴唇.jpg”，选择【画笔工具】，要选择的范围是嘴唇，嘴唇的边缘柔和，所以设置硬度为 0%。单击工具箱中的【快速蒙版】按钮，进入快速蒙版编辑模式，涂抹嘴唇，如果有涂抹不好的地方可以用【橡皮擦工具】擦除，同样的【橡皮擦工具】的硬度也为 0%。

⑧ 单击【快速蒙版】按钮，将没有涂抹到的地方变为选区。→

⑨ 按 Ctrl+Shift+I 键，选择反向，即可选中嘴唇。

⑩ 单击【图层】面板的【创建新的填充或调整图层】按钮，选择【色相\饱和度】，调整色相即可改变嘴唇的颜色。

⑪ **控制蒙版的显示和隐藏** 打开“练习\2-10 画笔和橡皮\3 用画笔控制蒙版 2 .jpg”，用【套索工具】圈选人物脸部。

⑫ 单击右键，选择羽化，10像素，用【选择工具】拖曳选中的部分至“3用画笔控制蒙版 1.jpg”中。

⑬ 按Ctrl+T键，自由变换，并减低图层不透明度，按住Shift键调整图片大小，使其与左边女孩的脸部尽量吻合。

⑭ 选择【画笔工具】，硬度为0%，降低不透明度，前景色设置为黑色，为脸部图层添加蒙版，用【画笔工具】涂抹脸部衔接的边缘，使其与下面的图片融合即可。

Tips 为图层添加蒙版，用黑色画笔涂抹画布中的元素，涂抹的地方会显示下方的内容，用白色画笔涂抹，则涂抹的地方不会显示下方的内容，起到遮挡的作用。

2.11 渐变工具

渐变工具在 工具箱。

渐变工具可以 做明暗背景；渐变蒙版，让图像融合。

渐变工具操作 设置好前景色和背景色，选择渐变类型，在画布上拖曳鼠标。

1. 用渐变制作背景

⓪① **做明暗背景** 打开“练习\2-11 渐变工具\1 渐变背景.tif”，在【图层】面板中，按住Ctrl键，单击【创建新图层】按钮，即可在图层下方创建图层。

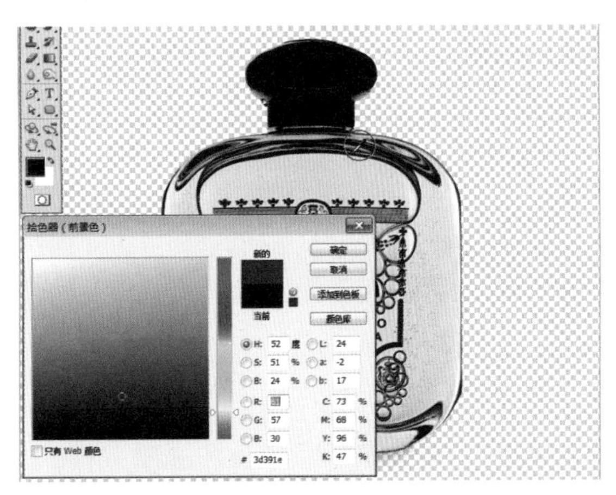

⓪② **设置前景色** 双击前景色，弹出【拾色器】面板，将指针移至画布中，变成【吸管工具】，单击吸取瓶子深色的地方。

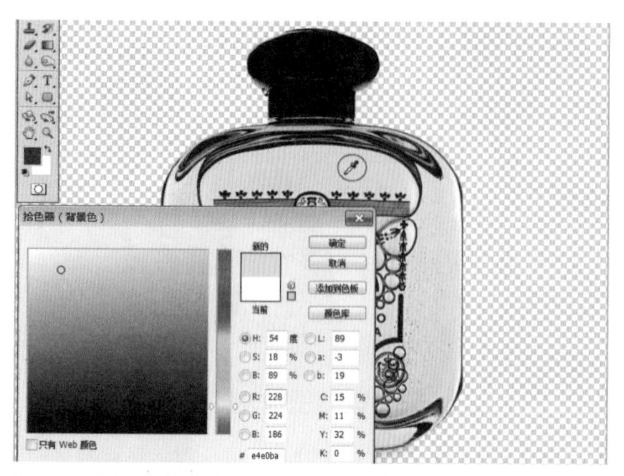

03 设置背景色 双击背景色，弹出【拾色器】面板，将指针移至瓶子浅色的地方，单击吸取颜色。

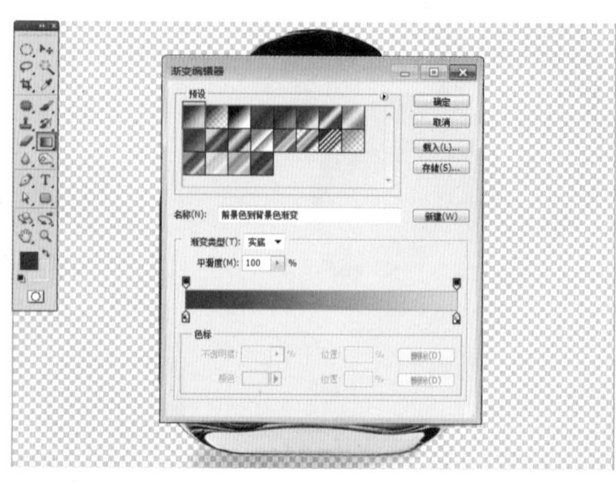

04 设置渐变颜色 选择【渐变工具】，单击属性栏上的渐变条，在弹出的面板中，选择第 1 个渐变色。

05 拖曳渐变颜色 在属性栏中，单击【径向渐变】按钮，勾选【反向】，即由浅色到深色渐变，由图片中心向下拖曳鼠标，拖曳越长，渐变过渡越柔和，中心颜色所占面积也就越大。

06 填充渐变色后的效果。

2. 用渐变控制蒙版

01 渐变蒙版 打开“2 彩色 .jpg”，将“3 黑白 .jpg”拖入到画布中。

02 在【图层】面板中，选择黑白室内图的图层，单击【添加矢量蒙版】按钮。

03 设置前景色为黑色，背景色为白色，选择【渐变工具】，属性栏上的渐变条设置为黑至白渐变，选择【线性渐变】，不勾选【反向】，由图片左上角向右下角拖曳鼠标。

04 在图层蒙版上可看到黑至白的渐变，画布上的效果是左上方显示彩色室内图，右下方显示黑白室内图。

3. 用渐变制作石膏球

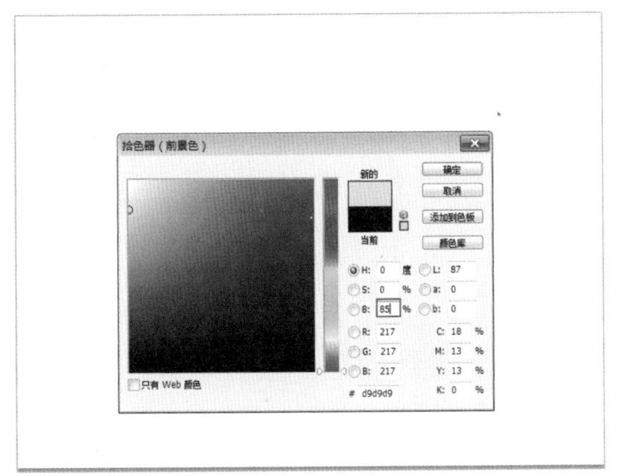

01 执行文件\新建，输入 800 像素 ×600 像素，分辨率 72，单击工具箱中的前景色按钮，设置【B】为 85。

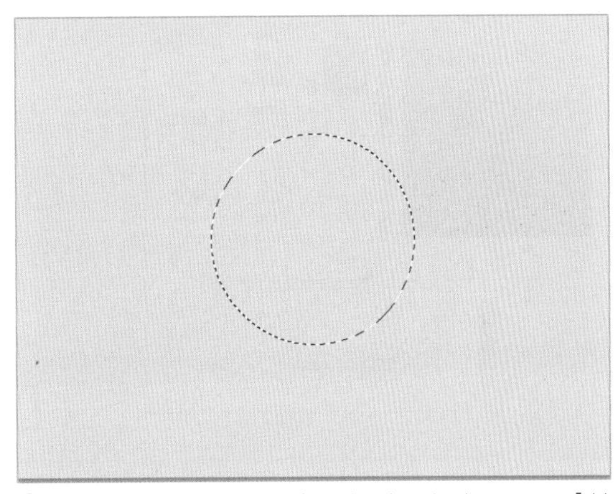

02 按 Alt+Backespace 键，填充前景色，新建图层，用【椭圆选框工具】按住 Shift 键绘制圆形。

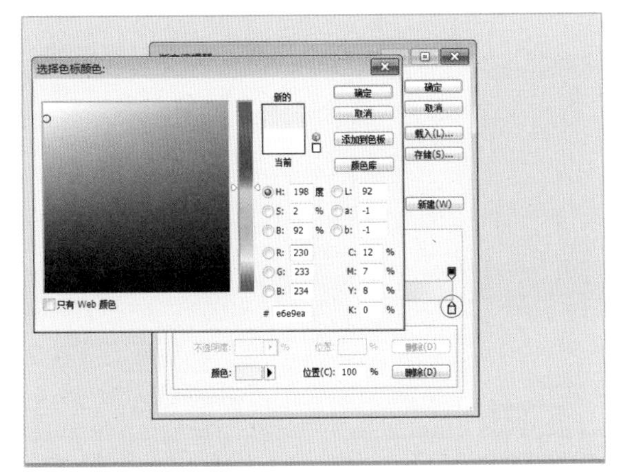

03 **石膏球受光面的颜色** 选择【渐变工具】，单击属性栏上的渐变条，选择黑－白渐变，双击右边的色标，颜色值为 R230、G233、B234。

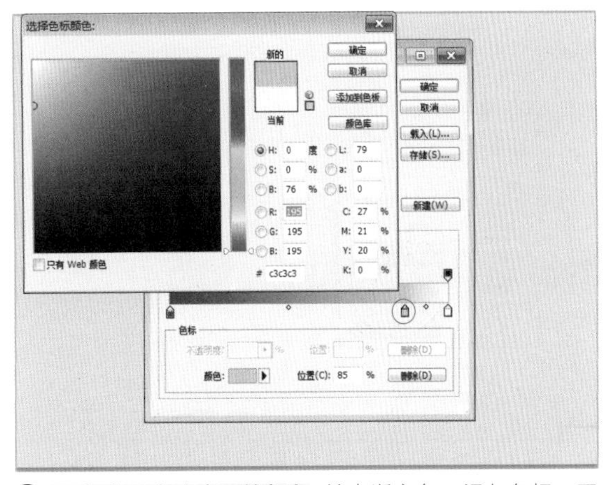

04 **石膏球明暗过渡面的颜色** 单击渐变条，添加色标，双击色标，颜色值为 R195、G195、B195。

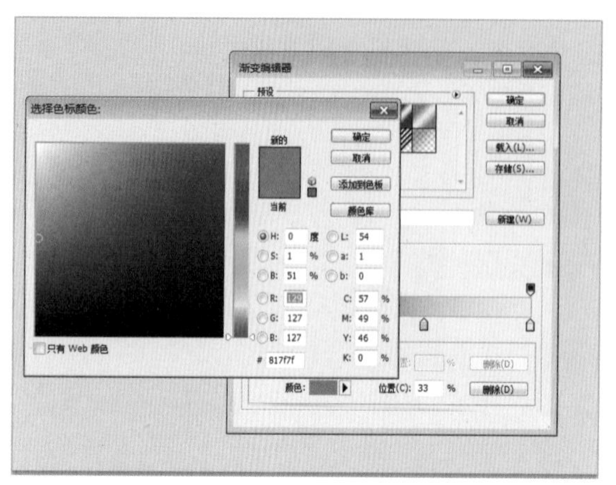

05 石膏球暗部的颜色 单击渐变条，添加色标，双击色标，颜色值为 R129、G127、B127。

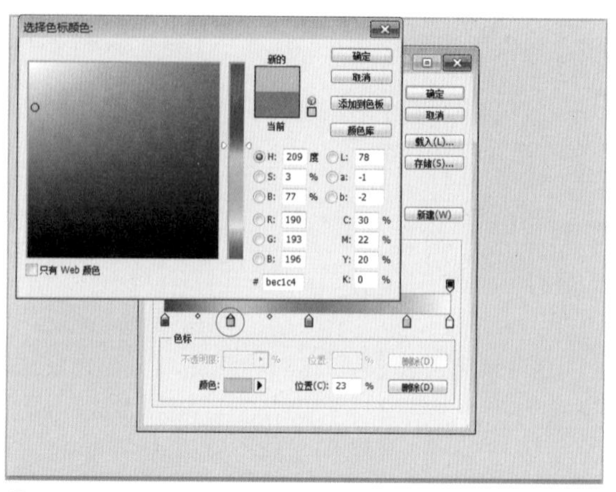

06 石膏球反光面的颜色 单击渐变条，添加色标，双击色标，颜色值为 R190、G193、B196。

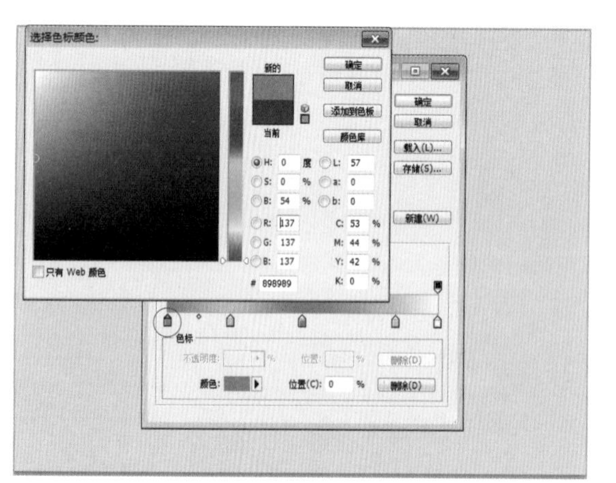

07 石膏球阴影部分的颜色 双击右边的色标，颜色值为 R137、G137、B137。

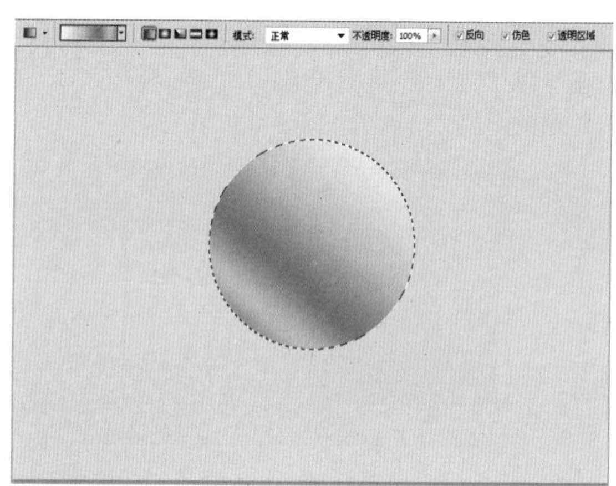

08 填充渐变色 在属性栏上勾选【反向】，由右上至左下拖曳。

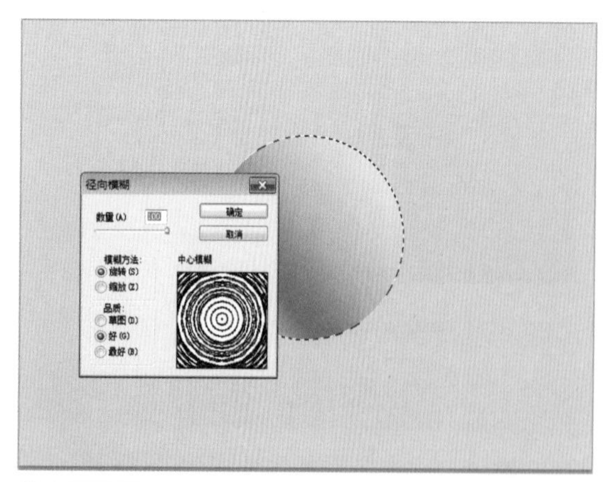

09 柔和渐变色 执行滤镜\模糊\径向模糊，【数量】为 100，勾选【旋转】。

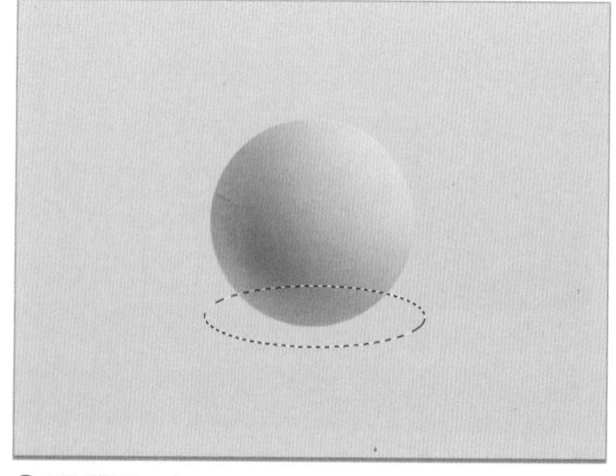

10 制作阴影 在石膏球图层下方，新建图层，用【椭圆选框工具】绘制一个椭圆。

⓫ 填充黑色，按Ctrl+D键，取消选区。

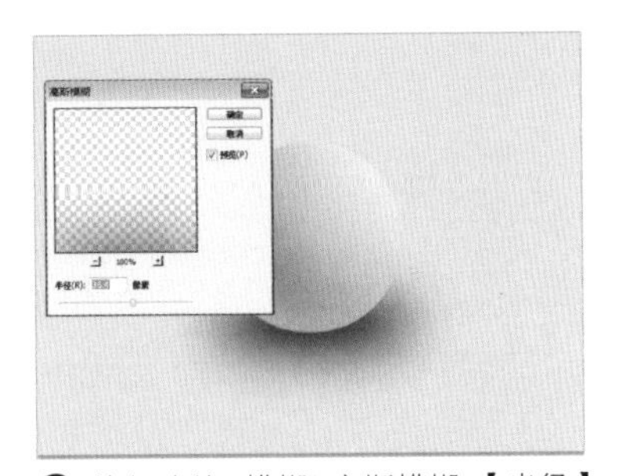

⓬ 执行滤镜\模糊\高斯模糊，【半径】为 36.4 像素。

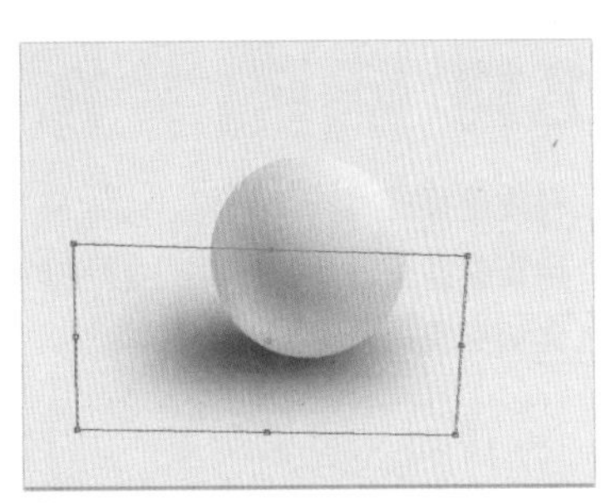

⓭ 按 Ctrl+T 键，自由变换，按住 Crtl键分别拖曳 4 个角的锚点，调整阴影形状。

⓮ 选择【画笔工具】，设置前景色为黑色，不透明度为 10%，在石膏球的底部涂抹，加深阴影，使阴影看起来更逼真，涂抹完成后，即完成石膏球的操作。

Tips 柔和渐变色的径向模糊参数，不一定是 100，根据石膏球的大小而调整数值。

2.12 新建文档

新建文档在 文件菜单。

新建文档可以 根据目的建立一个文件，在处理图片时通常不会单独新建文档，而是在图片上进行处理，但是如果要进行设计创作，如做海报、绘画等就需要新建文档了。

新建文档的操作 起好名字\尺寸及单位\分辨率

起好名字，在新建文档时要养成起好名字的好习惯，不要出现大量的“未标题、未命名”的文件，在【名称】中建议包含作品名、日期、制作者等信息，以方便查找。

在完成一个作品之前，首先要把尺寸定下来，并且注意其单位是否正确，以免做完后才发现不符合要求。

分辨率的设置也很重要，通常，用于电脑显示的作品分辨率为72像素\英寸，而用于印刷的作品分辨率通常为300像素\英寸。

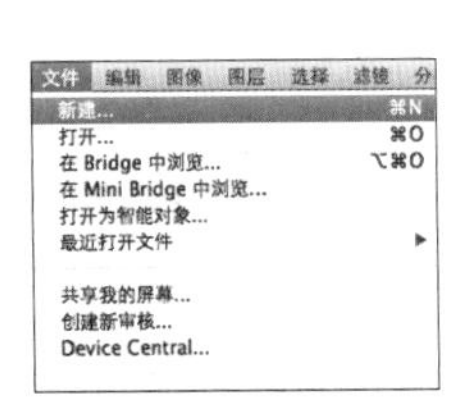

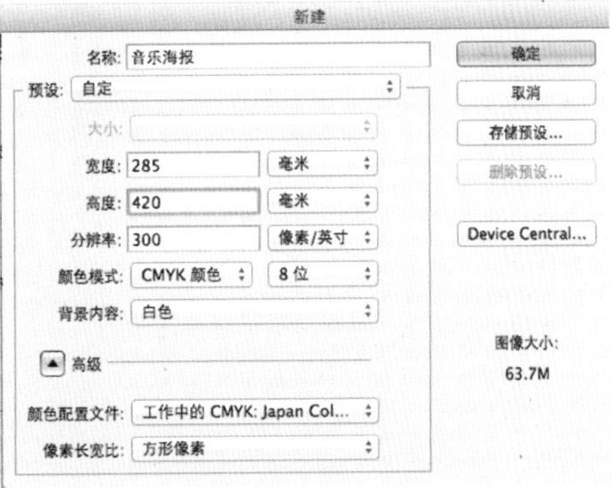

2.13 自由变换

自由变换在 编辑菜单。

自由变换可以 改变大小，改变透视。

自由变换操作 拖曳边框的9个锚点改变图片的大小或透视。

❶ **改变大小** 打开“练习\2-13\1-大小素材.tif”，图中右数第二个人物，笔者已经用【钢笔工具】抠好了，在【路径】面板中，单击路径1。

❷ 按 Ctrl+ 回车键，载入选区。

❸ 按 Ctrl+J 键，复制图层，将图层旁的【图层样式】按钮拖曳至【删除图层】按钮，即可取消该图层的效果。

❹ 执行编辑\自由变换，将指针放在右下角的锚点，按住 Shift 键拖曳鼠标，即可等比例放大图片。

⑤ 按回车键，完成放大的操作，被放大的人物有从画面中站出来的效果。

⑥ **改变透视** 打开“2-透视素材.jpg”，这是一张用广角镜头拍摄的建筑物图片，建筑物的透视发生扭曲，需要用【自由变换】调整。

⑦ 按Ctrl+R键，调出标尺垂直部分拉出两条参考线，水平部分拉出1条参考线，作为调整时的参考。

⑧ 按 Ctrl+J 键，复制图层，按 Ctrl+T 键，自由变换，单击右键，选择【透视】。

⑨ 将指针放在右上角的位置，向外拖曳鼠标，直到建筑物与参考线呈平行时即可。

⑩ 按回车键，完成改变透视的操作。

⑪ **自由变换制作阴影** 打开“3- 自由变换素材 .tif”，按住 Ctrl 键，单击人物图层，即可载入选区。

⑫ 单击【图层】面板的【创建新图层】按钮，填充黑色。

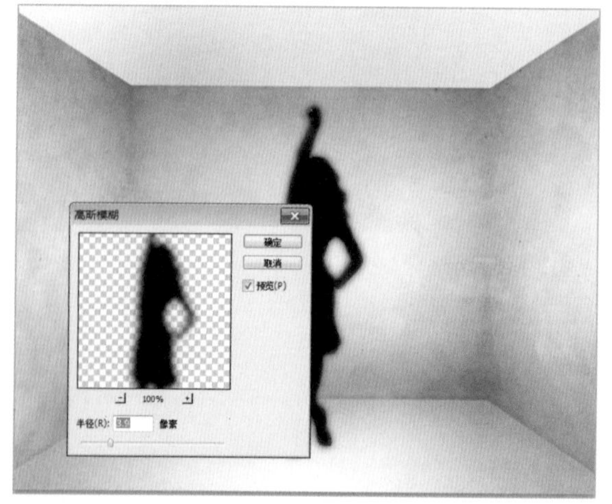

⑬ 按 Ctrl+D 键，取消选择，执行滤镜 \ 模糊 \ 高斯模糊，【半径】为 3.9 像素。

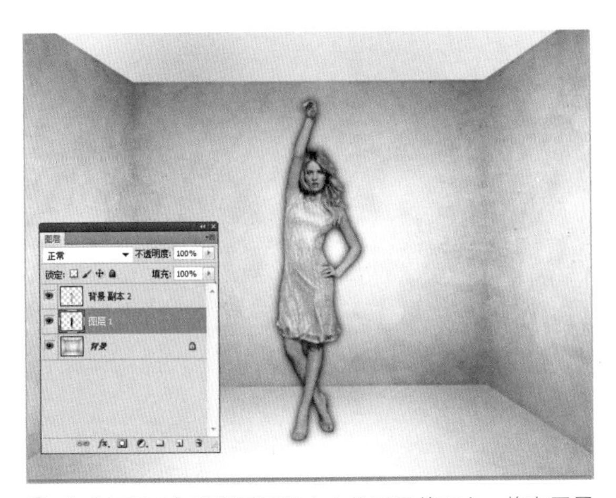

⓮ 将【图层 1】阴影图层放在人物图层的下方，拖曳图层即可改变它们的顺序。

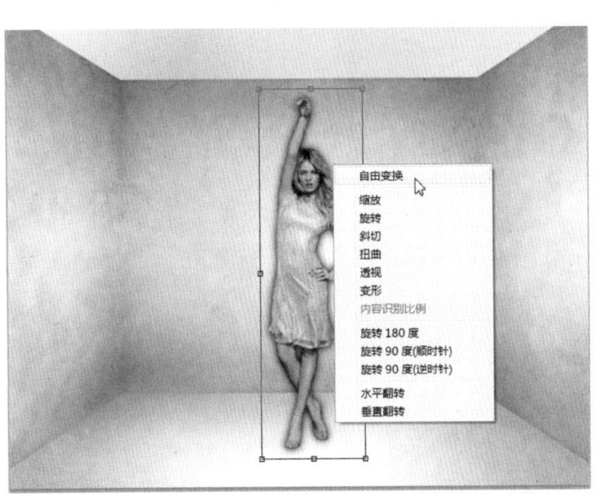

⓯ 按 Ctrl+T 键，自由变换，单击右键选择【自由变换】。

⓰ 按住 Ctrl 键，分别拖曳 4 个角上的锚点，即可自由变换阴影的形状。

⓱ 变换好的阴影效果。

⓲ 阴影投在墙面上都会发生变形，为了让制作的阴影更逼真，需要将墙面上的阴影稍微扭曲，用【矩形选框工具】框选墙面上的阴影。

⓳ 按 Ctrl+T 键，自由变换。

⑳ 单击右键，选择【自由变换】。

㉑ 按住 Ctrl 键，将右上角的锚点向左拖曳。

㉒ 按回车键，完成自由变换的操作。

㉓ 将阴影图层的不透明度降低，制作阴影的操作就完成了。

2.14 高斯模糊

高斯模糊在 滤镜\模糊。

高斯模糊可以 让画面模糊、制造出画面的焦点。

高斯模糊的操作 做选区，模糊。

01 打开“练习\2-14 模糊”下的素材文件。

02 用钢笔把正中央的女性勾出来，沿着其外轮廓勾，不需要非常精细。

⓪③ 按 Ctrl+ 回车键，将路径转为选区。

⓪④ 在选区内单击鼠标右键，选择羽化，羽化20像素。羽化后，做其他效果时过渡不会很生硬。

⓪⑤ 执行选择\反向，选中画面中中间女性之外的内容。

⓪⑥ 执行滤镜\模糊\高斯模糊，最终效果如下图，高斯模糊很好地制造了画面的焦点。

2.15 液化

液化在 滤镜菜单。

液化可以 改变形体。

液化操作 向前变形、褶皱、膨胀。

01 **瘦肚子** 打开“练习\2-15 液化肚子大 .jpg”，用【液化】的【向前变形工具】瘦肚子。

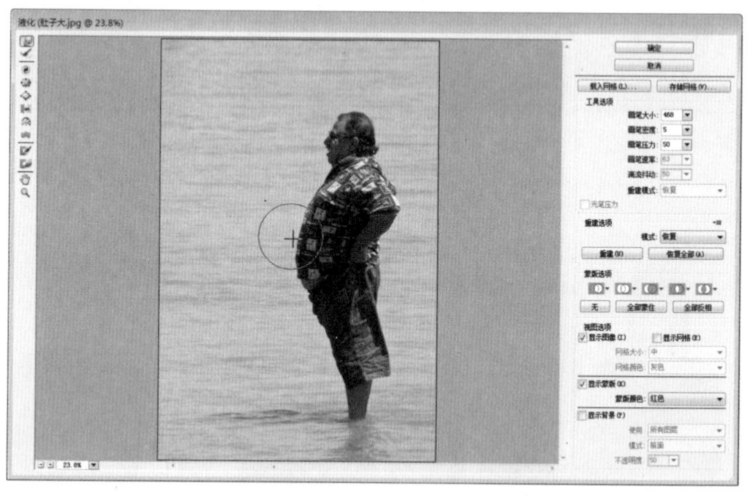

02 执行滤镜\液化，选择【向前变形工具】，按住】键，调大画笔，按住鼠标左键不放，在肚子的范围向里拖曳鼠标。

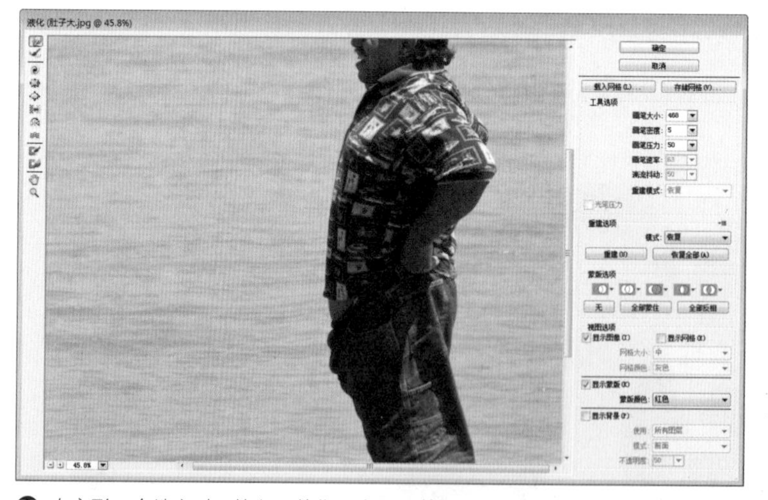

03 在变形一个地方时，其上下的位置也要跟着调整，这样才会显得自然。

04 完成后的效果。

Tips 在使用液化时，根据调整的地方，随时按【键或】键调整画笔大小，变形的力度由【画笔密度】和【画笔压力】决定，它们在【液化】对话框右侧的【工具选项】中，【画笔密度】和【画笔压力】的数值越大，扭曲就越厉害。我们在调整人物时，都是轻微的做调整，因此【画笔密度】的数值控制在 10 以内，【画笔压力】的数值控制在 50 以内。

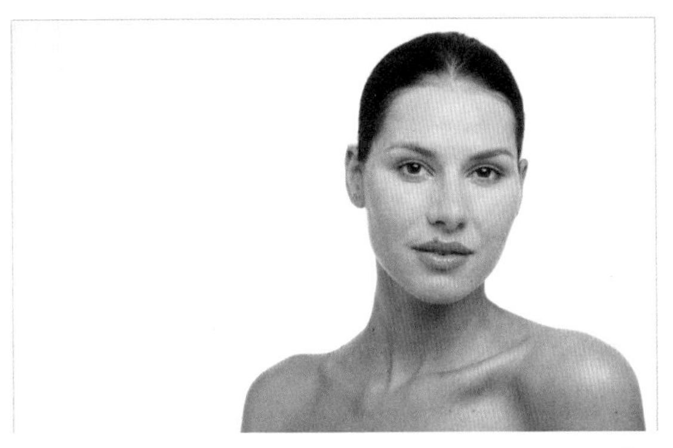

⑮ **大眼睛** 打开“练习\2-14 液化\膨胀眼睛.JPG”，用【液化】的【膨胀工具】将眼睛变大。

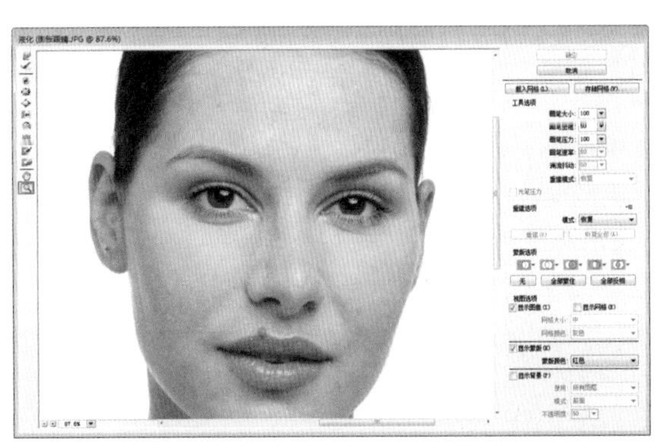

⑯ 在【图层】面板中，选择背景层，按 Ctrl+J 键，复制图层，便于调整后对比效果，执行滤镜\液化，用【缩放工具】放大面部。

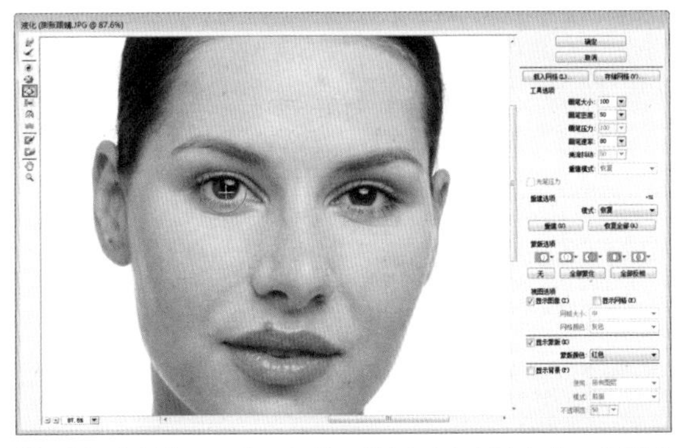

⑰ 选择【膨胀工具】，调整画笔以适合眼睛大小，在眼睛部分单击鼠标，即可放大眼睛。

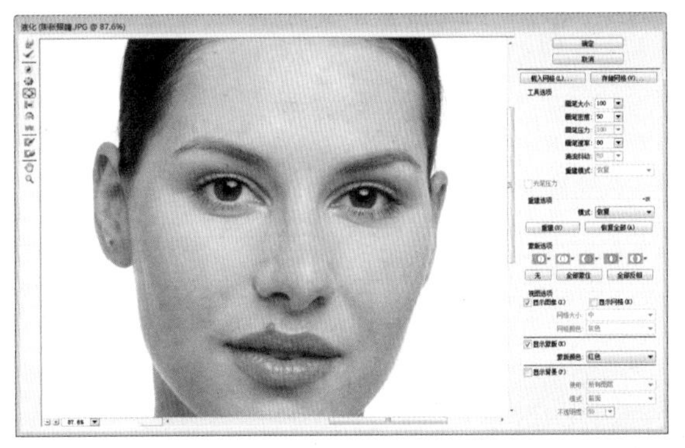

⑱ 在放大眼睛时，不能单一的放大眼球，而是眼角和眼尾都需要跟着放大，在调整人物时，都是轻微的调整，所以不能将眼睛放得太大，所以采用单击鼠标的方法，而不是一直按住不放。

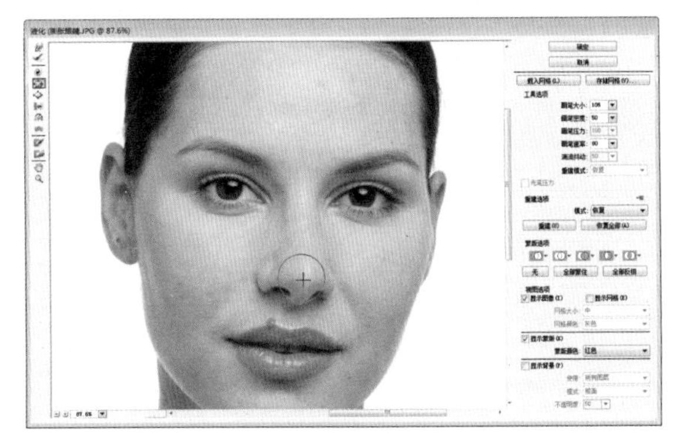

⑲ **小鼻头** 选择【褶皱工具】，调整画笔以适合鼻头大小，在鼻头部分单击鼠标，即可缩小鼻头。与调整眼睛的方法相同，缩小鼻头时，鼻翼部分也要跟着调整。

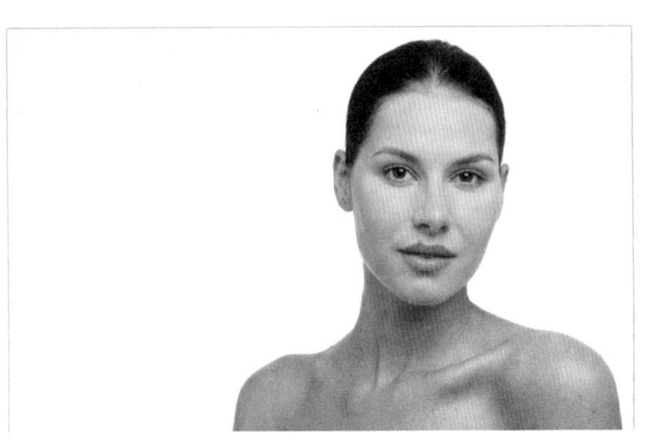

⑳ 可以通过单击【图层】面板旁的眼睛按钮，查看调整前后的效果。

2.16 锐化

锐化在 滤镜\锐化。

锐化可以 让画面更清晰，但锐化过度会产生过多的噪点。

锐化的操作 不同类型的图片锐化的程度也不同，主要靠数量和半径来控制。

01 **人物锐化** 人的皮肤很细腻，过量锐化会破坏皮肤的质感，因此对人物进行锐化时要注意在画面变清晰的同时，皮肤不能被破坏。打开“练习\2-16 锐化”下的人物素材。

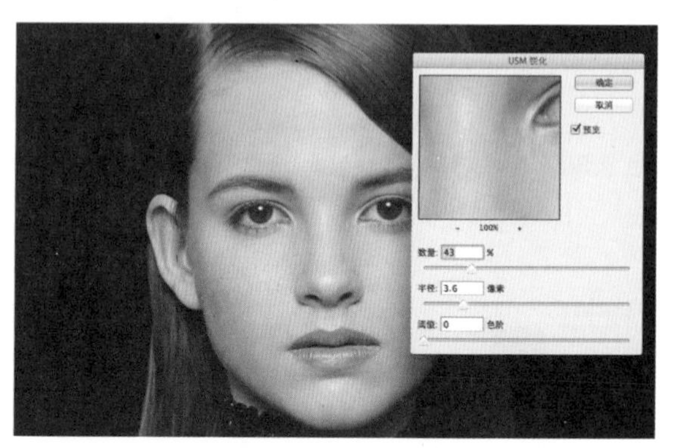

02 按Ctrl+J键将背景复制一层，执行滤镜\锐化\USM锐化，这是使用最多的锐化命令。设置数量和半径的数值都低一些，在设置数值时注意观察人物皮肤的变化。

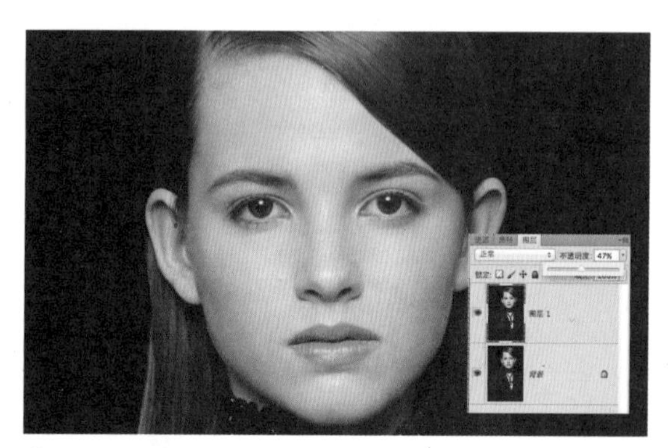

03 如果觉得锐化过量，可以通过图层的不透明度进行调整，降低锐化的影响。

04 最终完成效果。

Tips 在图片处理完以后，通常都要将图片做一点锐化，这样能让图片看起来更棒。只是，不同的图片锐化的程度不同，人物锐化要小点，静物锐化大一些，风景相对于人物和静物，可以锐化得更多。

05 静物锐化 以化妆品为例，静物的材质细节不像人物那么丰富，所以锐化的量比人物大一些也可以接受。打开“练习\2-15 锐化”下的化妆品素材。

06 按Ctrl+J键将背景复制一层，执行滤镜\锐化\USM锐化，设置数量和半径的数值都大一些，在设置数值时注意观察瓶体的变化。

07 如果觉得锐化过量，可以通过图层的不透明度进行调整，降低锐化的影响。

08 最终完成效果。

09 风景锐化 风景片中通常都有较为丰富的内容，而且相对于人物和静物，更强调整体感，对细节的追求不如前两者苛刻，在锐化时，可以给出相对更高的数值。打开“练习\2-15 锐化”下的风景素材。

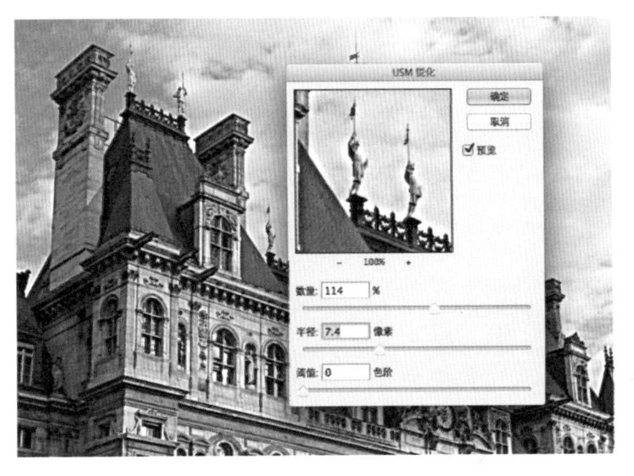

10 按Ctrl+J键将背景复制一层，执行滤镜\锐化\USM锐化，设置数量和半径的数值都较大，在设置数值时注意观察建筑物细节的变化。

⑪ 如果觉得锐化过量，可以通过图层的不透明度进行调整，降低锐化的影响。

⑫ 最终完成效果。

2.17 历史记录

历史记录在 窗口菜单。

历史记录可以 让图片退回到操作前的某一状态。

历史记录的操作 历史记录面板\按Ctrl+Alt+Z键也可实现返回效果。

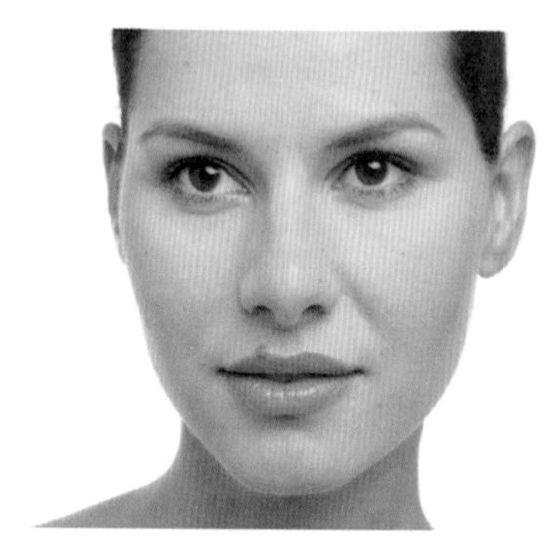

⑪ 打开“练习 \2-17 历史记录”下的素材并修瑕疵。

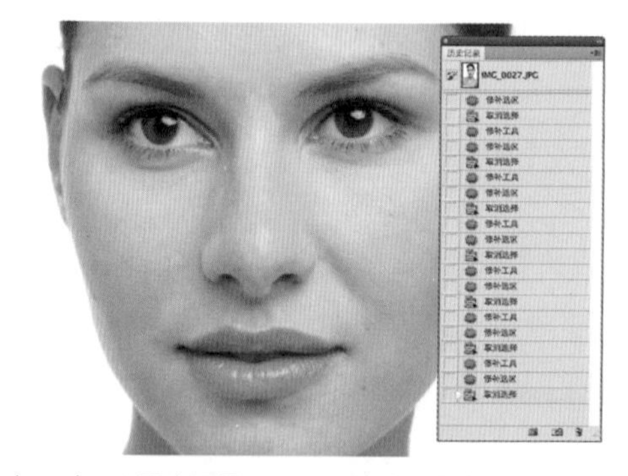

⑫ 打开窗口 \ 历史记录，可以看到对图片的操作被记录下来。

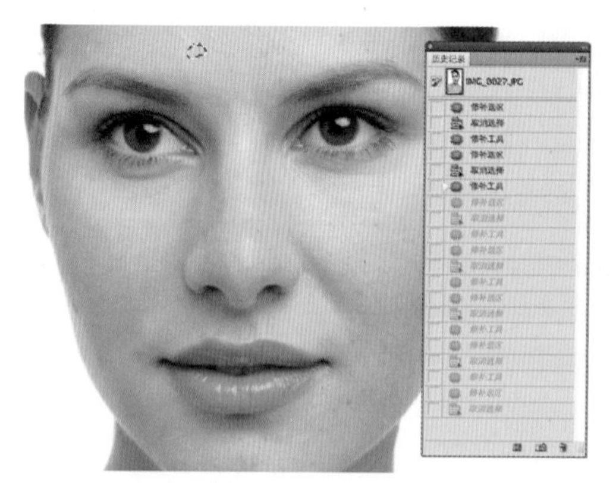

⑬ 单击其中某个操作，可以返回到之前的步骤。

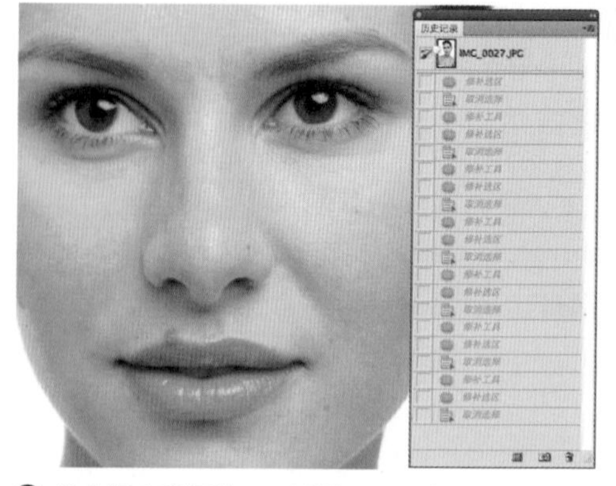

⑭ 单击第 1 张图片，可以返回至图片刚打开时的状态。

2.18 存储图片

存储图片在 文件\存储为。

存储图片可以 保存操作后的图片。

常用存储格式 TIF\PSD\JPG\PNG

TIF可以保留在Photoshop中操作后的图片，绝大部分功能，如图层、图层样式、混合模式、通道、路径、透明等，并且TIF是个通用的图片格式，它可以在很多的其他非Adobe软件中打开，所以TIF和PSD差不多，并且TIF的文件比PSD文件通常要小得多。

PSD是Photoshop特有的图片格式，它可以保存几乎所有的Photoshop中可以被保存下来的功能，如智能滤镜、智能对象等，当然TIF支持的功能PSD几乎都支持。其他的Adobe软件，如Illustrator、Flash、InDesign等对PSD的支持都很好，但非Adobe软件就很难说了。

JPG几乎不支持什么Photoshop功能，通常我们用JPG来保存最终效果，并且可以把它用于印刷或网络发布，因为它可以很小。

PNG可以保留透明对象，但不支持多图层，PNG常用于网页发布、动画等，因为它支持透明图层并且它很小。

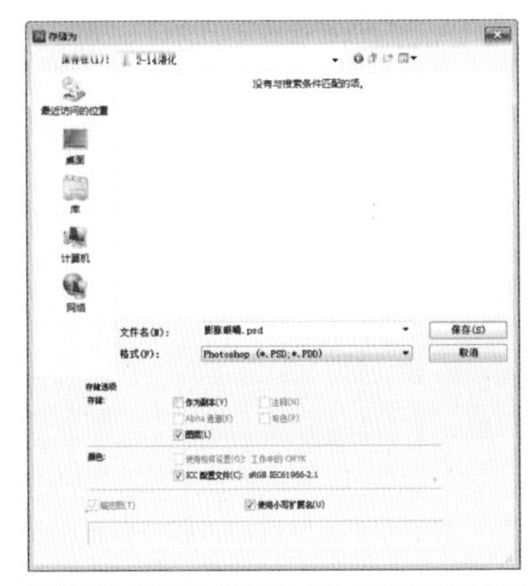

Photoshop (*.PSD;*.PDD)
大型文档格式 (*.PSB)
BMP (*.BMP;*.RLE;*.DIB)
CompuServe GIF (*.GIF)
Dicom (*.DCM;*.DC3;*.DIC)
Photoshop EPS (*.EPS)
Photoshop DCS 1.0 (*.EPS)
Photoshop DCS 2.0 (*.EPS)
IFF 格式 (*.IFF;*.TDI)
JPEG (*.JPG;*.JPEG;*.JPE)
JPEG 2000 (*.JPF;*.JPX;*.JP2;*.J2C;*.J2K;*.JPC)
PCX (*.PCX)
Photoshop PDF (*.PDF;*.PDP)
Photoshop Raw (*.RAW)
Pixar (*.PXR)
PNG (*.PNG)
Scitex CT (*.SCT)
Targa (*.TGA;*.VDA;*.ICB;*.VST)
TIFF (*.TIF;*.TIFF)
便携位图 (*.PBM;*.PGM;*.PPM;*.PNM;*.PFM;*.PAM)

2.19 Photoshop 实用新技术

这些新技术不能解决所有问题，但是在很多情况下都能够帮助用户更快速地把图片处理好。

2.19.1 Photoshop CS3 新功能

1. 智能对象

智能对象可以把图层保护起来，无论进行任何变形处理，原图都不会受到影响。

01 打开“练习\2-19 新功能\CS3 智能对象.tif”，找到化妆品所在的图层。

02 在设计过程中，经常反复地缩放图片（Ctrl+T），但在最终定稿之前总是无法确定最终的大小，每次缩放（确定以后）都会损失图片的像素，导致图片的质量下降。

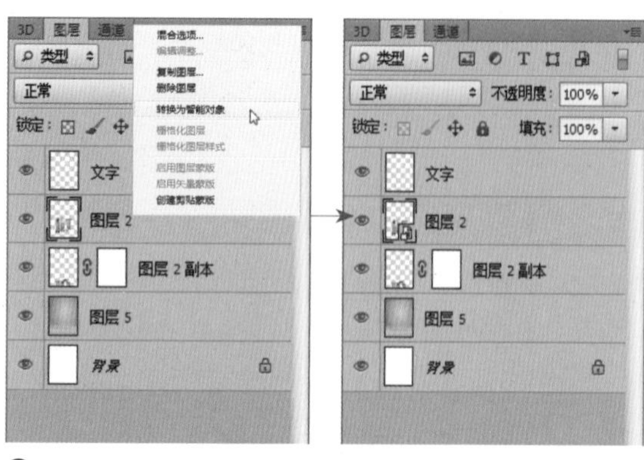

⓷ 在图层 2 上单击鼠标右键，在弹出的菜单中选择【转换为智能对象】，该图层会变为智能对象，在图层缩略图的右下角会出现一个智能对象的标识，此时对图层 2 进行缩放、变形时，原图层的像素不会受到影响。

Tips 智能对象可以保护原图层像素，但不要错以为将图层转为智能对象后就可以无限放大，当将图层放大至超过原图大小时，分辨率其实就在降低了。

⓸ 转换为智能对象后，按 Ctrl+T 键，定界框中会有个 "X"，表明是在对智能对象进行操作。

2. 智能滤镜

在旧版本的Photoshop中，滤镜都是直接作用在图层上的，如果对产生的效果不满意，就需要重新做一遍。智能滤镜就像智能对象，先把图层保护起来再应用滤镜效果，如果对效果不满意，可以随时修改参数。

⓵ **传统方法** 打开 "练习 \2-19 新功能 \cs3 智能滤镜 .jpg"，用套索大致框选中间人物以外的部分。

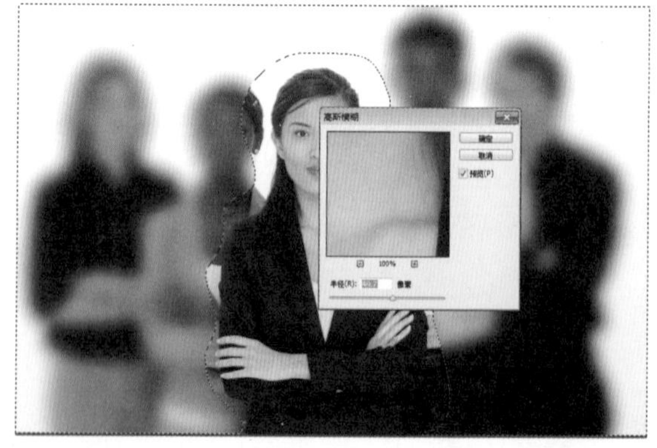

⓶ 执行滤镜 \ 模糊 \ 高斯模糊，将中间人物以外的部分都模糊掉。

Tips 绝大多数滤镜都可以使用智能滤镜，但不是所有。另外，智能滤镜会使 PSD 文件变得更大。

03 由于没有羽化选区，清晰部分和模糊部分过渡很生硬，如果想调整，需要重新做一遍。

04 **智能滤镜** 同样，还是用套索框选中间人物以外的部分，不需要羽化，现在并不知道羽化多少像素是最佳的，依然需要反复尝试。

05 执行滤镜\转换为智能滤镜，再执行滤镜\模糊\高斯模糊，在图层面板上出现了一个蒙版和一个滤镜参数。单击蒙版的缩略图，用画笔可以细致地调整模糊作用的区域。

06 双击【高斯模糊】，还可以调整滤镜的参数。通过智能滤镜，用户可以更精确、快速地控制滤镜所产生的效果。

2.19.2 Photoshop CS4 新功能

1. 旋转视图

01 如果做了如图所示的倾角设计，在审阅和修改文字时，会觉得很别扭。

02 在工具箱中选择【旋转视图工具】，将文字旋转至便于阅读的角度，即可方便审阅和修改，在绘画时，这个功能也非常有用。

2. 内容识别比例

❶ 打开“练习\2-19 新功能\CS4 内容识别比例 .jpg”，感觉这张图场景不够宽。按下 Ctrl+J 键将背景图层复制一份。

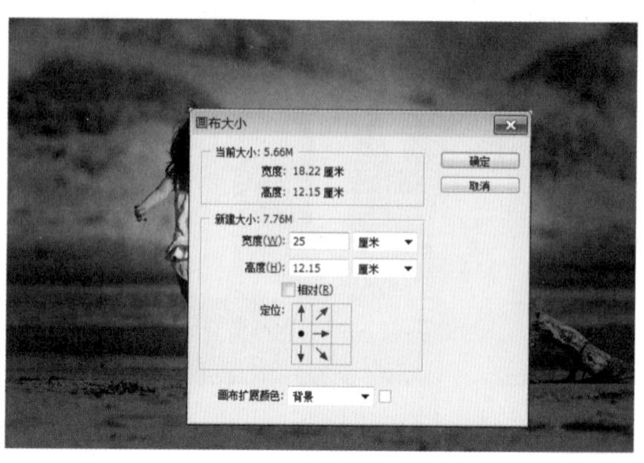

❷ 执行图像\画布大小，将宽度扩充至 25 厘米，高度不变。

❸ 如果直接用自由变换（Ctrl+T）将图层 1 拉宽至撑满整个画布，人物也会随之发生很不美观的变形，该图中的风景被拉宽后，不会有明显的瑕疵，但人物变“胖”是绝对不能接受的。

❹ 执行编辑\内容识别比例，然后再拉宽图层 1，可以看到，景物被拉宽，但人物基本保持不变，该功能可以自动锁定图片中的“前景”，只拉伸图片中的“背景”。

2.19.3 Photoshop CS5 新功能

1. 污点修复画笔

与图章和修补工具相比，CS5之后的污点修复画笔，能够更加智能快速地处理简单的脏点。

❶ **去水印** 拿到一张有水印的图。

❷ 用污点修复画笔直接在水印处涂抹即可。

❸ 去水印后的效果。

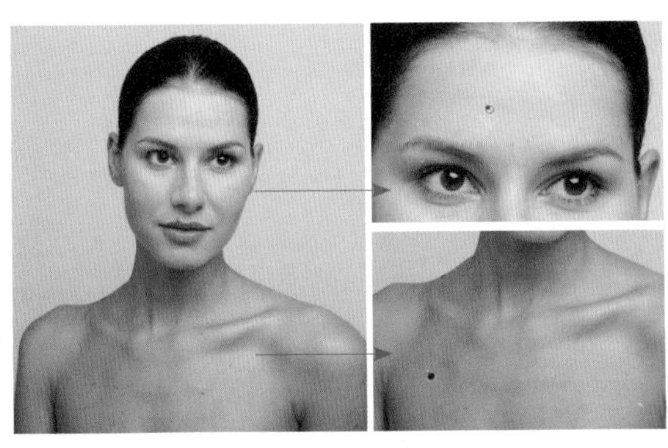

❹ **去皮肤脏点** 用污点修复画笔在皮肤脏点处单击（不要涂抹）即可将脏点去除，无需取样。

❺ 完成后的效果。

2. 内容识别填充

内容识别填充可以快速地去掉一大块不想要的内容，并自动用背景进行填充。

❶ 打开“练习\2-19 新功能\CS5 内容识别.jpg”。

❷ 用套索大致勾选出小女孩。

❸ 执行编辑\填充，使用内容识别进行填充。

❹ 小女孩消失，换成了海边风景，与周围环境融合。

05 细节瑕疵可以使用污点修复画笔进行快速处理。

06 最终得到的效果。

3. 操控变形

操控变形可以自如地改变对象的形状，在做图像创意时能发挥很大的作用。

01 打开“练习\2-19 新功能\CS5 操控变形.jpg”，用钢笔将路牌勾出。

02 按 Ctrl+Shift+J 键，将路牌剪切到新的图层。

03 按住 Ctrl 键单击图层 1，载入路牌的选区。

04 选中背景图层，单击右键，选择填充。

❺ 填充的内容，使用内容识别。隐藏图层 1，可以看到抠图留下的空白会自动被周围的环境填充，填充后依然存在一些瑕疵。

❻ 用污点修复画笔在有瑕疵的地方涂抹，抠图完毕。

❼ 选中图层 1，执行编辑 \ 操控变形，可以看到图层 1 上出现密密麻麻的网格。在属性栏里取消显示网格的勾选，网格即可隐藏。

❽ 在路牌上单击以创建控制点，然后拖曳最上方的控制点，整个路牌都会随着发生变形。

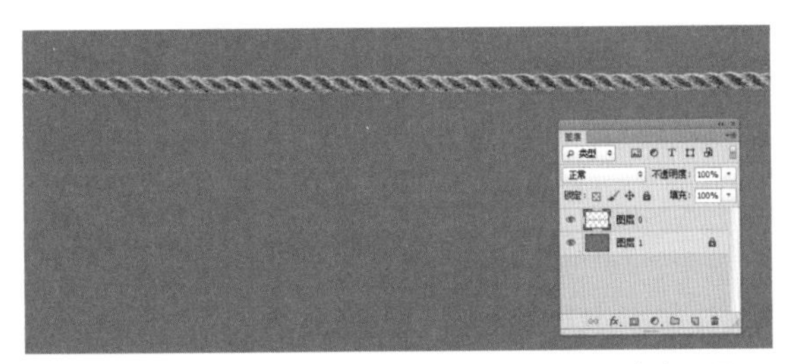

❾ 再进行一个练习，打开“CS5 操控变形 2.psd”，选中图层 1。

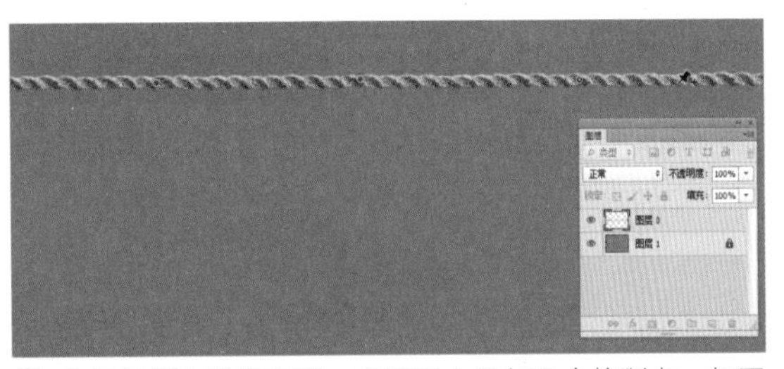

❿ 执行编辑 \ 操控变形，在绳子上添加 3 个控制点，如图所示。

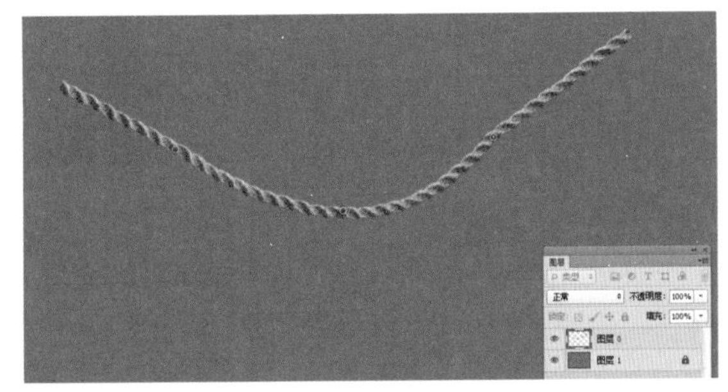

⓫ 将左侧和右侧的控制点向上拖曳即可让绳子变形，可以将绳子变成很多有趣的形状。

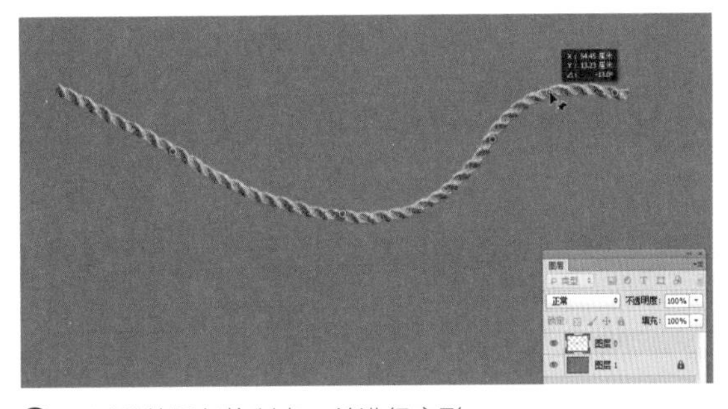

⓬ 可以继续添加控制点，并进行变形。

4. 调整边缘

使用任何可以创建选区的工具创建一个选区后，即可用其属性栏的调整边缘功能，对选区进行优化。调整边缘在处理头发细节时很有效。

01 打开“练习 \2-19 新功能 \CS5 调整边缘 .jpg”。

02 用钢笔大致勾出头发，然后按下 Ctrl+ 回车键，将路径转换为选区。

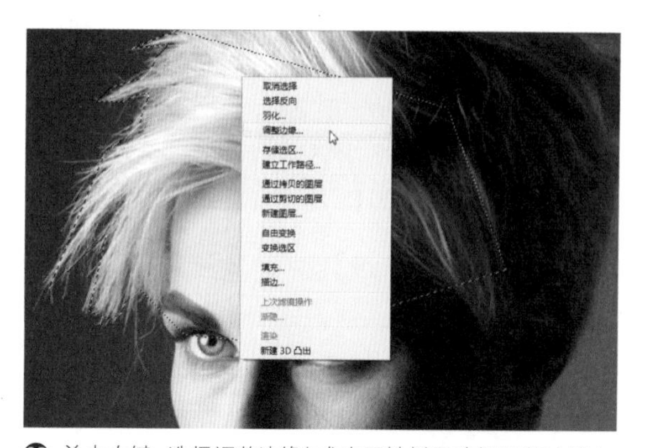

03 单击右键，选择调整边缘（或在属性栏里选择调整边缘）。

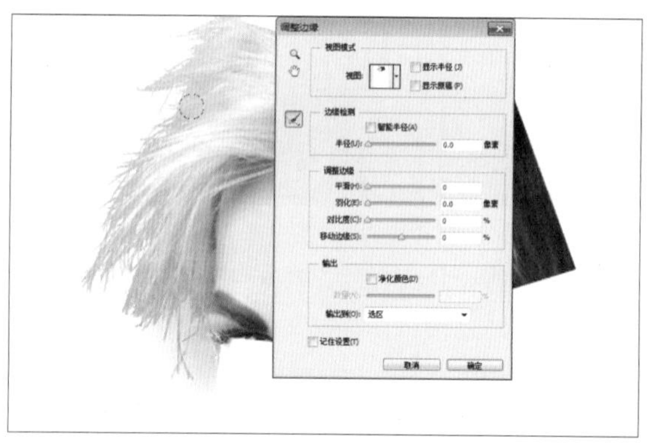

04 选区以外的部分会被遮挡起来，此时在头发边缘涂抹，Photoshop 会自动地将头发与背景分离。

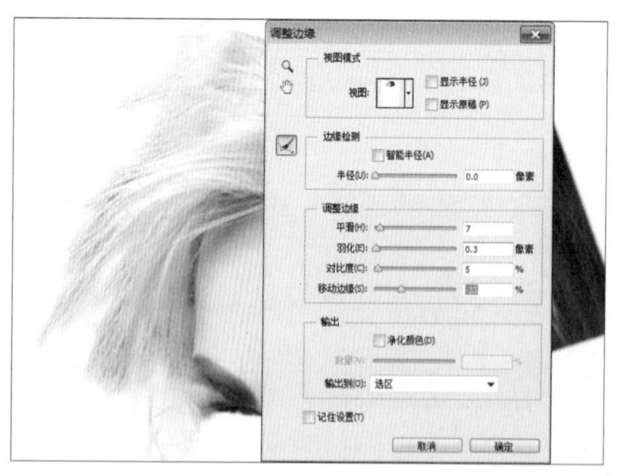

05 通过平滑、羽化、对比度、移动边缘 4 个选项还可以对调整边缘的处理结果进行进一步优化，用户可以自行尝试。

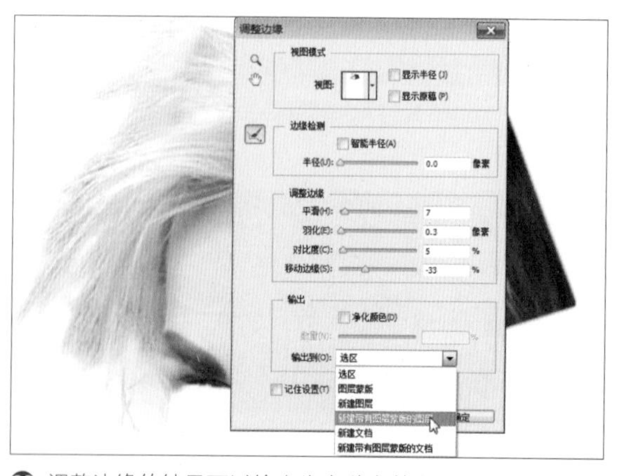

06 调整边缘的结果可以输出为多种存储方式。

2.19.4 Photoshop CS6 新功能

1. 内容感知移动

01 打开“练习\2-19 新功能\CS6 内容感知移动.jpg”。

02 在工具箱中选择内容感知移动工具，在其属性栏中设置模式为移动，框选右上角的热气球。

03 向左侧移动。

04 移动后的结果。

05 在属性栏中设置模式为扩展，这样可以将选区内的对象复制。用内容感知移动工具框选右下角的气球。

06 向右侧拖曳，可以将热气球复制。

2. 文字转 3D

Photoshop CS6的3D功能经过几个版本的改进，已经非常完善。本例通过一个简单的3D文字效果来进行说明。

01 新建空白文档，并输入文字 3D 效果。

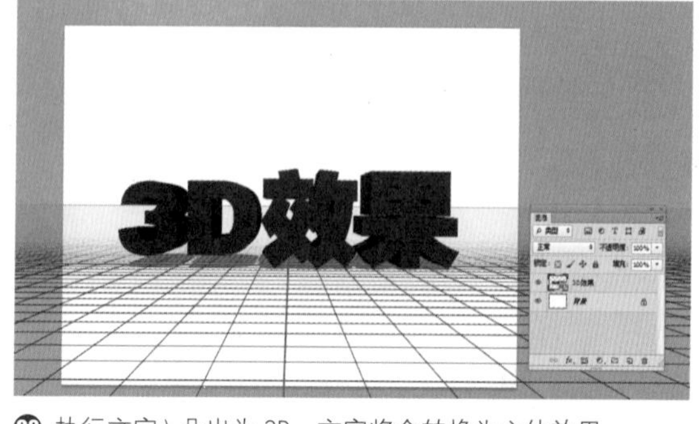

02 执行文字\凸出为 3D，文字将会转换为立体效果。

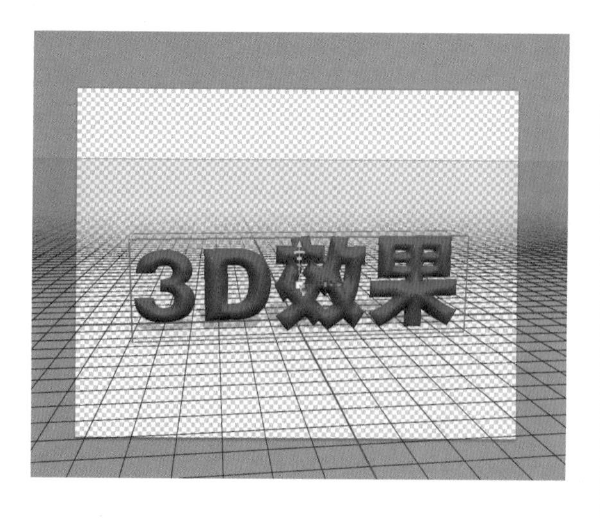

03 在右侧的属性面板和 3D 面板中可以对文字进行各种三维设定，如环境、场景、光影等。本例选择了一个圆角的形状，并将文字和投影设置为了红色。

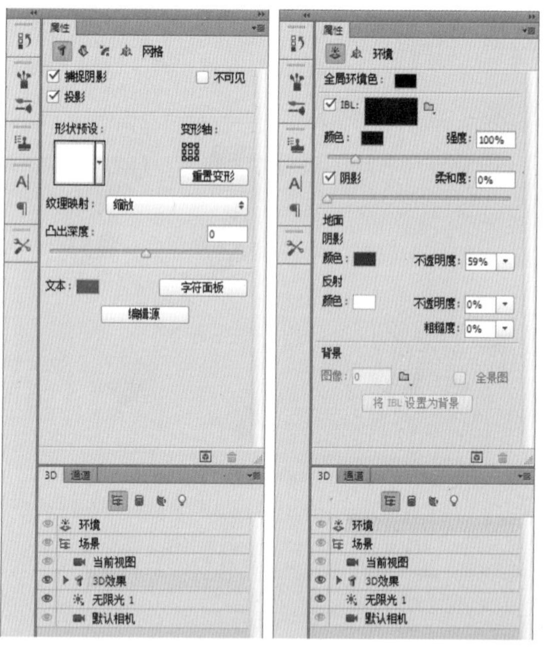

04 操作完毕后，将其转为智能对象，其三维编辑属性将被保留，双击智能对象即可再次编辑。

05 用 Photoshop 制作的 3D 文件，还可以导出至其他的软件进行使用。

3. 视频后期处理

Photoshop CS6拥有非常实用而简单的视频后期处理功能。用户可以结合Photoshop的动画功能及视频功能，快速地做出一个精彩的小短片。

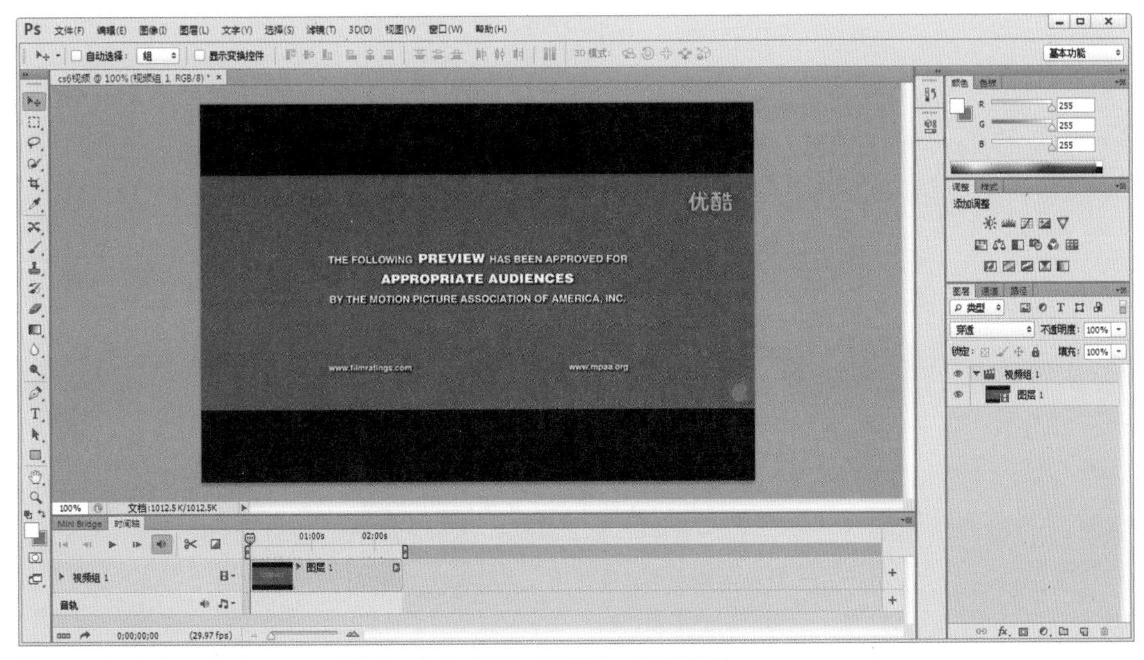

❶ 直接将视频拖入 Photoshop，双击软件下方的时间轴，即可展开时间轴面板。

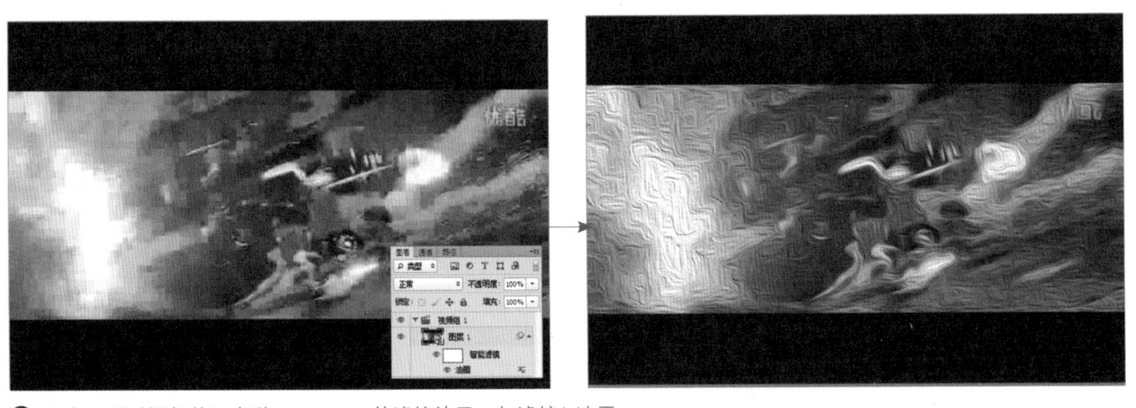

❷ 用户可以对视频使用多种 Photoshop 的滤镜效果，如滤镜 \ 油画。

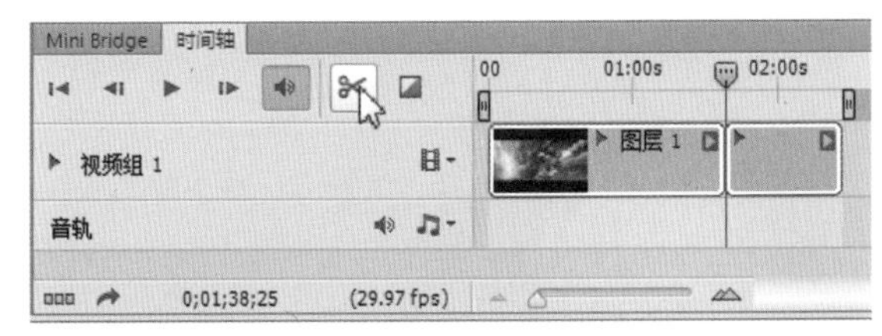

❸ 用户可以在时间轴中对视频进行剪辑处理、转场设定，以及配合文字和图片做一些简单的动画效果。

虽然 Photoshop 无法替代专业的影视后期软件，但其强大而方便的 3D、动画及视频后期功能，能够帮助很多平面设计人员、非专业影视后期人员快速地完成动画及影视处理。

学习Photoshop就是为了解决问题。本章中列举了最常见的5大类问题，分享多位设计师的解决思路及方法，并配有设计师亲自录制的视频教程。在学习过程中，可将问题通过新浪微博@boxertian与作者进行互动。书中描述不正确的、没有提到的或探讨不够深入的问题，也欢迎读者提出。

CHAPTER 3
Photoshop 解决问题

目的：本章主要讲解如何用Photoshop解决一些实际的问题，首先会将每个问题进行单独的剖析和有针对性的解决，然后会综合运用这些方法来解决一些复杂问题。

讲解思路：提出问题→解决问题。

主要内容：抠图、修图、调色、合成、特效。

3.1 抠图

从事淘宝美工工作，或在经营自己的店铺时，有大量的商品图片需要抠图；作为超市或其他商家做产品画册时，有大量的图片需要抠图；在做合成之前，首先要把需要合成的图片从原来的背景中分离出来；如何更快、更好地抠图?

3.1.1 高效、高质量抠图的秘密

根据图片的用途及特点选择最佳的抠图方式。

1. 根据图片用途选择抠图方式

网络 如果抠出的图片用于网络发布，可以选择快速的抠图方式，如魔棒或快速选择，前提是做好拍摄工作。

印刷 如果抠出的图片用于印刷，应尽可能选择精确的抠图方式，如钢笔工具；如果用魔棒工具抠图并用于印刷，在屏幕上看着很清晰的边缘，印刷出来后却有可能惨不忍睹。

2. 根据图片特点选择抠图方式

数量很多 有很多图片需要抠，而且时间很紧，应选择最快的抠图方式。

主体和背景融为一体 天空中的白云、黑夜中的火焰，用魔棒工具、钢笔工具很难抠出类似的对象，应使用更高级的抠图方法，如通道、图层的混合模式、混合颜色带等。

有虚有实 如果拍出的图片有虚有实，只用钢笔工具抠出来会显得假，让虚的部分变得虚一点，看起来会更真实。

需要多次修改 如果抠出的图片有可能还需要更改，建议将抠出的选区转换为图层蒙版。

3.1.2 常用抠图工具

本节内容阅读、了解即可，无需操作。

1. 魔棒工具 \ 快速选择工具

魔棒工具 可以快速选择大面积的颜色，通过设置其属性栏的容差来控制选择的范围。

快速选择工具 是一个更智能化的魔棒，在图像上涂抹即可创建出选区。

它们可以快速抠选出简单背景上的对象。

> **Tips** 用魔棒工具创建的选区，边缘有可能参差不齐，在印刷时表现得非常明显，所以它通常用于快速创建要求不高的选区。

2. 钢笔工具

钢笔工具 可以精准地勾选出边缘清晰的对象，通常会配合添加锚点、删除锚点、转换点工具使用。如果图片是印刷用图，尽量用钢笔抠图，可以避免出现毛边。用钢笔快速而精准地抠图是抠图的必修课。

3. 蒙版

蒙版 可以对抠选的对象进行进一步的修改，并且可以反复修改，而不破坏图像本身，在合成时经常用到。用钢笔做出的选区会很硬，将其转换为图层蒙版后，可以用模糊工具涂抹蒙版，使其柔和。

4. 调整边缘

调整边缘 可以优化已有的选区。用任意选区类工具创建选择范围后，其属性栏中会有调整边缘选项，在选区边缘涂抹即可让选区更精细。抠头发时，这个方法非常实用。

5. 混合颜色带

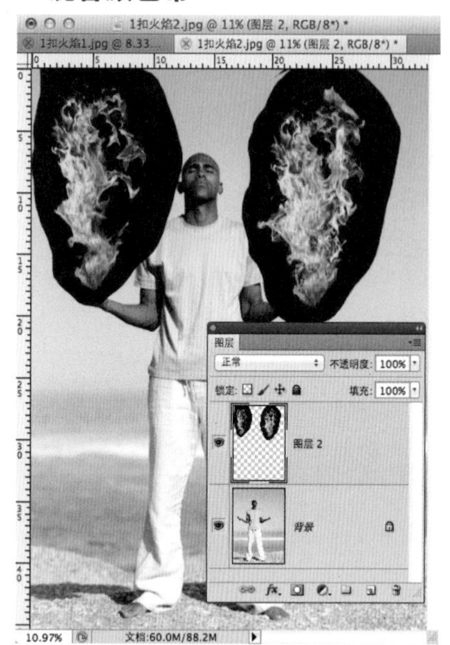

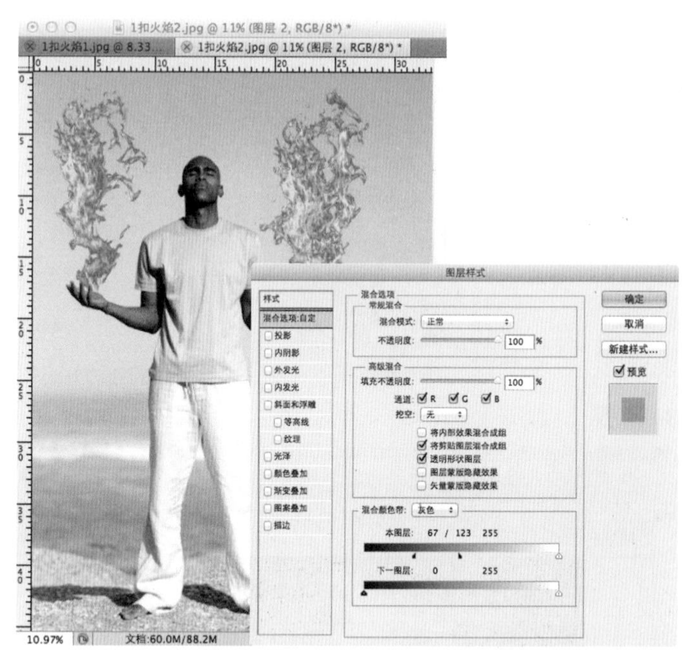

混合颜色带 可以将当前图层中亮的部分或暗的部分隐藏起来。首先，至少有2个图层，在上方图层中双击，在弹出的【图层样式】的最下方即可看到混合颜色带。在【本图层】下方，向右拖动黑色滑块即可隐藏当前图层中暗的部分，向左拖动白色滑块即可隐藏亮的部分。

6. 色彩范围

色彩范围 可以快速选择特定的颜色，即使是树缝隙中的蓝天，也可以很好地选中。色彩范围在【选择】菜单中，配合Shift键，可以选择更多的颜色；配合Alt键可以从当前选中的颜色中删除不想要的颜色。在色彩范围的缩略图中，白色表示选中的部分，黑色表示没选中的部分。

另外，色彩范围在调色时也经常会用到，如选中高光、中间调、阴影等。

3.1.3 解决常见抠图问题

本节内容需要配合光盘中的素材及视频教学进行练习。

1. 抠出边缘清晰、发布于网络的图

视频：视频 \3.1 抠图 \1 抠出边缘清晰、发布于网络的图
素材：练习 \3-1 抠图 \1 清晰小图 .jpg 和 1 小图版面 .tif

01 **分析** 图片边缘清晰，用于网页展示，只要在屏幕上看起来无瑕疵即可。

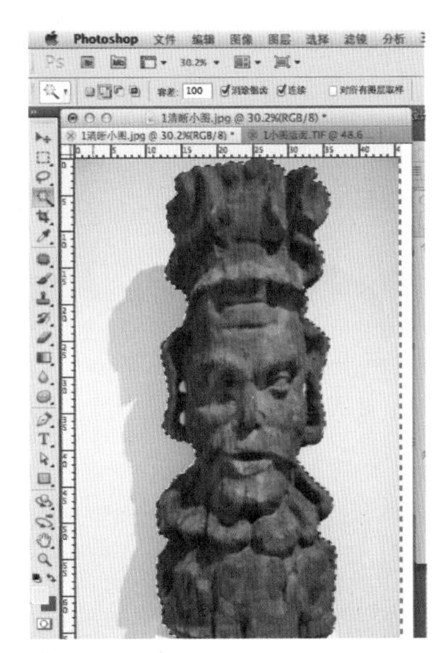

02 在工具箱中选择魔棒，设置容差为 100，在背景处单击。

03 按着 Shift 键在耳朵缝隙处单击（左边两处、右边一处）。

04 单击右键，选择【选择反向】。

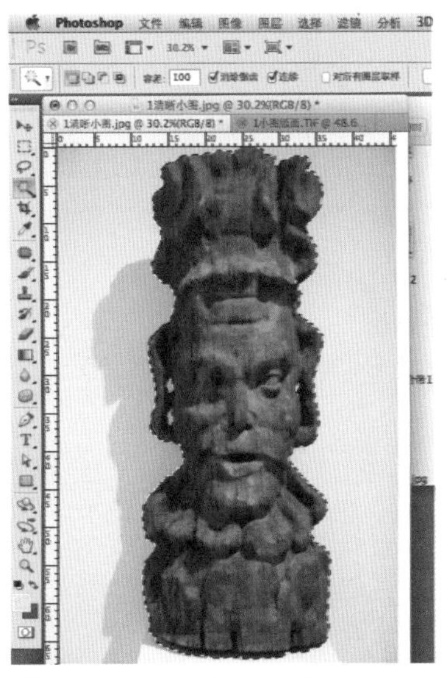

05 选择反向后，商品被选中。

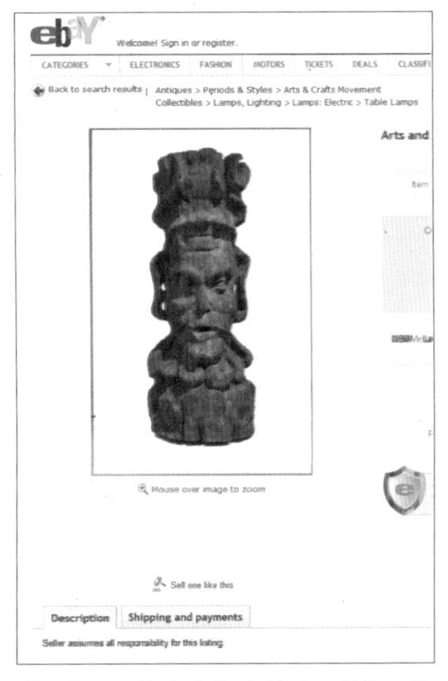

06 在工具箱中选择【移动工具】，将商品拖至“1 小图版面 .tif”并调整大小，观察抠图效果，无明显瑕疵。

2. 抠出边缘清晰、发布于印刷画册的图

视频：视频 \3.1 抠图 \2 抠出边缘清晰、发布于印刷画册的图
素材：练习 \3-1 抠图 \2 化妆品素材 .tif 和 2 化妆品版面 .tif

01 分析 前期拍摄时，在化妆品四周都进行了布光，使化妆品看起来更透亮，拍摄得也比较清晰，这样抠图才能做到精细。前期拍摄得好，后期抠图、修图都会变得轻松。本图将用于画册内页广告，所以用钢笔进行精细的抠图。

02 因为要进行精细的抠图，所以在工具箱中双击【缩放工具】，使图片以实际像素显示，这样可以看到更多的图片细节。在工具箱中选择【钢笔】，沿着产品边缘切线的方向拖曳鼠标，然后在曲线和直线的交界处附近，再次拖曳鼠标。

03 得到的路径位于化妆品内侧，此时在曲线的中间部位单击鼠标添加一个锚点，按住 Ctrl 键拖曳新建立的锚点，使其与化妆品边缘吻合。

04 得到调整后的效果。

05 在最下方的锚点上单击，并继续进行绘制。边缘是直线的部分，直接单击鼠标即可，不需要拖曳。

06 当再次遇到曲线时，沿着曲线切线的方向拖曳鼠标，生成一个方向线。

⑦ 直线和曲线相接的小细节要仔细地处理好，配合 Ctrl 键和 Alt 键进行调整。

⑧ 无论处理直线还是曲线，都要尽可能用最少的锚点，这样可以使抠出的图更加平滑。

⑨ 最后不要忘记让路径闭合。

⑩ 左边第一个化妆品抠完后的效果。

⑪ 将所有的化妆品都用路径抠出来后，按 Ctrl+ 回车键将路径转换为选区。为了避免最终结果露白边，可以收缩一下选区，执行选择 \ 修改 \ 收缩 \1 像素。

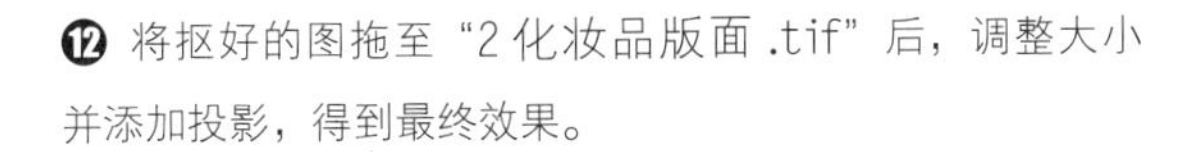

⑫ 将抠好的图拖至"2 化妆品版面 .tif"后，调整大小并添加投影，得到最终效果。

3. 抠出前实后虚的图

视频：视频 \3.1 抠图 \3. 抠出前实后虚的图
素材：练习 \3-1 抠图 \3 边缘模糊素材 .tif 和 3 边缘模糊版面 .tif

01 **分析** 由于拍摄原因，相机的背部和侧面明显变虚，如果只是用钢笔抠出来，会显得很假，需要进一步进行处理。

02 用钢笔将相机抠出，按 Ctrl+ 回车键转换为选区。

03 双击背景图层，将其转换为“图层 0”。

04 单击图层下方的【添加图层蒙版】，将周围的背景遮挡。

05 选中图层蒙版，在工具箱中选择【模糊工具】在相机的背面和侧面涂抹。

06 将抠好的图拖至“3 边缘模糊版面 .tif”，得到最终效果。

4. 抠出头发

视频：视频 \3.1 抠图 \4. 抠出头发
素材：练习 \3-1 抠图 \4 头发 .tif

⓵ **分析** 要想很好地抠出头发细节又不愿意浪费时间，最好是做好前期拍摄，起码是在白背景下拍摄。

⓶ **用钢笔抠图** 模特除头发以外的部分，都要用钢笔仔细抠出，头发部分用钢笔抠出大致轮廓。按 Ctrl+ 回车键将路径转换为选区。

⓷ 在工具箱中选择任意选区类工具，如魔棒，在图像上单击右键，选择【调整边缘】。

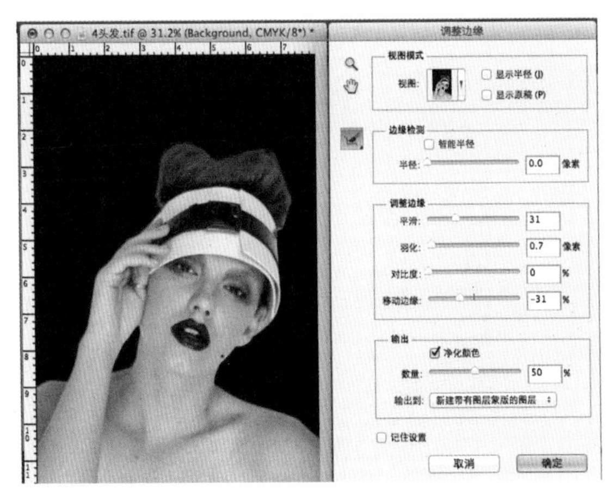

⓸ 在【调整边缘】中，设置【视图】为【黑底】，这样容易看出抠图效果；在头发边缘涂抹，Photoshop 会自动分离头发和背景，注意不要在头发以外的部分涂抹；基本得到头发的效果后，将【平滑】的滑块右移并观察变化，将【羽化】的滑块右移很少的数值并观察变化，将【移动边缘】的滑块左移并观察变化；最后，设置【输出到】为【新建带有图层蒙版的图层】即可看到效果。

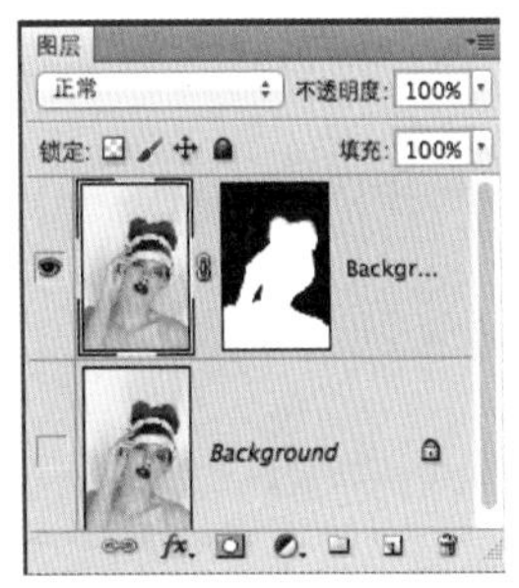

⓹ 完成效果。

Tips 实际工作中，很少会在网上随便照一张图片就用做设计，因此，复杂背景的抠图技法，用到的地方并不是很多。

5. 抠出火焰

视频：视频 \3.1 抠图 \5. 抠出火焰
素材：练习 \3-1 抠图 \5 火焰 .jpg 和 5 火焰 2.jpg

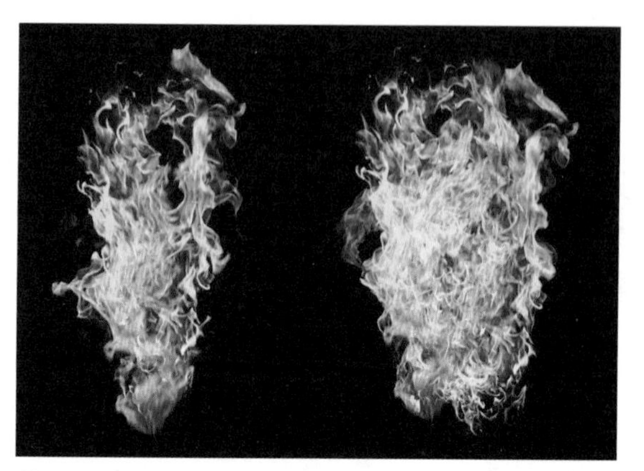

01 分析 黑夜中的火焰和蓝天中的白云具有典型的特征，亮暗分明。以火焰为例，火焰为亮，黑背景为暗，因此，只要将暗的部分隐藏即可。

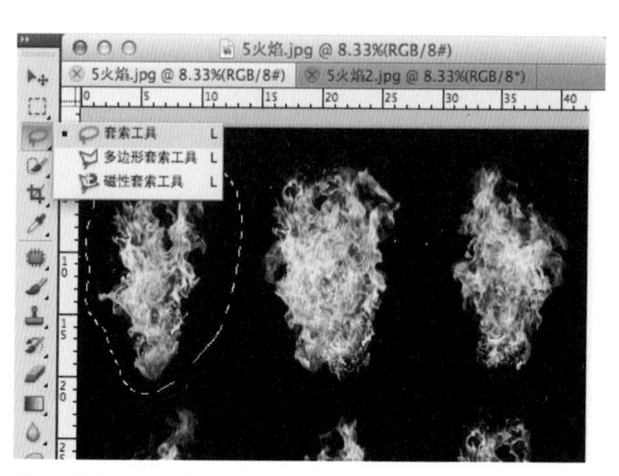

02 用【套索工具】选择一簇火焰，并拖曳至“5 火焰 2.jpg”中。

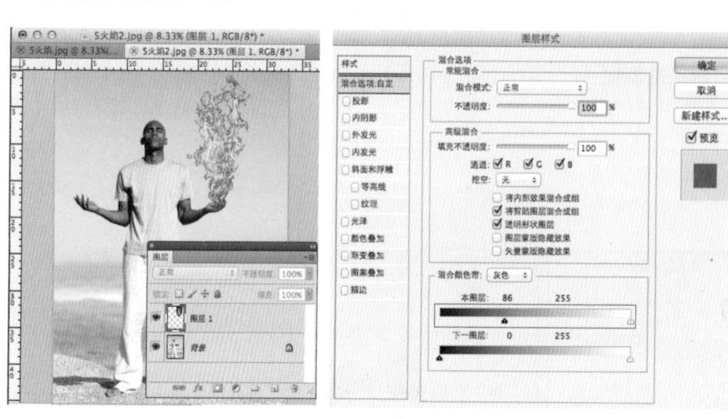

03 双击火焰所在图层，在弹出的【图层样式】中，向右拖动【本图层】的黑色滑块，可以看到黑色背景逐渐消失，但看起来比较生硬。

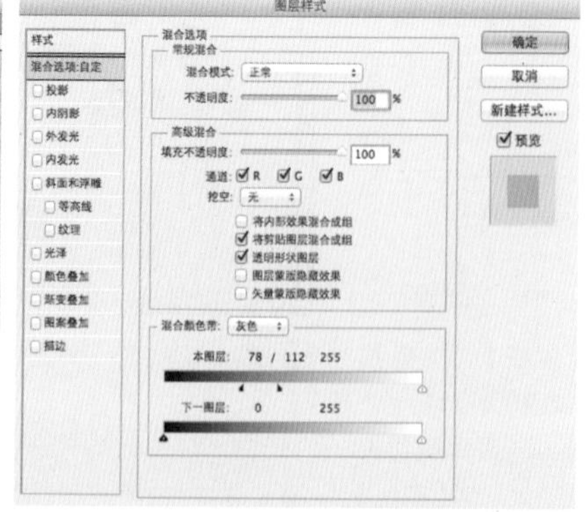

04 按着 Alt 键并向左拖动滑块，火焰的融合效果看起来会比较自然，这一步相当于为火焰周围增加了一些羽化。

Tips 亮、暗属于色彩知识，在本书的调色部分，还会有更深入的讲解。在设计过程中，除了黑夜中的火焰和蓝天中的白云，还有很多可以运用到此方法的情况，如快速提取白底上的书法字、透明玻璃杯去底等。

⑮ 将火焰复制一份。

⑯ 放大视图，可以看到火焰都在手的外侧，需要进一步修饰。

⑰ 添加图层蒙版，并擦除手外侧不真实的火焰，让手和火焰融合在一起。

⑱ 最终完成效果。

6. 替换大面积的颜色

视频：视频 \3.1 抠图 \6 替换大面积的颜色
素材：练习 \3-1 抠图 \6 红色的天空 .jpg 和 6 蓝天 + 大树 .jpg

01 分析 天空和地面的分界较为明显，但在树叶的缝隙中也有一些零散的天空，要想干净地将天空移除，建议使用色彩范围。

02 执行选择 \ 色彩范围，勾选【本地化颜色簇】，按着 Shift 键在图像的天空部分拖曳鼠标，直至缩览图中的天空都变成了白色。

03 按着 Alt 键在地面的白色部分单击，地面部分的白色会变成黑色，这样，天空就被单独分离出来了。

04 勾选【反相】，因为白色表示选中，所以，现在是树和地面被选中了。

05 根据选区添加图层蒙版。

06 拖入“红色的天空 .jpg”并调色后的效果。

Tips 勾选【本地化颜色簇】，可以让选择范围控制在天空的范围内，当按住 Alt 键去除地面中多余的选择时，天空中已选择部分不会受到什么影响。如果合成时，在树的周围有明显白边，可以在做出选区后，先收缩 1 像素，再添加蒙版。

3.1.4 抠图综合实例

本例提供20张图片（练习\3-1抠图\抠图综合实例素材），任选若干张，根据前面所学的抠图技法，将图片抠出，放在已经准备好的抠图版面上，添加文字，组成一个时尚杂志的页面。

1. 人物抠图

人物的抠图思路是，用【钢笔工具】仔细地抠出除头发以外的部分，头发部分只大概地勾勒轮廓，然后用【调整边缘】进行处理。

01 打开"3.1 抠图\抠图综合实例素材"下的图片，模特 1.jpg 和抠图版面 .tif。

02 用【钢笔工具】从模特头部开始抠起，头发抠出轮廓即可，发丝最后用【调整边缘】擦出。

03 用【钢笔工具】仔细抠衣服部分，在抠图时不要贴着边缘抠，要往里大概 1 像素的位置抠图，可以避免漏边。

04 按 Ctrl+ 回车键，转换为选区。

05 **抠头发** 在工具箱中选择任意选区类工具，如【椭圆选框工具】，在图像上单击右键，选择【调整边缘】。

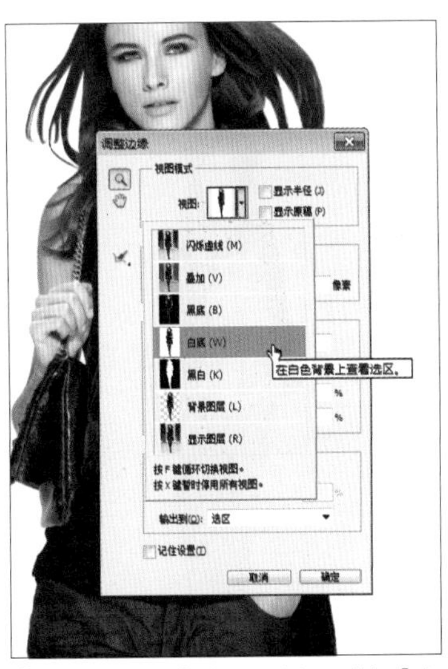

06 单击【视图】的向下按钮，选择【白底】，方便查看抠图效果。

⓻ 用【缩放工具】放大模特上半身，用【调整半径工具】涂抹头发部分，发丝从背景分离出来。

⓼ 调整【平滑】和【羽化】的参数，减少发丝部分的背景边缘，使发丝抠得更干净，设置【输出到】为【新建带有图层蒙版的选区】。

⓽ **调整头发** 设置前景色为白色，选择【画笔工具】，设置硬度为 0，在图层蒙版上涂抹头发边缘被抠掉太多的地方，注意不要把背景擦出来。

⓾ 在【图层】面板上单击右键，选择【复制图层】。

⑪ 选择目标文档为抠图版面 .tif，抠好的图片都放在这个文件中进行组版。

⑫ 抠好的图片放在抠图版面 .tif 中的效果。

⑬ 用抠模特 1.jpg 的抠图方法，分别抠好模特 4.jpg 和模特 5.jpg，将它们复制到抠图版面 .tif 中。

2. 服饰抠图

⑭ 打开图片衣服 2.jpg。纯色背景上的黑色衣服，颜色差异大，且边缘清晰，可以用【魔棒工具】或【快速选择工具】进行抠图。

⑮ 双击背景层，将其变为普通图层，选择【魔棒工具】，设置【容差】为 30，单击背景。

⑯ 放大图片，检查是否有未选中的地方，裙子下方有一块阴影区域未被选中，单击这块区域即可。

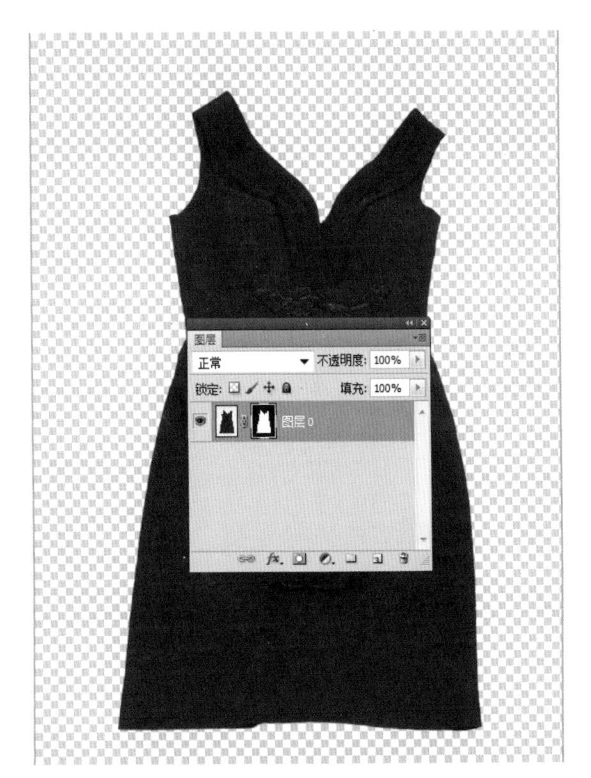

⑰ 执行选择\修改\扩展，1 像素，按下 Ctrl+Shift+I 键选择反向，单击【添加矢量蒙版】按钮，复制到抠图版面 .tif 中。

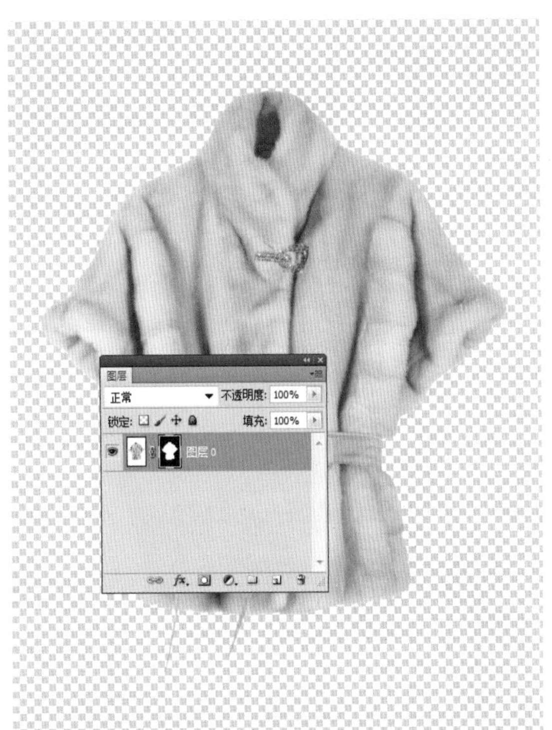

⑱ 按照抠裙子的方法，将衣服 3.jpg 抠出来并复制到抠图版面 .tif 中。

3. 配饰抠图

⑲ 打开鞋子 1.jpg，鞋子造型简单，线条流畅，在纯色背景里，用【魔棒工具】不能很好地选择阴影处的地方，所以用【钢笔工具】进行抠图。

⑳ 用【缩放工具】放大图片，用【钢笔工具】从鞋头开始，沿着产品边缘拖曳鼠标。

㉑ 弧形较大的地方可以在两个锚点的中间添加 1 个锚点，按住 Ctrl 键，变换为【直接选择工具】，拖曳锚点至边缘处。

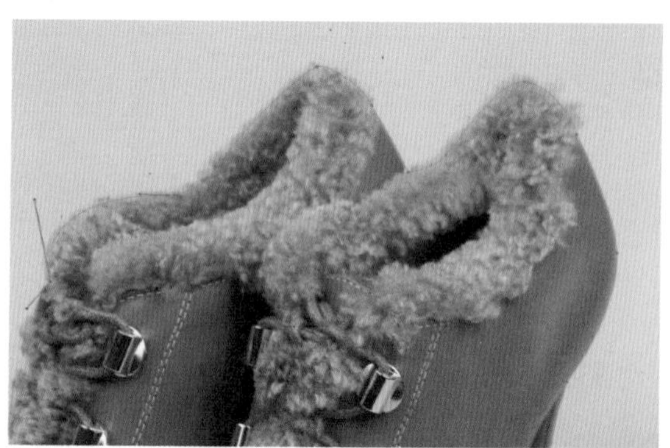

㉒ 抠到毛绒处时，只需要大致抠出形状即可，后面用【调整边缘】进行处理。

㉓ 按 Ctrl+ 回车键，转换为选区，选择任意一个选区工具，单击右键，选择【调整边缘】，用【调整半径工具】沿着毛绒的地方拖曳即可。

㉔ 设置【输出到】为【新建带有图层蒙版的图层】，复制到抠图版面 .tif 中即可。

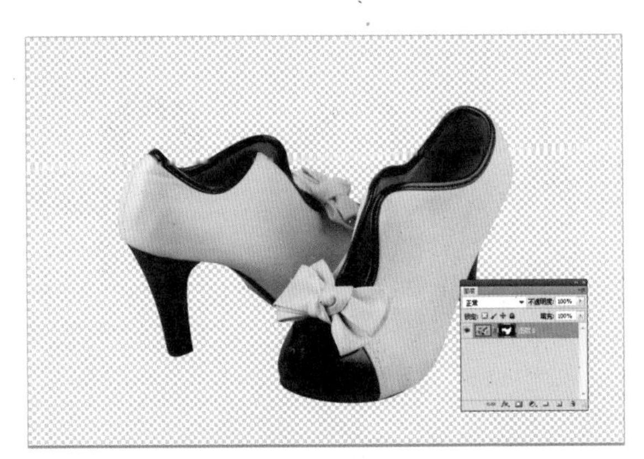

㉕ 用【钢笔工具】抠出鞋子 2.jpg，双击背景层，按 Ctrl+回车键，转换为选区，单击【添加矢量蒙版】按钮。

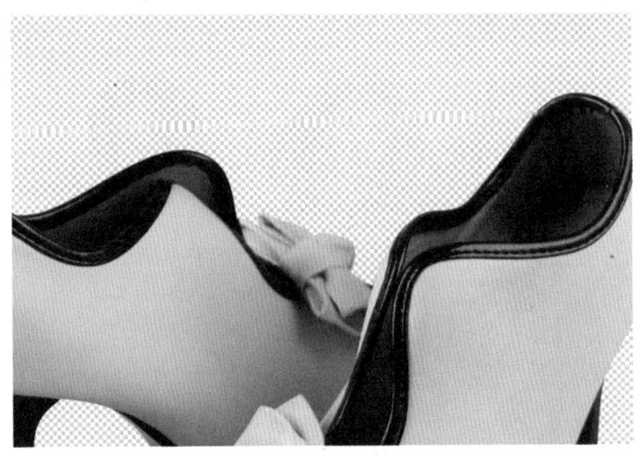

㉖ 由于拍摄原因，鞋子后面的蝴蝶结和鞋跟有虚的地方，用【模糊工具】涂抹，使这些地方的边缘柔和，处理完后复制到抠图版面 .tif 中即可。

㉗ 用【钢笔工具】抠出香水 2.jpg，复制到抠图版面 .tif 中。

㉘ 用【钢笔工具】抠出皮包 2.jpg，复制到抠图版面 .tif 中。

㉙ 打开皮包 1.jpg，皮包放在纯白背景上，并且边缘清晰，可以使用【魔术橡皮擦工具】抠图。它与【魔棒工具】类似，【魔棒工具】是建立选区，而它是直接抠除背景。选择【魔术橡皮擦工具】，单击纯白背景。

㉚ 大部分背景去除后，放大图片，去除包袋连接处的纯白背景和皮包底部的阴影。太深的阴影，【魔术橡皮擦工具】去除得不干净，需要用【钢笔工具】进行处理。处理后复制到抠图版面 .tif 中。

4. 添加文字

㉛ 抠好的产品都集中在抠图版面 .tif 中，下面要调整这些图片，使其组成一个杂志内页，双击图层名称，按照图片内容改名，便于后面的选择。

㉜ 将每个图层都转换为智能对象，便于放大缩小图片而不破坏图片质量，选择图层，单击右键，选择【转换为智能对象】。

㉝ 保留模特图层，其他图层隐藏，按 Ctrl+T 键，调整图片大小，摆放它们的位置。

㉞ 调整裙子、衣服、皮包 2 和鞋子 1 的大小及位置，在【图层】面板中拖曳图层，即可改变图层顺序。

㉟ 调整香水、皮包 1 和鞋子 2 的大小及位置，在【图层】面板中，按住 Shift 键选择所有产品，按 Ctrl+G 键编组。

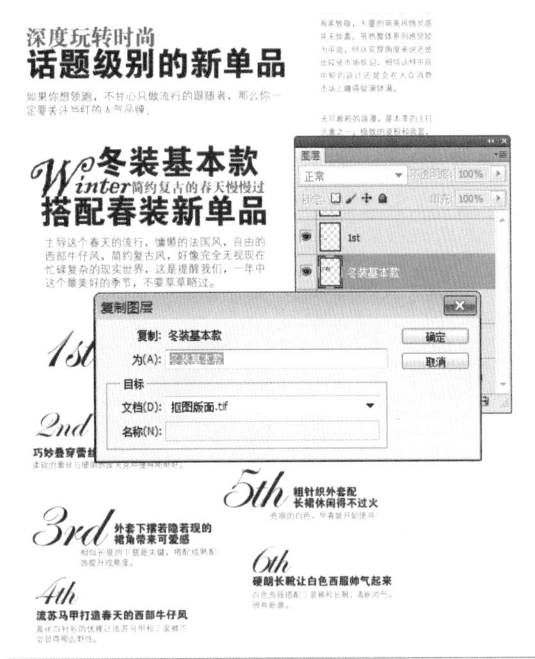

㊱ 打开版面文字 .tif，选择文字，单击右键，选择【复制图层】，【文档】选择抠图版面 .tif。

㊲ 文字添加到抠图版面 .tif 中，若图片遮住文字，适当调整图片的大小及位置。

㊳ 完成效果。

3.1.5 抠图总结

（1）不要为了抠图而抠图,虽然网络上有很多高级抠图的教程，如通道、计算等，但在刚开始使用Photoshop完成抠图工作时，更多的是用钢笔完成抠图。

（2）能抠的抠，不好抠的优先考虑换图。

（3）时间就是金钱，尽可能做好前期拍摄，尽可能在简单的背景下进行拍摄。一些简易的拍摄道具，能够有效地提高图片质量，并且不需要投入太多成本，如在拍摄静物时使用柔光箱。

白背景下拍摄

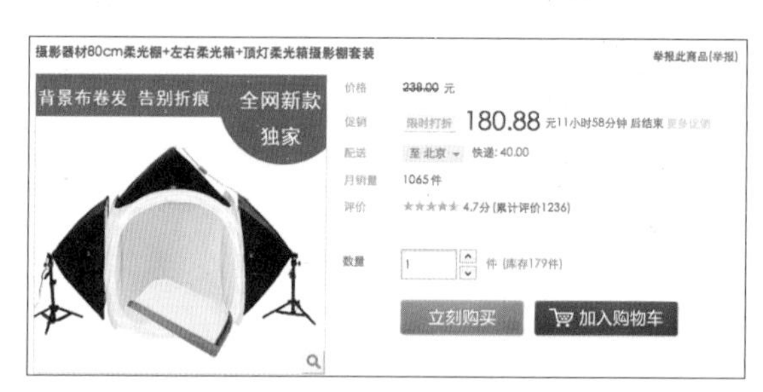

柔光箱

（4）用手绘板抠图，比用鼠标抠图更精细、方便。

手绘板

（5）如有需要，也可以使用第三方的Photoshop插件进行抠图，如KnockOut。

KnockOut

3.2 修图

下面所讲的修图，主要针对人物。拿到一张人物照片应该从哪里着手进行修改，让照片更好看呢？这个问题经常让初学者感到困惑。我们以整体调整到细节刻画的思路进行修图，首先整体修形，刻画五官，然后修除皮肤的脏点，最后调整照片的光影部分。

3.2.1 修形

1. 完美形体的秘密

全身形体 人体完美上下身的比例约为5：8（左图），女性可以约为5：9，腿长所占比重稍大，会让人物整体身形显得修长。普通人的形体大部分达不到这个标准（右图），或是因为拍摄角度的问题，让人物照片看起来上下身比例不够协调，这就需要在Photoshop中进行调整。

胳膊+腿+腰 人物的胳膊要整体纤瘦，腿部修长，腿部肌肉匀称，但绝不是无变化、完全一致的线条。

左图　　右图

初学者通常发现不了照片存在的问题，可以通过多看模特图片来观察什么是好的形体。

图中画圈的部分是形体中存在的问题，腰太胖、腿太粗，发现问题之后，就可以对它进行调整，调整的力度要相对于人物而言，整体达到匀称即可。

面部结构 完美的面部结构是呈倒“丰”字形的。脸部自上而下，由宽变窄，脸型、五官对称（左图）。不是所有脸型都是瓜子脸，我们的五官或多或少存在不完美的地方（右图），所以需要借助后期的调整来使自己看起来更美。

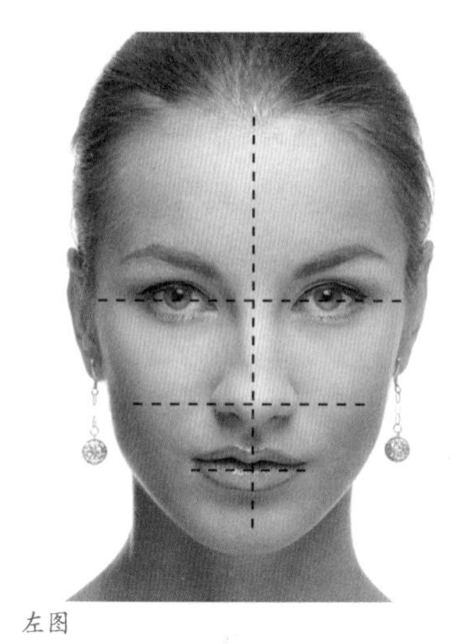

左图

右图

2. 常用修形工具

自由变换 需要整体修形的时候，用【自由变换】。它可以调整图片的缩放、旋转、斜切、扭曲、透视和变形等，在调整人物照片时，用得最多的功能是【自由变换】的缩放、透视和变形。

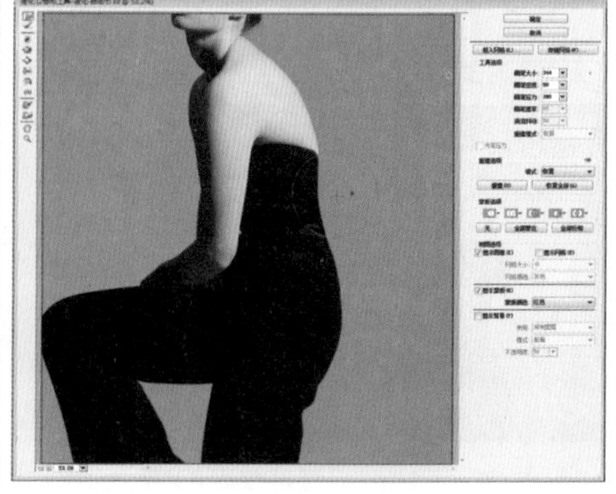

液化 遇到需要调整人物照片细节的地方时，常用【液化】功能的【向前变形工具】、【褶皱工具】和【膨胀工具】。

3. 解决形体问题

全身修形 分析原图，首先观察模特的上下身比例，腿部不够修长；模特背部显得厚实，没有腰部曲线；发型有不整齐的地方，弧度不完美；裤子褶皱太多，不够规整。

视频：3.2 修图 \1 修形 \1 全身修形
素材：3-2 修图 \1 修形 \1 全身修形 .TIF

原图

❶ 在 Photoshop 中打开素材图片，执行窗口 \ 图层，选择背景层，拖曳至右下角的【创建新图层】，即可复制背景层，快捷键为 Ctrl+J 键。

Tips 在修图时，建议复制背景层，可以在不破坏原图的情况下进行修改。若对前面的修改都不满意，还可以回到原图中再进行操作。

❷ **让模特身材挺拔** 选择图层 1，执行编辑 \ 自由变换（Ctrl+T 键），在图中单击右键，选择【透视】。

03 将鼠标指针放在图片右上角的锚点位置，按住鼠标左键不放向左拖曳。

04 按回车键，完成模特身形的调整，按住 Shift 键选择两个图层，单击右键，选择合并图层。

05 **拉长腿部** 在工具箱中选择【矩形选框工具】，框选左小腿以下的位置。

06 在图中单击右键，选择【自由变换】。

⑦ 将鼠标指针放在下方中间的锚点位置，向下拖曳。

⑧ 按回车键，完成拉长腿部的操作，按Ctrl+D键，取消选择。

⑨ **调整背部曲线** 在工具箱中选择【套索工具】，按住鼠标左键在背部的位置拖曳，松开鼠标后形成选区，注意选择的面积不宜过小，避免后面的操作穿帮。

⑩ 单击右键，选择【羽化】，设置【羽化半径】为20像素。

⑪ 按Crtl+J键复制选区内容。

⓬ 按 Crtl+T 键，并单击右键，选择【变形】。

⓭ 将鼠标指针放在第 3 条竖线的位置上，按住鼠标左键轻轻向前推，注意不要与下面的图层出现衔接不上的地方。

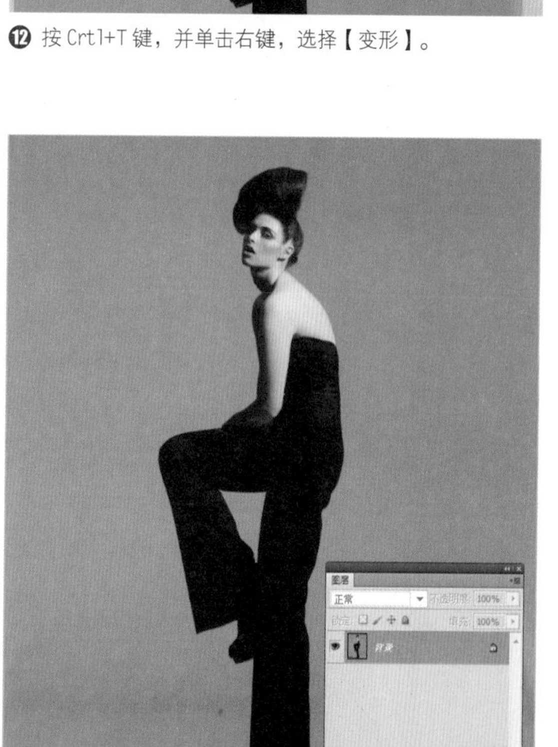

⓮ 按回车键，完成背部的操作，合并图层。

Tips

用【液化】调整图片细节时，要注意右侧【工具选项】中【画笔大小】、【画笔密度】和【画笔压力】的参数设置。在调整大面积区域时，【画笔大小】要设置得大一些，通过“【”、“】”键可以调整大小，【画笔密度】是调整画笔边缘的强度，在调整人物时，强度不能太大，设置在 10 以下即可，【画笔压力】是调整画笔扭曲的强度，在 50 以下即可。

⓯ **调整腰部曲线、发型和衣服褶皱** 执行滤镜\液化，选择【缩放工具】，框选模特上半身的位置进行放大。

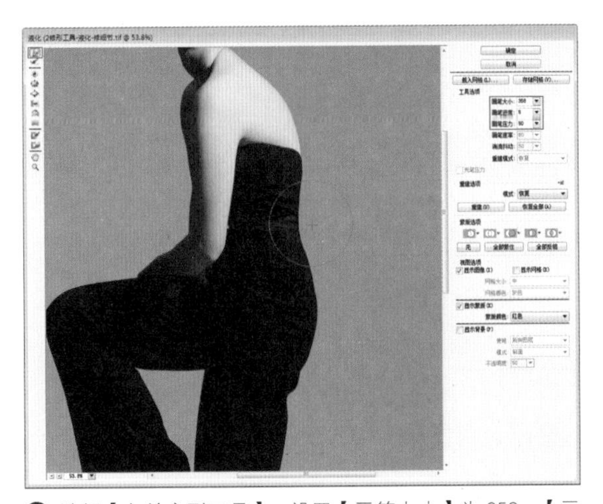

⑯ 选择【向前变形工具】，设置【画笔大小】为 358，【画笔密度】为 5，【画笔压力】为 50，在腰部和背部的位置来回向左推移，腰部往里收时，其上下位置也要进行调整，这样得到的效果才会显得自然。

⑰ 调整完腰部曲线后，单击左下角的三角按钮，选择【符合视图大小】，查看调整后的效果，再用【向前变形工具】微调不足的地方。若腰部曲线向里推得太多，可以向外再拉出些。

⑱ 调整发型凸起和凹陷的地方，根据调整地方的大小，来设置画笔的大小，画笔大小不是固定不变的。

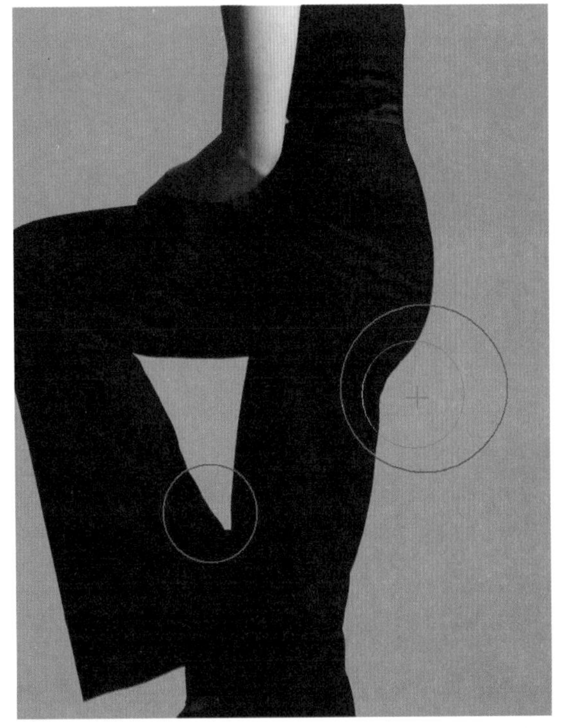

⑲ 调整裤子褶皱的地方，调整完后，则完成全身修形的操作。

Tips 通常我们会从整体到细节地对人物进行雕琢，在实际的工作中，往往会反复地推敲和修改，每一次的修改动作都不会特别明显，但最终会看到，人物的形体获得了很棒的改善。

胳膊 分析原图，图片为半身人像的侧面照，人物的胳膊弯曲，手置于下巴处，上臂与下臂肌肉挤压，使得上臂部分和关节部分粗壮，因此需要进行调整。

视频：3.2 修图 \1 修形 \2 胳膊

素材：3-2 修图 \1 修形 \2 胳膊 .jpg

01 在 Photoshop 中打开素材图片，图中圈出的地方是需要调整的。

02 用【套索工具】圈出胳膊及周围的环境。

03 单击右键，选择【羽化】，设置【羽化半径】为 20 像素。

04 按 Ctrl+J 复制图层，得到图层 1，按 Ctrl+T 键，自由变换。

05 单击右键选择【变形】，按住鼠标左键轻轻向前推。

06 按回车键，完成整体调整胳膊的操作。

07 合并图层，执行滤镜\液化，在上臂的肌肉处用【向前变形工具】向左推移。

Tips 用【液化】调整胳膊的操作与上一个调整腰部曲线案例的操作方法是一样的。为了能让调整的地方自然，就不要在同一个地方反复操作，而是进行区域性的调整，调整时的力度不要太大，而是一点点地调整。

08 完成效果。

腿-臀 分析原图，3修形工具-自由变换-修腿.jpg是外景全身照，从照片中可以看出模特腿部不够修长，没有达到理想中的5：8的完美比例，所以需要适当地把腿拉长。4动手解决形体问题-腿.jpg存在的问题是模特大腿部分略显粗壮，需要让它瘦下来。

视频：3.2 修图 \1 修形 \3 腿 – 臀 1 和 3 腿 – 臀 2

素材：3–2 修图 \1 修形 \3 修形工具 – 自由变换 – 修腿 .jpg 和 4 动手解决形体问题 – 腿 .jpg

01 在 Photoshop 中打开素材图片，图中圈出的地方是需要调整的。

02 用【矩形选框工具】框选大腿以下的地方，注意不要选到衣服。

03 按 Ctrl+T 键，自由变换，将鼠标指针放在下方中间的锚点位置，向下拖曳，拉伸腿部。

04 拉伸不要过度，注意上下身比例，保留一些地面。按下回车键，再按 Ctrl+D，取消选择，即完成拉伸腿的操作。

05 打开素材图片，图中圈出的地方是需要调整的。

06 整体瘦腿，用【自由变换】的【变形】功能，向上提拉大腿，以达到瘦腿的效果，所以在用【套索工具】圈选大腿时，不要圈到腿的外部曲线。

07 单击右键，选择羽化，羽化 20 像素。

08 按 Ctrl+J 键，复制图层，得到图层 1，按 Ctrl+T 键，自由变换。

⑨ 单击右键，选择【透视】，按住左键斜向上推动曲线。

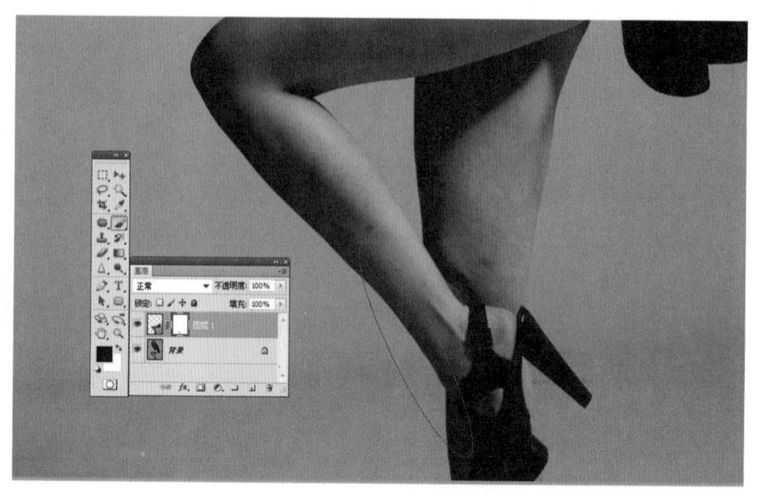

⑩ 按下回车键，完成瘦腿的操作，放大图片，观察是否有穿帮的地方，如果有，则在图层 1 添加图层蒙版，单击【添加图层蒙版】即可，选择【画笔工具】，前景色为黑色，在图层蒙版中涂抹。

⑪ 合并图层，执行滤镜 \ 液化，用【褶皱工具】在左大腿上单击，收缩大腿。

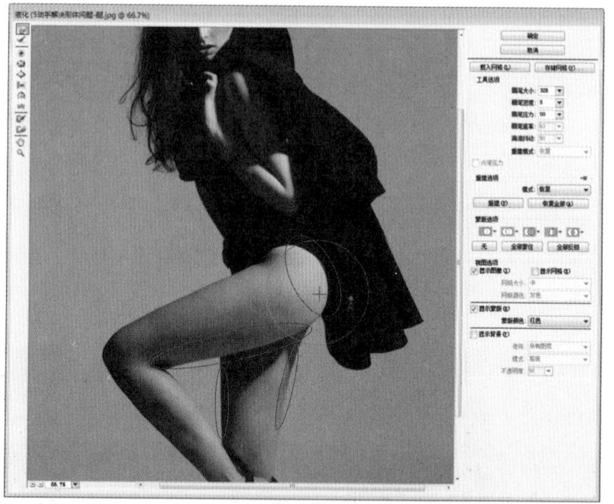

⑫ 用【向前变形工具】调整两条大腿的曲线，让大腿的线条更匀称，调整臀部曲线，使其更饱满。调整完后，则完成修腿和臀的操作。

Tips

我的观点是，用自由变换修大形体，用液化来处理细节；但我的一位朋友并不认同我的方式，他更愿意尽可能地用液化来完成更多的修形工作，因为液化使用起来更随心所欲。其实，Photoshop 在协助我们完成工作时，提供了很多种实现的方法，用什么方法实现并不重要，在修图过程中，每个人都会总结出自己的一套独特的方法和自己独特的工作流程。唯一不变的是，不管用了什么方法，最终的目的都是更快、更好地得到一张很棒的图片，并且图片质量的损失是最小的。

脸型 分析原图，5动手解决形体问题–脸型1.jpg是张人物正脸特写，可以明显的看出左右脸型不一致，右脸稍胖，所以需要将两边脸型调整一致。我们在微微倾头微笑时所拍出的照片，通常会存在6动手解决形体问题–脸型2.jpg的问题，有一边的脸部会显得胖，这是因为微笑时，脸部肌肉上扬所造成的，所以需要适当的调整。

视频：3.2 修图 \1 修形 \4 脸型 1 和 4 脸型 2

素材：3–2 修图 \1 修形 \5 动手解决形体问题 – 脸型 1.jpg 和 6 动手解决形体问题 – 脸型 2.jpg

01 打开素材图片，图中圈出的地方是需要调整的。

02 用【套索工具】圈选左脸。

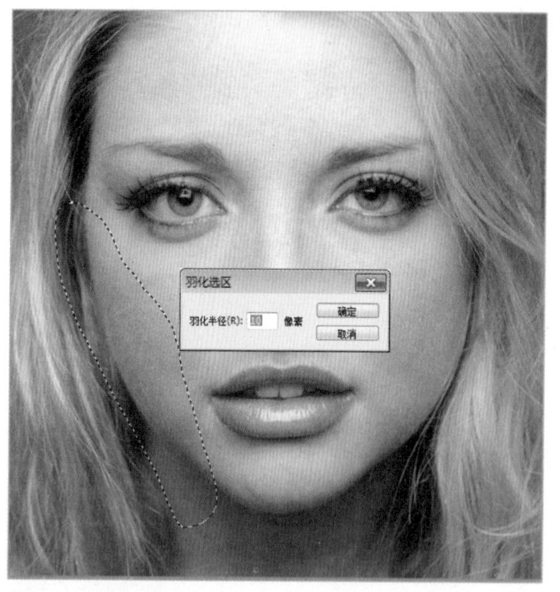

03 羽化 10 像素。

04 按 Ctrl+J 键复制图层，得到图层 1。

Tips 很多时候，因为拍摄角度的原因会使照片出现不够美的情况，而 Photoshop 后期可以很好地解决这个问题。

⑤ 按 Ctrl+T 键，单击右键，选择【水平翻转】。

⑥ 将翻转后的左脸移到右脸的位置。

⑦ 按下回车键，完成修脸的操作。选择图层 1，单击【添加图层蒙版】，选择【画笔工具】，前景色为黑色，在图层蒙版中涂抹右脸衔接不上的头发。

⑧ 合并图层，完成修脸的操作。

⑨ 打开素材图片，图中圈出的地方是需要调整的。

⑩ 用【套索工具】圈选左脸。

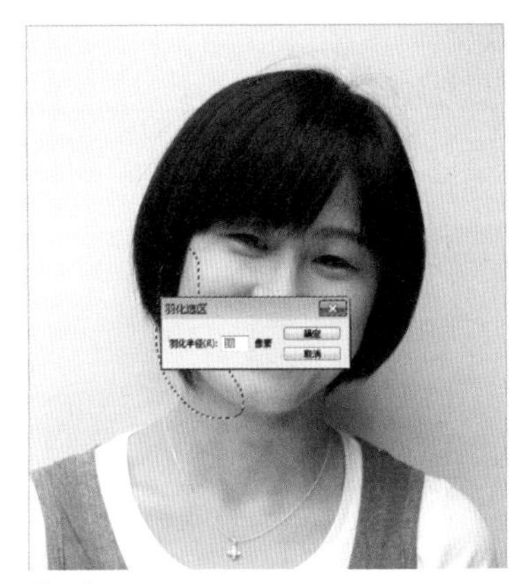

⑪ 羽化 10 像素。

⑫ 按 Ctrl+J 键复制图层，得到图层 1。

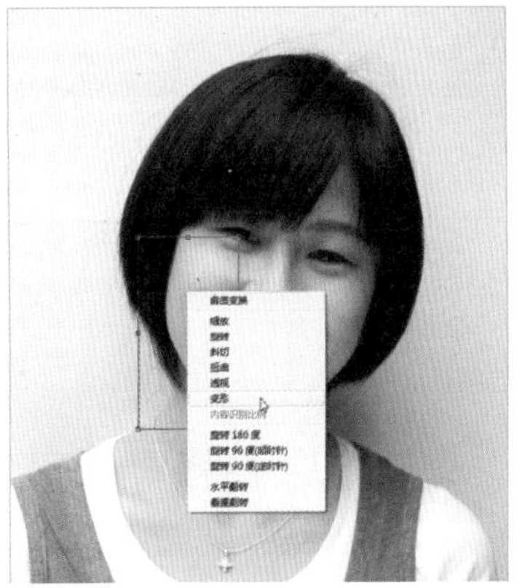

⑬ 按 Ctrl+T 键，单击右键，选择【变形】。

⓮ 向右推移曲线，瘦左脸。

⓯ 按回车键，完成瘦脸的调整，合并图层，执行滤镜\液化，用【向前变形工具】调整左脸曲线。

⓰ 单击【确定】，完成修脸的操作。

五官-眼睛 分析原图，有一双清澈明亮的眼睛，会让你的照片瞬间充满活力，我们在拍半身或特写时，首先注意到的就是眼睛，素材图片是一种人物特写，眼睛里有血丝，我们可以通过修除血丝，加强眼白和眼球的对比，加亮眼神光来让眼睛更炯炯有神。

视频：3.2 修图 \1 修形 \5 眼睛

素材：3-2 修图 \1 修形 \7 动手解决形体问题 – 眼睛 .jpg

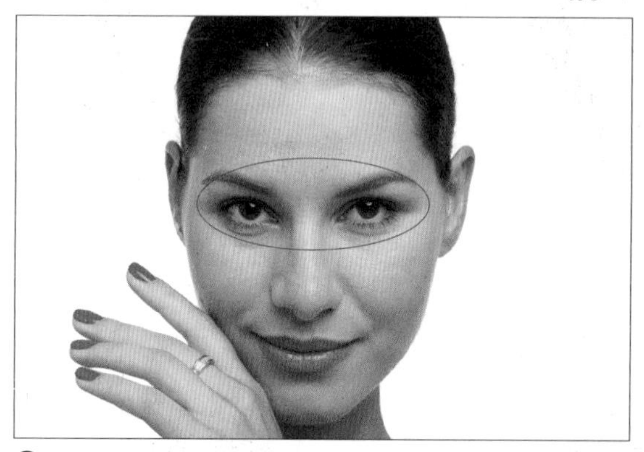

⓵ 打开素材图片，图中圈出的地方是需要调整的。

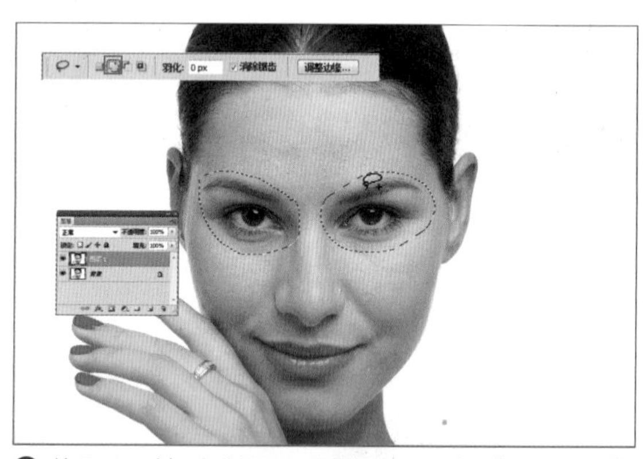

⓶ 按 Ctrl+J 键，复制图层，得到图层 1，选择【套索工具】，单击控制面板上的【添加到选区】，圈选眼睛。

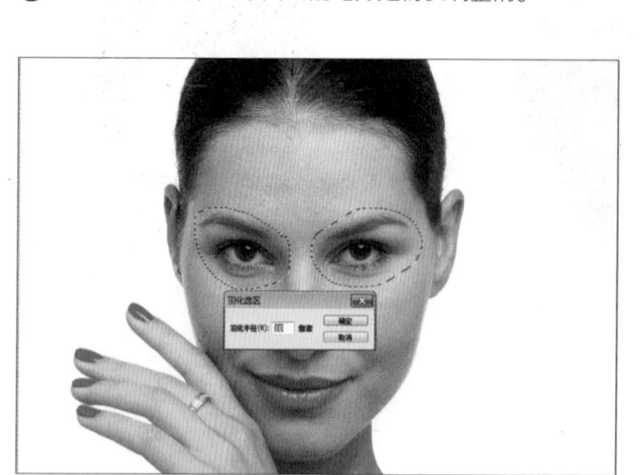

⓷ 羽化 10 像素。

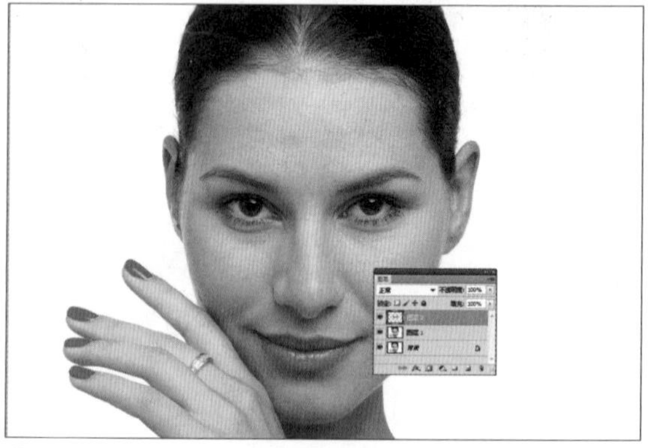

⓸ 按 Ctrl+J 键，复制图层，得到图层 2。

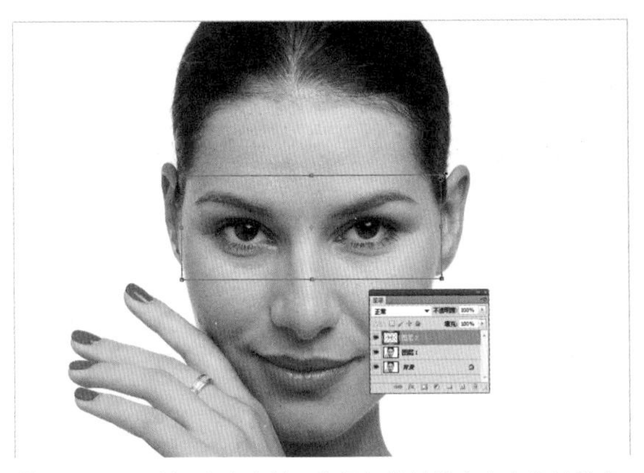

05 按 Ctrl+T 键，自由变换，将鼠标指针放在右上角的锚点，按住 Alt+Shift 键拖曳鼠标，由中心等比例放大，让眼睛大一些即可。

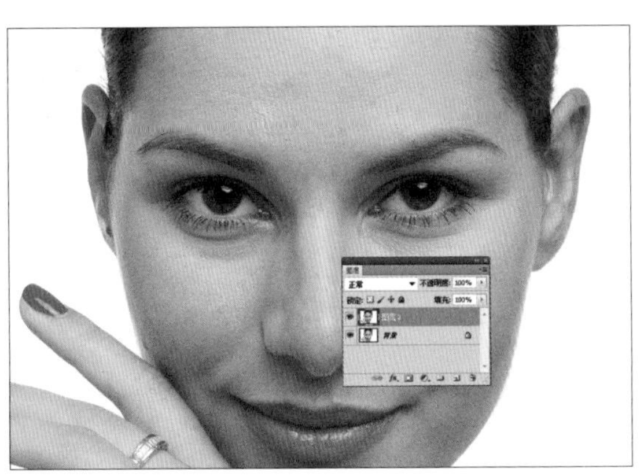

06 按回车键，按住 Shift 键，选择图层 1 和图层 2，按 Ctrl+E 键合并图层。

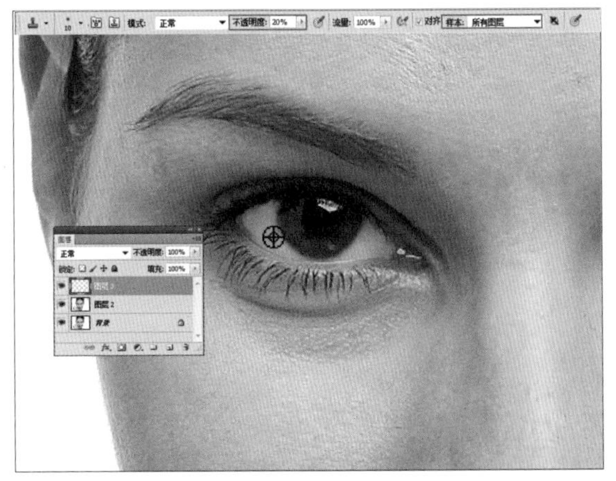

07 单击【图层】面板的【创建新图层】按钮，选择【仿制图章工具】，在控制面板中设置画笔大小为 10，硬度为 0，【不透明度】为 20%，【样本】为所有图层，在眼白处按住 Alt 键取样，释放 Alt 键单击附近有血丝的地方。

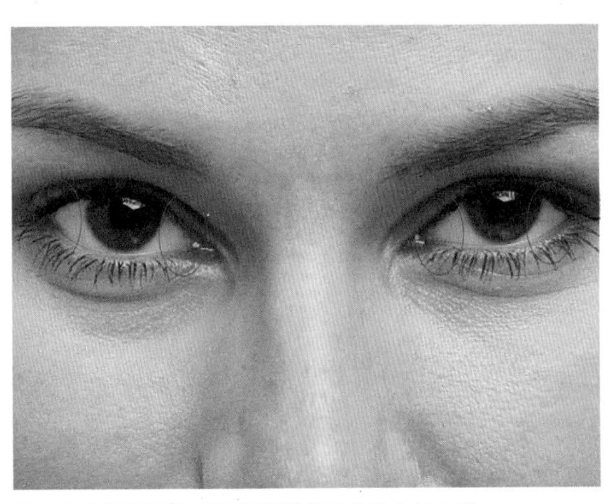

08 用【仿制图章工具】将眼角部分的血丝去除。

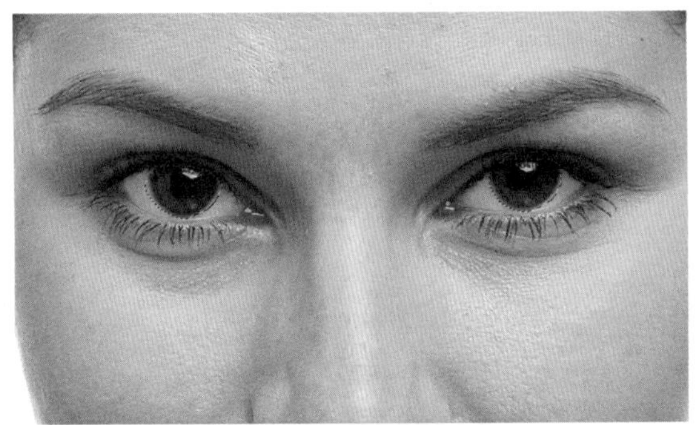

09 合并图层 2 和图层 3，用【套索工具】圈选眼球部分，羽化 10 像素。

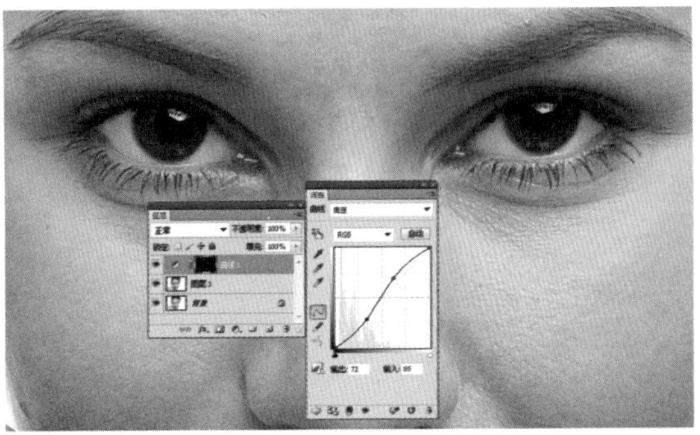

10 单击【图层】面板的【创建新的填充或调整图层】按钮，选择【曲线】，在曲线调整层按如图所示方法调整曲线，加强眼球的对比。

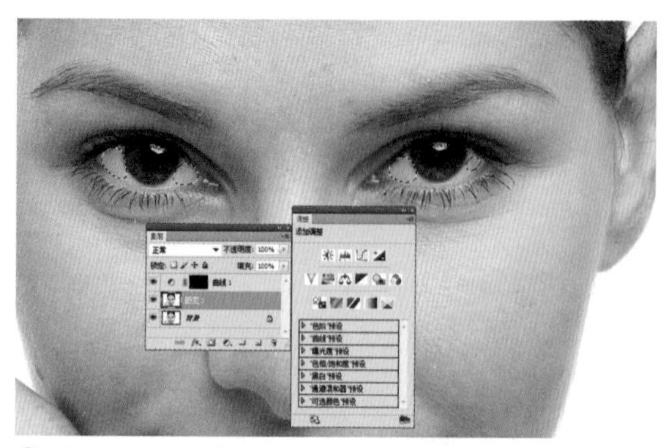

⓫ 选择图层 3，用【套索工具】圈选眼白部分，羽化 10 像素。

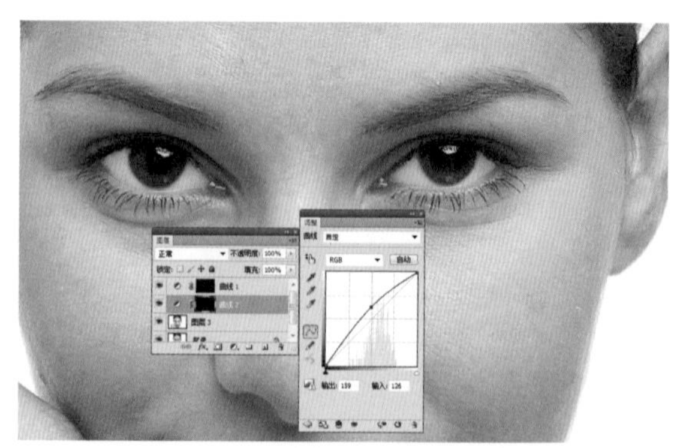

⓬ 单击【图层】面板的【创建新的填充或调整图层】按钮，选择【曲线】，在曲线调整层调整曲线，提亮眼白。

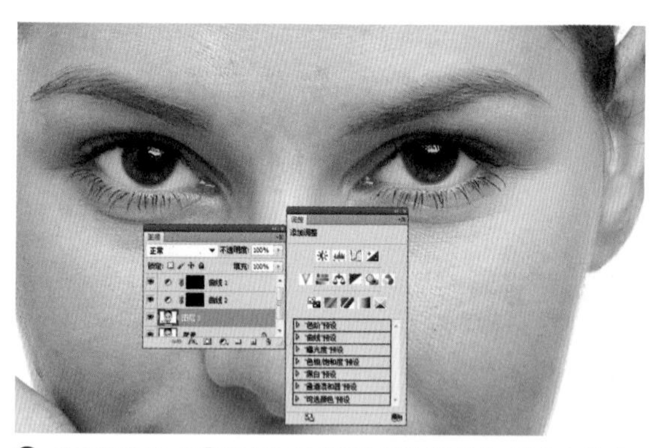

⓭ 选择图层 3，用【套索工具】圈选眼神光部分，羽化 5 像素。

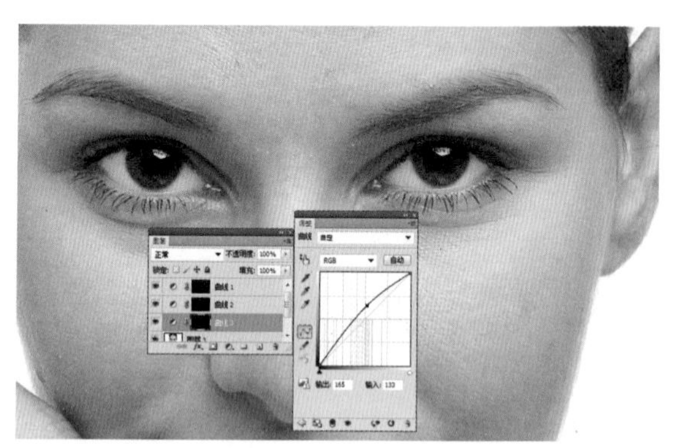

⓮ 单击【图层】面板的【创建新的填充或调整图层】按钮，选择【曲线】，在曲线调整层调整曲线，提亮眼神光。

⓯ 用【仿制图章工具】去除眼神光里的眼睫毛倒影，可以让眼睛更明亮。

五官-眉毛 分析原图，模特的整体感觉很棒，但眉毛却成了美中不足之处，眉毛整体上显得不够浓密，局部细节上有多处稀疏空缺，右上角又多出一缕，显得不是很流畅，需要在后期修图时进行完善。

视频：3.2 修图 \1 修形 \6 眉毛
素材：3-2 修图 \1 修形 \8 动手解决形体问题 - 眉毛 - 鼻子 .jpg

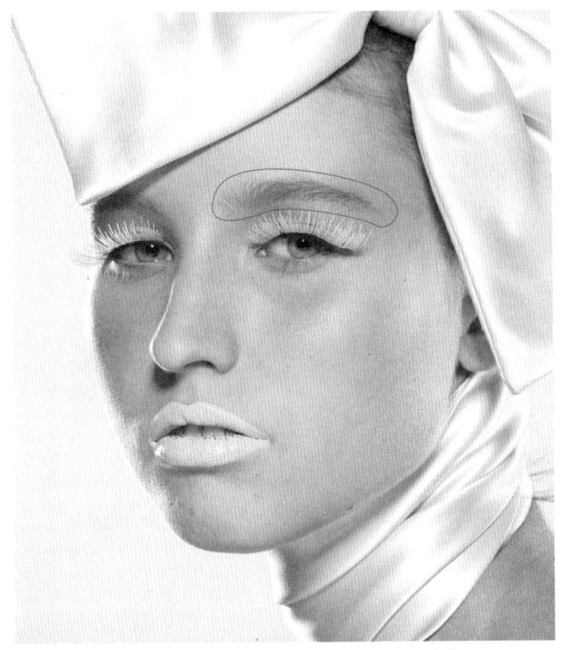

01 打开素材图片，图中圈出的地方是需要调整的。

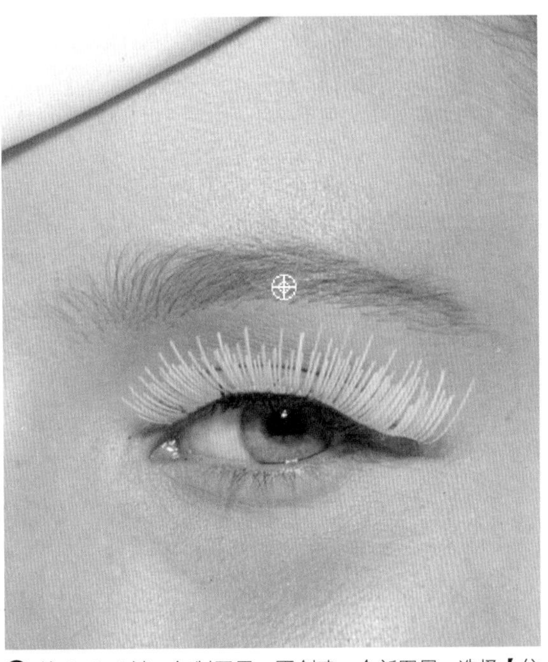

02 按 Ctrl+J 键，复制图层，再创建一个新图层，选择【仿制图章工具】，画笔大小与有缺陷的地方大小差不多一致，硬度为 0，不透明度为 100%，【样本】为所有图层，采取就近原则，在不好的地方附近，按住 Alt 键对好的地方取样。

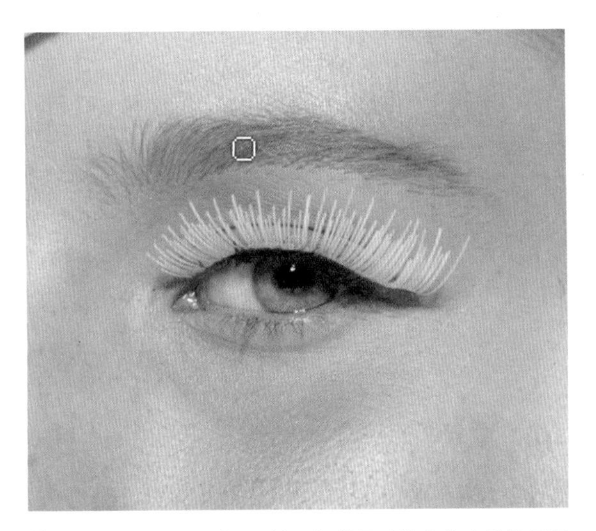

03 取样完成后，释放 Alt 键，顺着眉毛的走势来填补不好的地方，按照此方法，继续取样，然后填补缺失眉毛的地方。

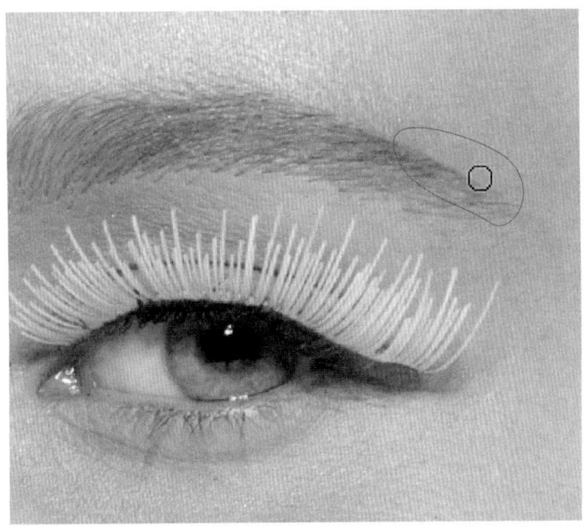

04 修掉多出来的眉毛，在眉尾处，按住 Alt 键取样皮肤，单击鼠标左键修掉多余眉毛，使眉形更好看。

⑤ 在工具箱中选择【加深工具】，画笔大小为 40，硬度为 0，【范围】为中间调，【曝光度】为 20%，涂抹眉毛，眉毛的浓密度是由浅到深，再到浅，涂抹眉毛时要注意，同一处不要反复涂抹多次，避免造成深浅不均匀。操作完成后，合并所有图层。

五官-鼻子 分析原图，整个鼻子略微有些大，鼻梁中部有一块影响整体视觉效果的凸起，鼻头略显突出，需要在后期修图时进行完善。

视频：3.2 修图 \1 修形 \7 鼻子
素材：3-2 修图 \1 修形 \8 动手解决形体问题 - 眉毛 - 鼻子 .jpg

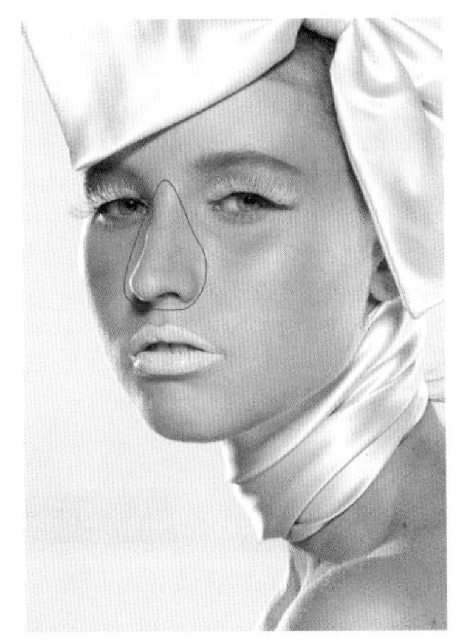

01 继续上一个案例，图中圈出的地方是需要调整的。

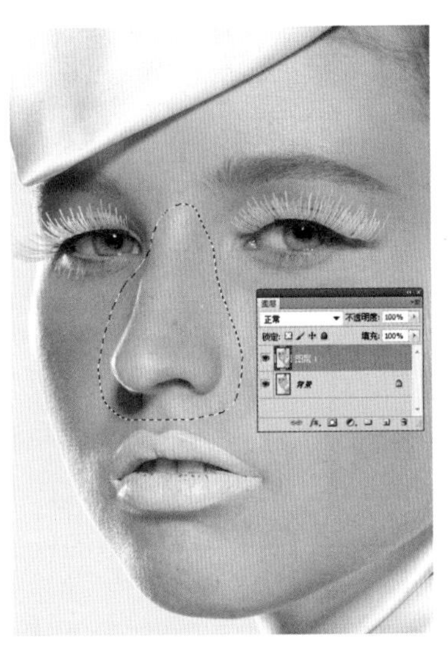

02 按 Ctrl+J 键，复制图层，得到图层 1，用【套索工具】圈选鼻子部分，圈选的范围大些，注意不要圈到左眼。

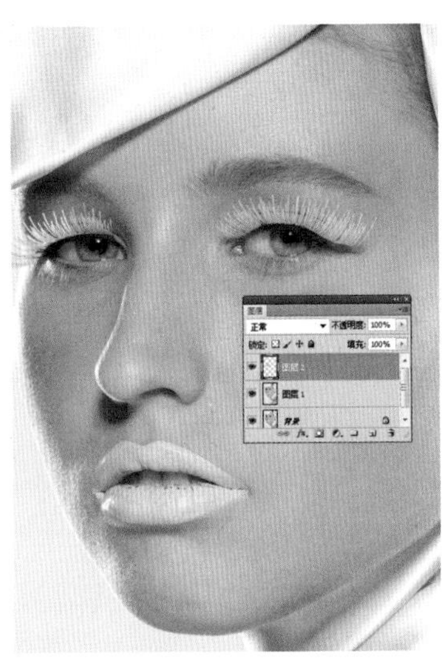

03 羽化 20 像素，按 Ctrl+J 键，得到图层 2。

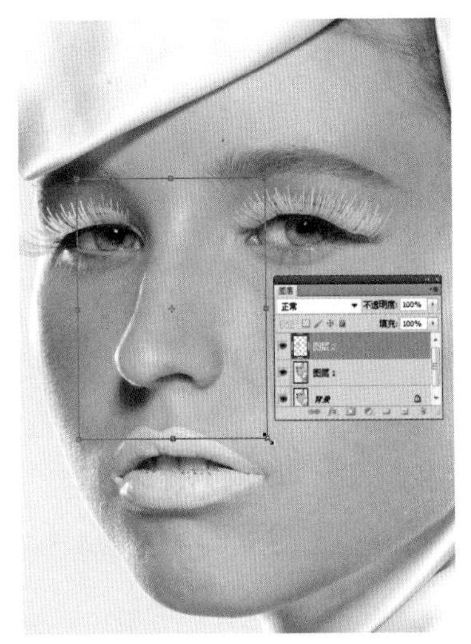

04 按 Ctrl+T 键，自由变换，鼠标指针放在右下角的锚点位置，按住 Shift+Alt 键，由中心等比例缩小鼻子，缩小一点即可。

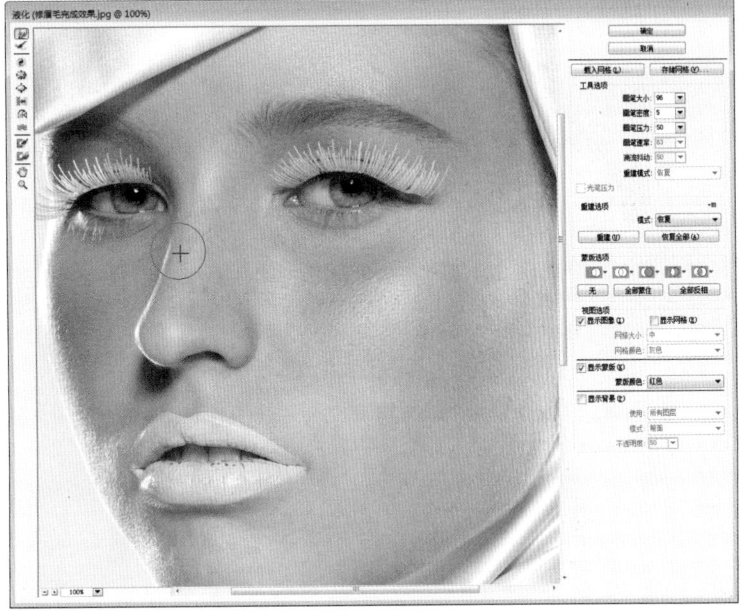

05 按回车键，完成缩小鼻子的操作，合并图层 1 和图层 2，执行滤镜\液化，调整鼻梁和鼻头，用【向前变形工具】，在鼻梁凸起处向右稍微推移，力度不要太大。

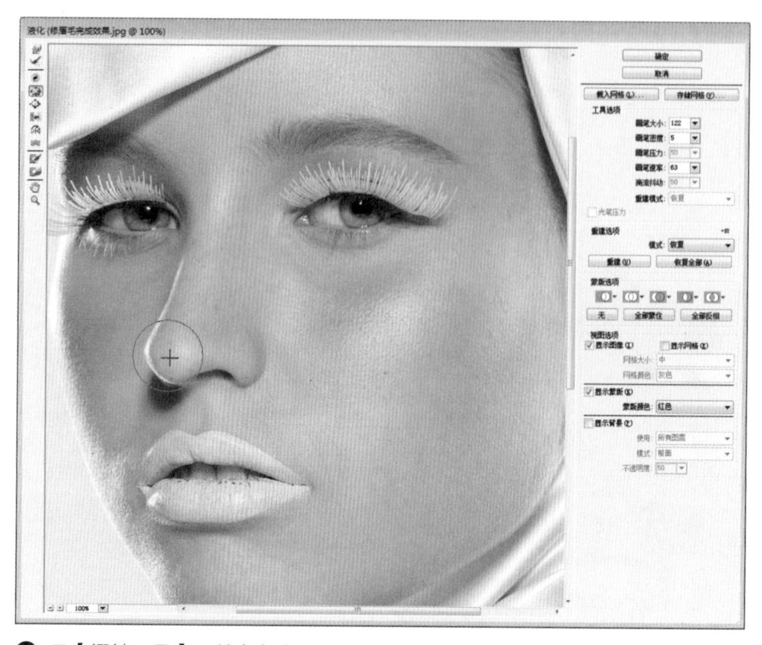

06 用【褶皱工具】，单击鼻头处，使其变小。

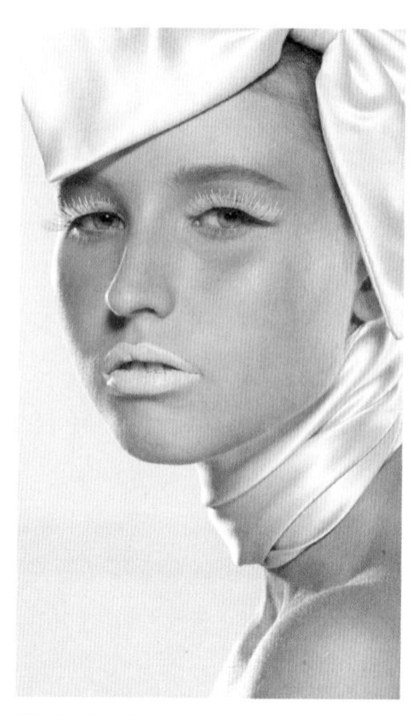

07 完成操作后，单击【确定】按钮即可。

五官–嘴巴 分析原图，模特的嘴巴略微显得有些大，需要在后期调整时适当缩小。

视频：3.2 修图 \1 修形 \8 嘴巴

素材：3-2 修图 \1 修形 \9 动手解决形体问题 – 嘴巴 .jpg

01 打开素材图片，图中圈出的地方是需要调整的。

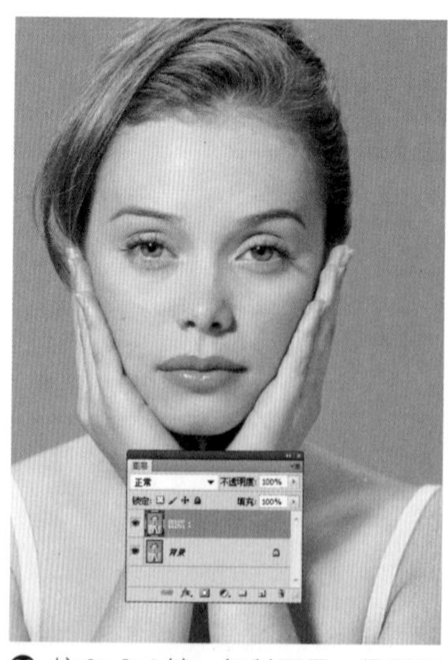

02 按 Ctrl+J 键，复制图层，得到图层 1。

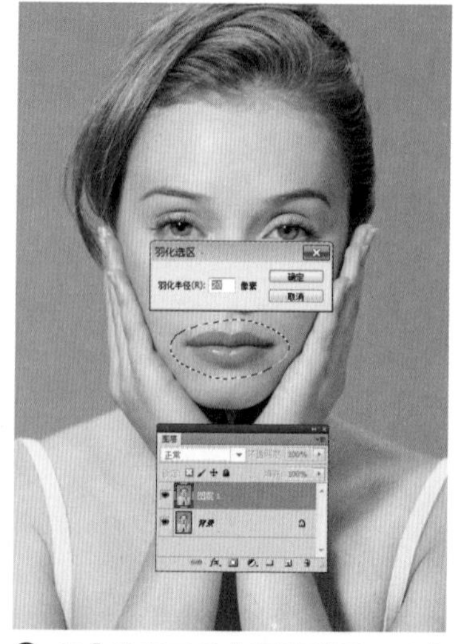

03 用【套索工具】圈选嘴巴，羽化 20 像素，单击【确定】按钮。

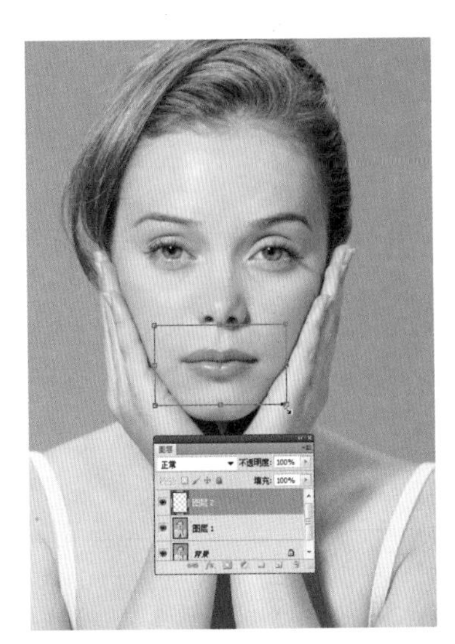

04 按 Ctrl+J 键，复制图层，按 Ctrl+T 键，自由变换，鼠标指针放在右下角的锚点位置，按住 Shift+Alt 键，由中心等比例缩小嘴巴。

05 按回车键，合并图层，完成缩小嘴巴的操作。

Tips 在进行五官的雕琢时，切记动作不要太大，否则会让人看起来面目全非，适度地调整能让五官更加迷人，过度的调整可能会让对方很生气。

4. 修形总结

很多人拿到片子以后，都不知道从哪下手，因为对美不够敏感。多看看时尚类的杂志，会让你更好地理解完美形体的秘密。

通常都需要美化的地方，如身体比例、发型、脸型、五官、胳膊、腿、腰，谁都喜欢腿稍微长点，嘴巴稍微小点，眉毛稍微齐点，眼睛明亮一点……

但不要修的太过，记住先整体后细节，一定要记住，大部分建立选区时候，都是要羽化一下的。

3.2.2 修脏

左图

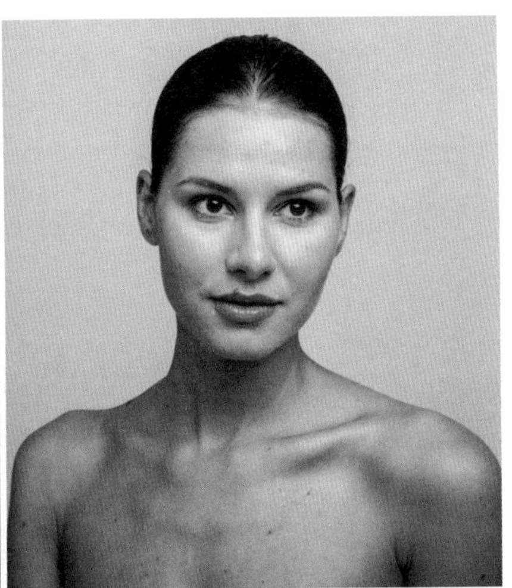

右图

1. 完美皮肤的秘密

完美的皮肤是拥有健康的肤色，面部光滑，毛孔细腻（左图），不好的皮肤则是肤色暗黄，有痘痘、痘印或痘疤，以及黑痣、毛孔粗大等（右图）。

Tips 皮肤上有痘痘、痘印、痘疤或黑痣的地方，我们统一称为脏点。

2. 常用修脏工具

以下工具均在工具箱中。

修补工具 修补大范围脏点，它能够很好的与背景融合，它的操作方法是圈选脏点，拖向好的皮肤，拖向的地方采取就近原则，亮部拖向亮部，暗部拖向暗部。

污点修复画笔工具 修补稀疏的、小范围的脏点，它只要单击脏点处即可，所以很快捷方便，但脏点大的情况下使用该工具，效果不好，容易出现越修越脏的情况。

仿制图章工具 修饰皮肤质感，削弱粗大的毛孔，降低暗部和亮部的明暗程度，修碎发。它的操作方法是通过按住Alt键取样好的皮肤，单击或涂抹来修补脏点，取样的方法与修补工具一样，同样采取就近原则。

加深工具 **和减淡工具** 处理皮肤的明暗细节。用【加深工具】涂抹亮的地方，【减淡工具】涂抹暗的地方，皮肤明暗过渡均匀后的效果是，皮肤看上去会显得细腻、光滑。注意【加深工具】和【减淡工具】的曝光度参数建议在5%–8%。

3. 解决修脏问题

修脏案例1

视频：3.2 修图 \2 修脏 \ 修脏案例 1
素材：3–2 修图 \2 修脏 \ 修脏案例 1.jpg

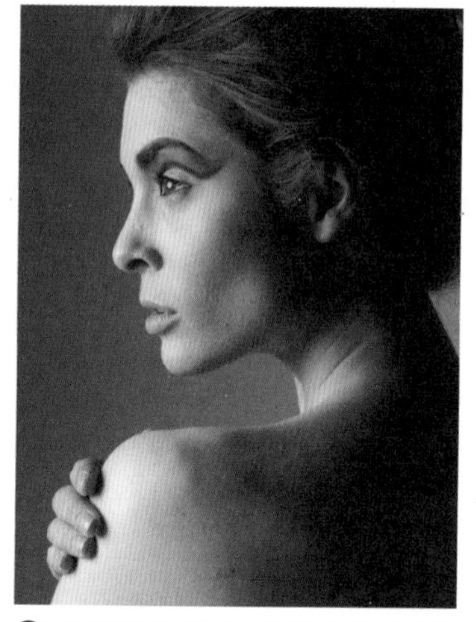

01 分析原图 模特脸部和背部痘痘较多，脸部皮肤粗糙、毛孔大，脖子有颈纹，需要将皮肤修干净、光滑。

02 处理脸部细小痘痘 复制背景层，用【污点修复画笔工具】单击脸部的痘痘，即可去除。注意随时调整画笔大小，画笔大小只比痘痘稍微大一点即可。

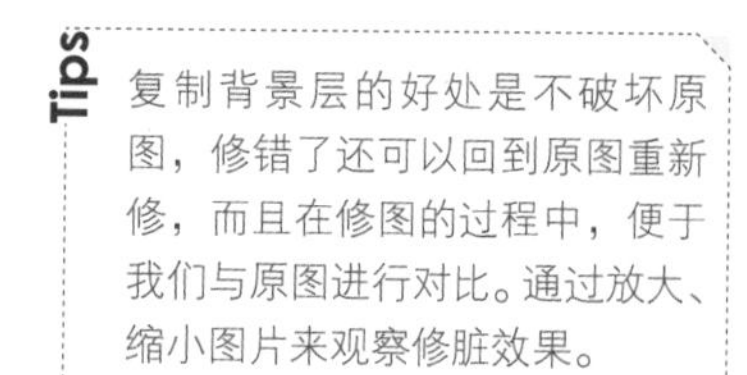

Tips 复制背景层的好处是不破坏原图，修错了还可以回到原图重新修，而且在修图的过程中，便于我们与原图进行对比。通过放大、缩小图片来观察修脏效果。

03 处理背部细小痘痘 修完一部分的皮肤再修另一部分，避免有漏掉的地方。修完后，单击图层 1 的可见性按钮，观察皮肤是否修干净。

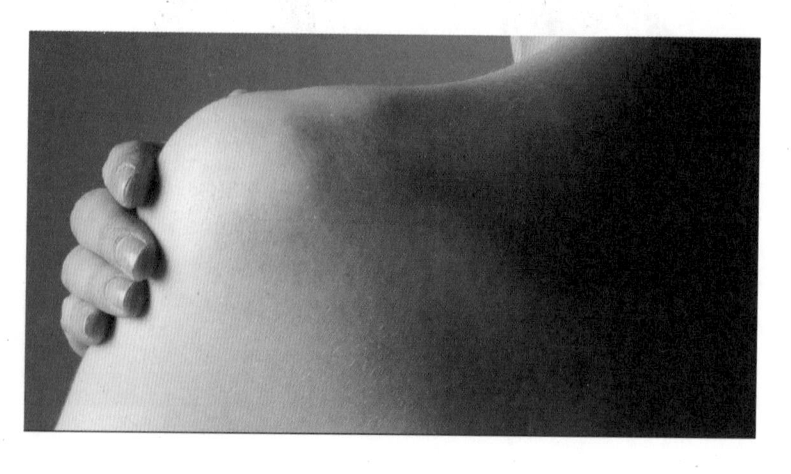

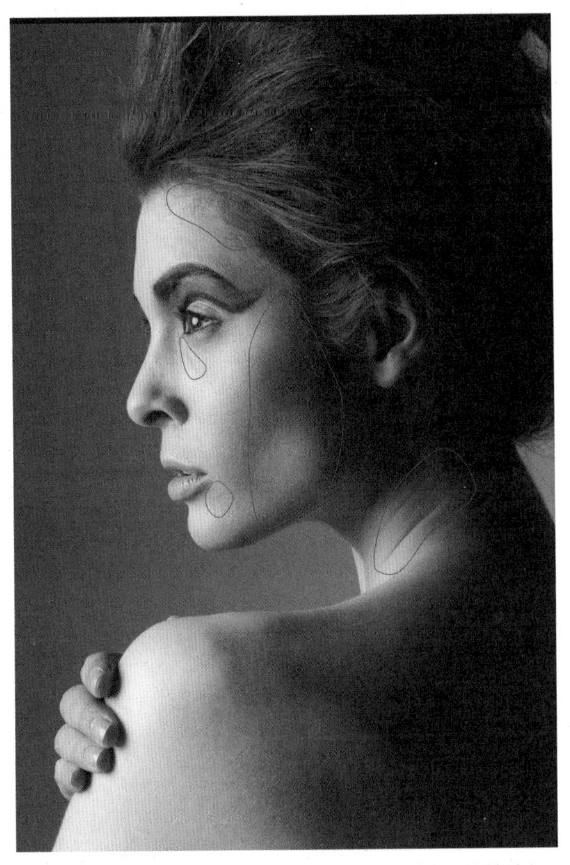

04 复制图层，用【修补工具】去除眼袋和颈纹，修补脸部、额头、嘴角和背部的瑕疵，按住左键不放，圈选出有瑕疵的地方，顺着皮肤纹理和明暗拖曳，即可修补圈选的区域，注意所圈选的区域要准确。

05 修补后的效果。

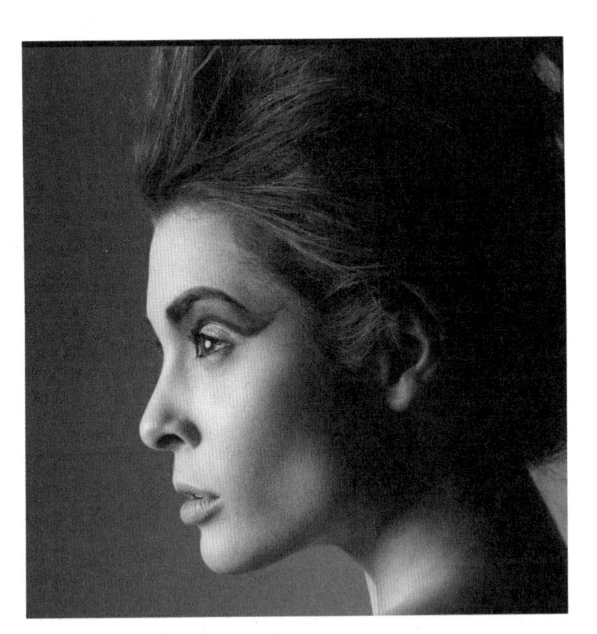

Tips 用【加深工具】和【减淡工具】修饰皮肤明暗细节时，曝光度的参数要根据被调整的地方的亮暗程度进行调节，一般控制在 5%-8%，画笔设置不要太大，不要影响人物的整体明暗结构，只用小画笔在细节处调整即可。

06 **处理皮肤明暗细节** 皮肤细节部分明暗不均，造成视觉上很脏。复制图层，用【加深工具】涂抹脸部阴影处较亮的地方，用【减淡工具】涂抹脸部阴影处较暗的地方，曝光度均在 5% 左右。脖子和背部的处理方法相同。

07 处理粗糙毛孔。复制图层，选择【仿制图章工具】，【不透明度】为10%，按住Alt键取样，释放Alt键涂抹粗糙的毛孔，注意取样点要在涂抹区域的周围，并不断变化取样点，不要涂抹五官，不要破坏皮肤明暗结构，皮肤细腻的地方不用涂抹。

修脏案例2

视频：3.2 修图 \2 修脏 \ 修脏案例 2
素材：3-2 修图 \2 修脏 \ 修脏案例 2.jpg

01 分析原图 这是一张年轻女孩的近景照片，女孩皮肤毛孔细腻，没有明显的痘痘，只需要用【污点修复画笔工具】去掉脏点，用【仿制图章工具】快速修饰皮肤细节。

02 去除脏点 复制图层，用【污点修复画笔工具】去脏点，按【或】键来调整画笔大小以适合脏点，单击脏点的地方即可。

03 修饰脸颊和鼻子明暗不均的地方 复制图层，选择【仿制图章工具】，【不透明度】为 10%，随时改变取样点，顺着皮肤纹理涂抹，即可在不破坏皮肤明暗结构的同时让皮肤更细腻，画笔的大小也要跟着涂抹的区域进行改变。涂抹完成后即完成快速修饰皮肤细节的操作。

Tips 使用【仿制图章工具】的好处是，能够快速的让皮肤变光滑，变干净，缺点是会破坏一些皮肤的质感，在使用时要考虑如果需要保留皮肤的质感就不能用【仿制图章工具】涂抹，只需要皮肤柔和，不保留皮肤质感，则可以用涂抹的方法。

修脏案例3

视频：3.2 修图 \2 修脏 \ 修脏案例 3

素材：3-2 修图 \2 修脏 \ 修脏案例 3.jpg

01 **分析原图** 这是一张用于化妆品广告的图片，模特皮肤光滑、干净，但左侧的发丝杂乱，需要将发丝修干净。

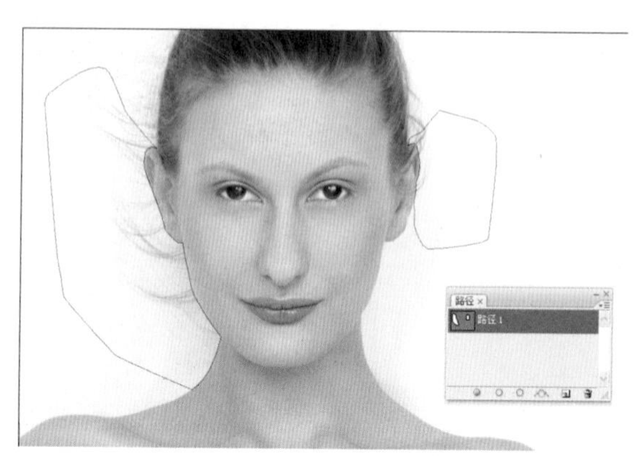

02 复制图层，用【钢笔工具】沿着耳朵以下的外轮廓进行勾选。执行窗口\路径，将【工作路径】拖曳至【创建新路径】按钮，保存路径。

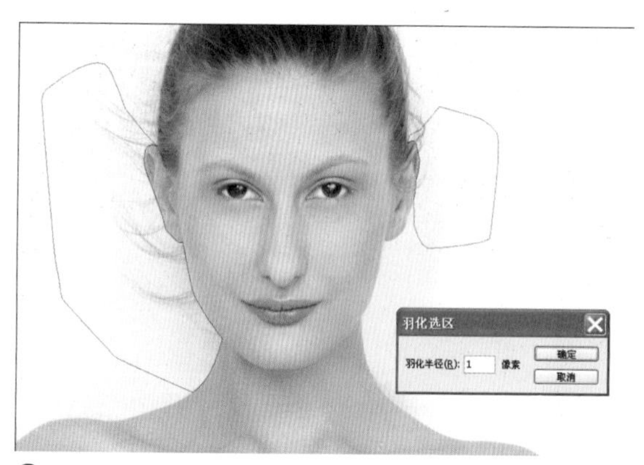

03 按 Ctrl+ 回车键，将路径转换为选区，羽化 1 像素。

04 **去除杂乱的发丝** 用【仿制图章工具】，【不透明度】为 100%，按住 Alt 键吸取背景，释放 Alt 键，涂抹发丝即可。

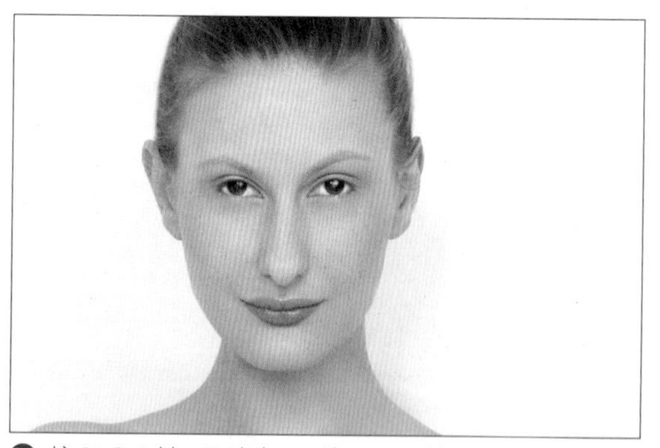

05 按 Ctrl+D 键，取消选区，按 Ctrl+J 键复制图层，用【仿制图章工具】，按住 Alt 键吸取背景，释放 Alt 键，涂抹耳朵以上的发丝，在涂抹时，外围发丝用大画笔，靠近头发部分用小画笔涂抹。

06 **去除耳朵部分的发丝** 复制图层，用【仿制图章工具】，调小画笔，【不透明度】为 70%，按住 Alt 键吸取耳朵的皮肤，释放 Alt 键，涂抹耳朵上的发丝即可，靠近头发部分的发丝应降低不透明度涂抹，使其自然过渡，涂抹完成后即可完成修除发丝的操作。

3.2.3 修光影

1. 完美光影的秘密

修饰前的光影

修饰后的光影

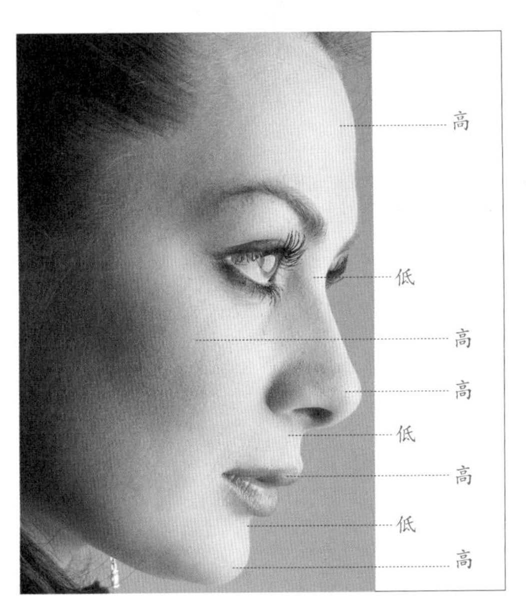

不管是在室内还是室外拍摄，光源照在人物身上由于反光、衣服褶皱和散光等原因，会造成亮暗不均，这都需要我们通过后期对光影的修饰，让人物更有立体的美感。完美的光影是亮暗分明，过渡自然。修饰光影首先要了解光源所照射的方向，根据光线方向来确定亮面和暗面，同时要了解人体骨骼结构和肌肉的走势来修饰光影。

通过人物侧面图来了解面部的光影结构，额头、颧骨、鼻尖、上嘴唇、下巴尖为亮面，鼻根、人中、嘴唇下的凹处为暗面。

2. 常用修光影工具

曲线 在修饰全身形体光影时，通过使用【图层】面板，添加亮部曲线调整层和暗部曲线调整层的方法，分别擦出最亮和最暗的地方，中间调则通过调整画笔的不透明度来擦出。

加深工具和减淡工具 在调整细节光影时，可以用加深工具和减淡工具，如半身人像或人物表情特写，就需要细致的修饰面部光影，需要提亮的地方用减淡工具，需要暗下来的地方则用加深工具。如果想消除衣服上的褶皱，也可以通过这两个工具进行调整，在调整时要特别注意的是，同一个地方不要反复涂抹。

3. 解决光影问题

修饰全身形体光影

视频：3.2 修图 \3 修光影 \1 全身形体光影
素材：3-2 修图 \3 修光影 \1 解决光影问题 .jpg

01 分析原图 打开素材图片，这是一张平躺模特图，光源从右边照射过来，模特腿部和手臂部分的高光比较微弱，而暗部不够暗，通过添加亮暗曲线调整层加强对比，让模特更有立体感。

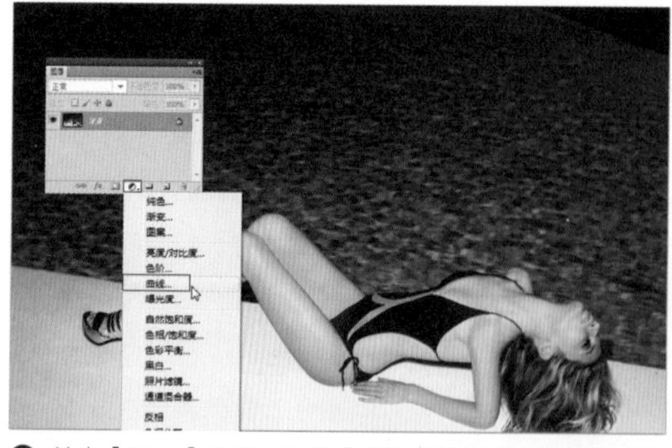

02 单击【图层】面板下方的【创建新的填充或调整图层】按钮，选择【曲线】。

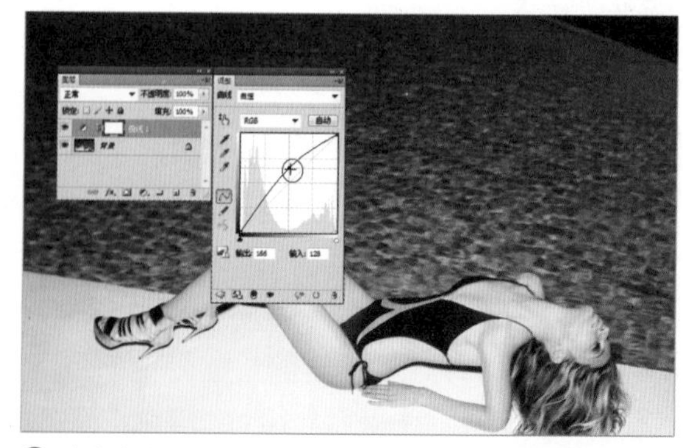

03 在曲线中心处单击，添加曲线点，按住鼠标左键不放垂直向上拖曳，则图片变亮，达到图片高光部分最亮的程度。

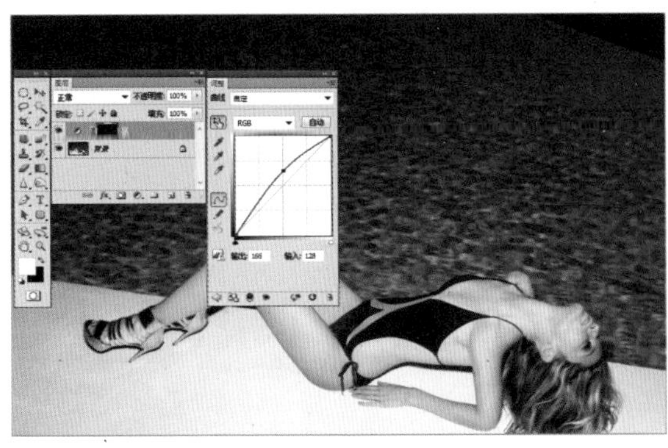

❹ 按 D 键，恢复前景色和背景色，按 Ctrl+Backspace 键，填充背景色 - 黑色，使亮曲线暂时不起作用，将曲线调整层命名为“亮”。

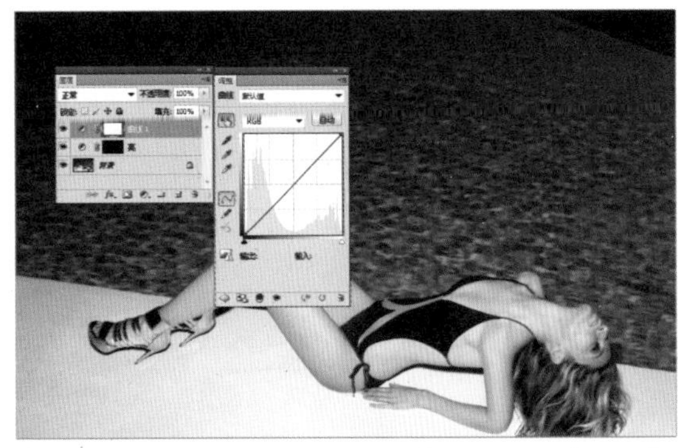

❺ 单击【创建新的填充或调整图层】按钮，选择【曲线】。

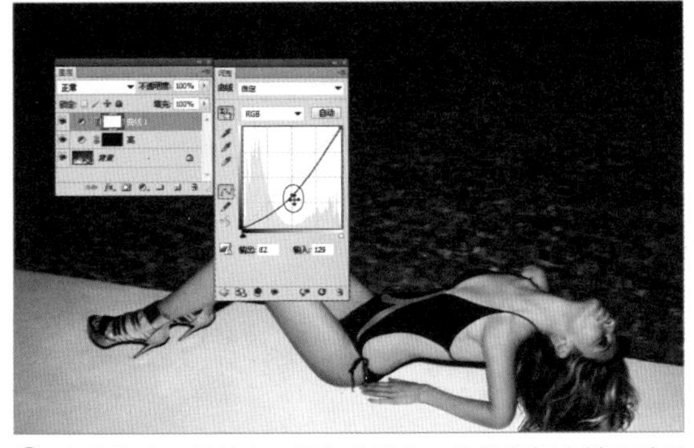

❻ 在曲线中心处单击，添加曲线点，按住鼠标左键不放垂直向下拖曳，则图片变暗，作为图片暗部最黑的程度。

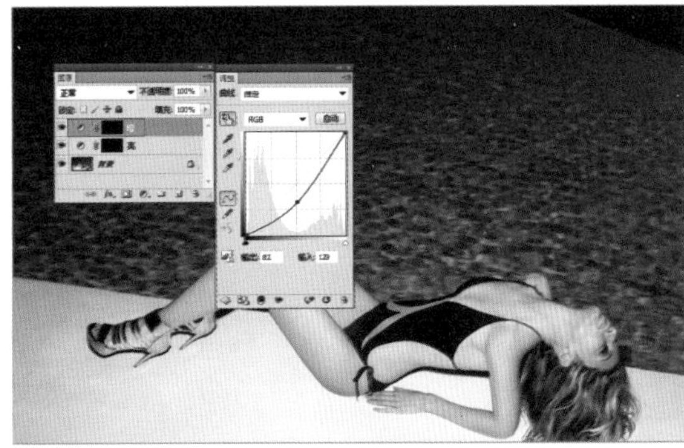

❼ 按 Ctrl+Backspace 键，填充背景色 - 黑色，使亮曲线暂时不起作用，将曲线调整层命名为“暗”。

❽ 单击亮部曲线蒙版，选择【画笔工具】，设置画笔硬度为 0，不透明度为 20%，在高光部分涂抹。

❾ 亮部涂抹完成后的效果。

Tips 用曲线调整层做亮暗的好处是，如果对效果不满意，可以通过曲线和图层蒙版进行多次修改。

⑩ 单击暗部曲线蒙版，用【画笔工具】在暗部涂抹。

⑪ 暗部涂抹完成后的效果。

⑫ 完成效果。

修饰牛仔裤褶皱

视频：3.2 修图 \3 修光影 \2 修饰牛仔裤褶皱

素材：3-2 修图 \3 修光影 \2 解决光影问题 .jpg

⓪1 **分析原图** 这是一张牛仔裤照片，牛仔裤褶皱较多，通过加深工具和减淡工具弱化这些褶皱，美化牛仔裤。

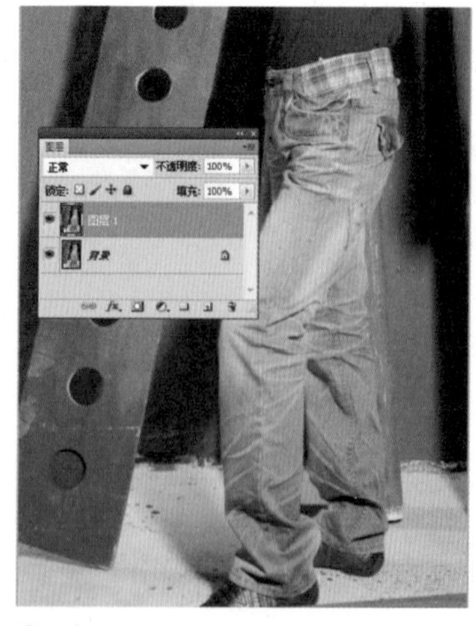

⓪2 按 Ctrl+J 键，复制背景层，得到图层 1。

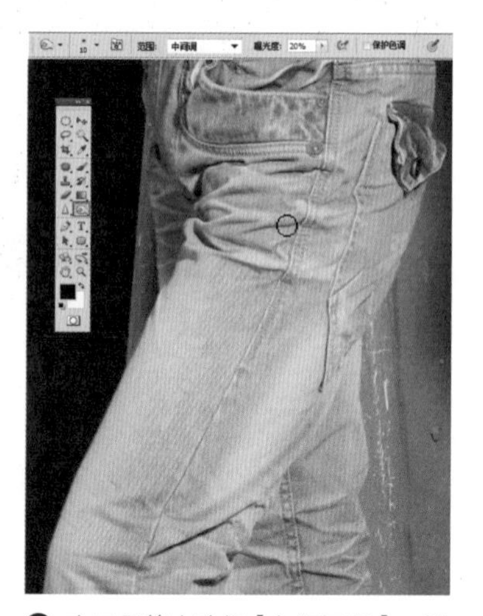

⓪3 在工具箱中选择【加深工具】，设置【范围】为中间调，【曝光度】为 20%，涂抹褶皱高光部分。

04 要随时根据高光部分来调整画笔大小，同一个地方不要来回涂抹，将图中圈出来的这两部分高光涂抹完毕即可。

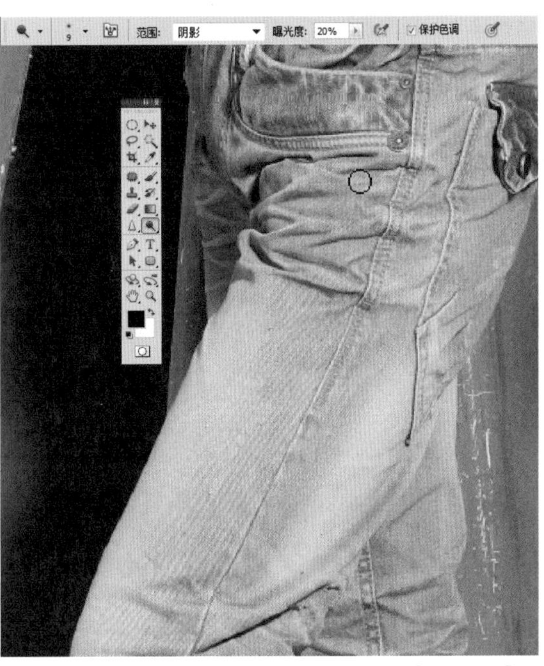

05 在工具箱中选择【减淡工具】，设置【范围】为阴影，【曝光度】为 20%。

06 将图中圈出来的这暗部涂抹完毕即可。

07 完成效果。

Tips 本例的调整目的是减弱褶皱感，让牛仔裤看起来更平整，如果想加强褶皱感，与本例使用加深、减淡工具的方法相反即可。

修饰半身人像光影

视频：3.2 修图 \3 修光影 \3 修饰半身人像光影
素材：3-2 修图 \3 修光影 \3 解决光影问题 .jpg

01 分析原图 这是一张半身人像，光影对比较强，但由于人体的骨骼和肌肉有凸起和凹下的部分，这部分就造成光影分布不均，需要通过加深工具和减淡工具进行局部调整，从而让图片提高视觉上的美感。

02 修饰额头暗部的光影 按Ctrl+J键，复制背景层，得到图层 1。

03 选择【加深工具】，设置【曝光度】为 5%，涂抹额头暗部区域稍亮的位置。

04 选择【减淡工具】，设置【曝光度】为 5%，涂抹额头暗部区域稍暗的位置，在明暗过渡的地方稍微涂抹一下，柔和过渡。

05 用【减淡工具】弱化眼角皱纹。

06 鼻子侧面的阴影部分亮暗不均，用【加深工具】涂抹亮的地方，使其均匀。

⑦ 下颌部分亮暗不均，先用【减淡工具】降低暗部。

⑧ 用【加深工具】修饰脸部的明暗过渡线。

⑨ 用【加深工具】修饰肩膀部位的光影，使其圆润，涂抹完毕后，用【减淡工具】局部调整太暗的地方。

⑩ 用【加深工具】修饰手臂的明暗过渡线。

Tips

使用【加深工具】和【减淡工具】调整细节光影时，通常两个工具要来回交替使用，加深过度，要用【减淡工具】补回来一些，并且需要随时调整画笔大小，还要放大或缩小画布，来观察整体和细节的效果。【加深工具】和【减淡工具】的【曝光度】数值设置得比较低，避免涂抹过度。

⑪ 完成效果。

3.2.4 修图综合实例

1. 柔光拍摄人像

这是一张在摄影棚内拍摄的图片，采用柔光拍摄的方法。柔光是指光的特性，柔光照射在人物上，产生的阴影反差小，轮廓柔和，在处理这样的片子时，皮肤要干净透亮，人物轮廓结构要柔和，光影对比弱。

视频：3.2 修图 \4 修脏综合实例 \ 柔光拍摄
素材：3-2 修图 \4 修脏综合实例 \ 柔光拍摄人像原片 .jpg

01 分析原图 模特的上嘴唇右边微翘，需要将其调整到于左边一致，因拍摄缘故，使左眼眼角与右眼眼角不在一条水平线上，耳朵和脸部的轮廓，以及背部都需要微调。

02 调整唇形 用【套索工具】圈选右边的上嘴唇，羽化 3 像素。

03 按 Ctrl+J 键，复制圈选的部位，按 Ctrl+T 键，自由变换，单击右键选择【变形】，调整唇形，按下回车键，完成调整唇形的操作。

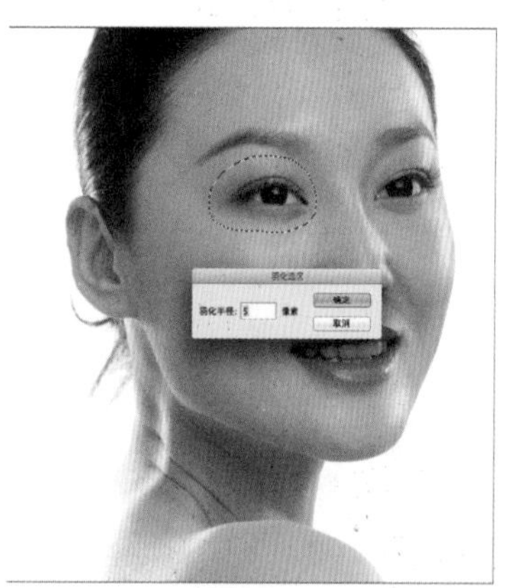

04 调整眼睛 用【套索工具】圈选左眼外轮廓，羽化 5 像素。

05 选择背景层，按 Ctrl+J 键，复制圈选的部位，按 Ctrl+T 键，自由变换，将中心点放在眼角，指针放在右上角的锚点外即可旋转眼睛角度，按下回车键，完成调整眼睛的操作。

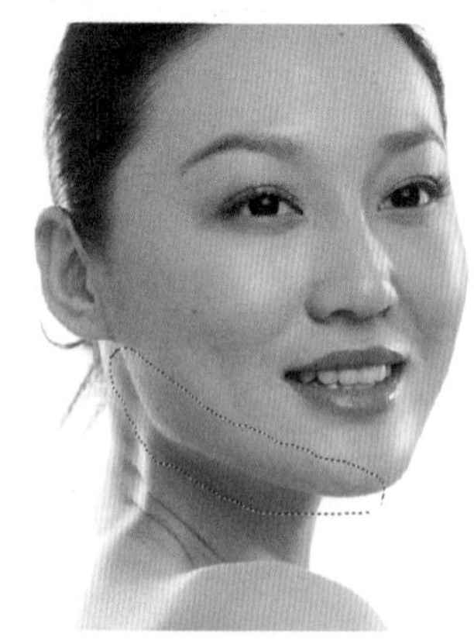

06 调整脸部轮廓 用【套索工具】圈选左脸轮廓，羽化 5 像素。

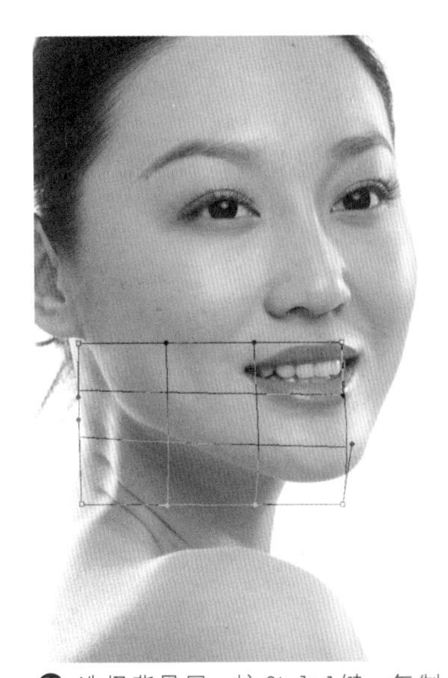

⑦ 选择背景层，按 Ctrl+J 键，复制圈选的部位，按 Ctrl+T 键，单击右键，选择【变形】，调整脸部轮廓，按下回车键，完成操作。

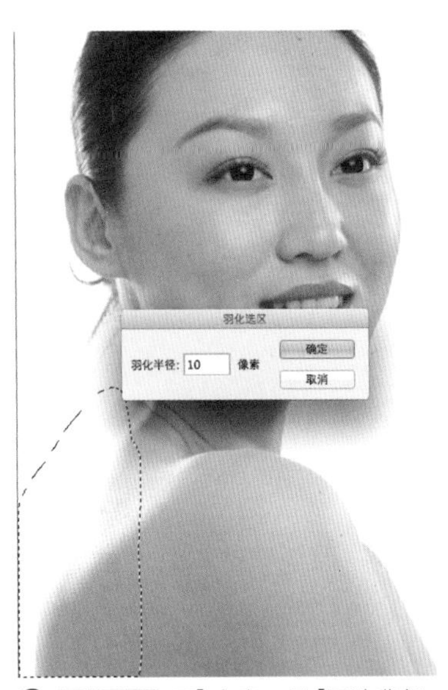

⑧ **调整背部** 用【套索工具】圈选背部，羽化 10 像素。

⑨ 选择背景层，按 Ctrl+J 键，复制圈选的部位，按 Ctrl+T 键，单击右键，选择【变形】，调整背部轮廓，按下回车键，完成操作。

⑩ **用液化调整形体细节** 按 Ctrl+Shift+Alt+E 键，盖印图层，执行滤镜\液化，用【向前变形工具】调整眉毛、鼻形、脸部轮廓和耳朵。

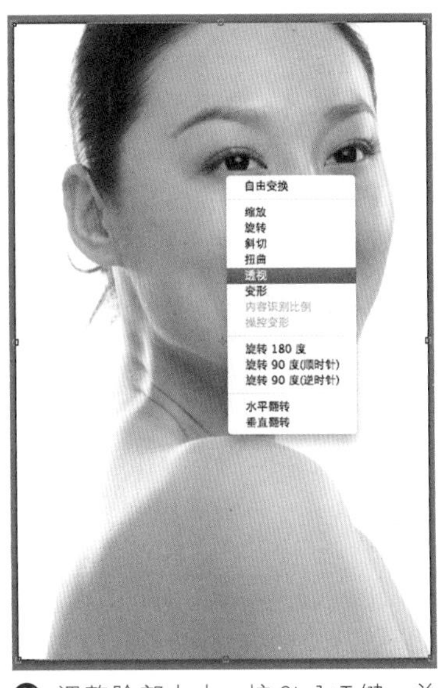

⑪ 调整脸部大小。按 Ctrl+T 键，单击鼠标右键，选择【透视】。

⑫ 将指针放在右上角，向左拖曳即可。

Tips 在用【自由变换】修形时，若出现穿帮的地方，可以再次使用【自由变换】进行调整。

⑬ 修形完成后的效果。

⑭ **修脏，需要修的地方是脸部的痘痘、黑痣、颈纹和碎发** 复制图层，用【污点修复画笔工具】去除痘痘和黑痣。

⑮ **去除颈纹** 用【修补工具】圈选颈纹，顺着纹理拖曳即可修补。

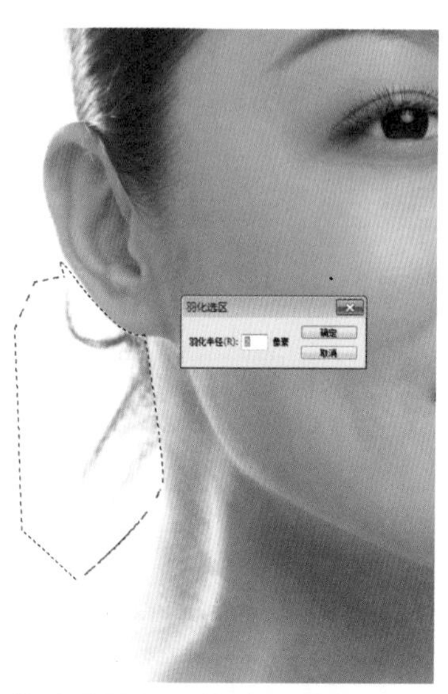

⑯ **去除碎发** 用【钢笔工具】沿着耳朵外轮廓勾选碎发，按 Ctrl+ 回车键，转换为选区，选择任意一个选区工具，单击右键，选择【羽化】，2 像素。

⑰ 用【仿制图章工具】，按住 Alt 键吸取背景色，释放 Alt 键，涂抹碎发即可。

⑱ **柔化明暗关系** 用【加深工具】和【减淡工具】处理脸上细节部分的明暗，【曝光度】为 5%。

Tips 可以用【减淡工具】减轻法令纹和眼袋的阴影，使模特看起来年轻、精神，但不能完全修掉，否则会看起来不自然。

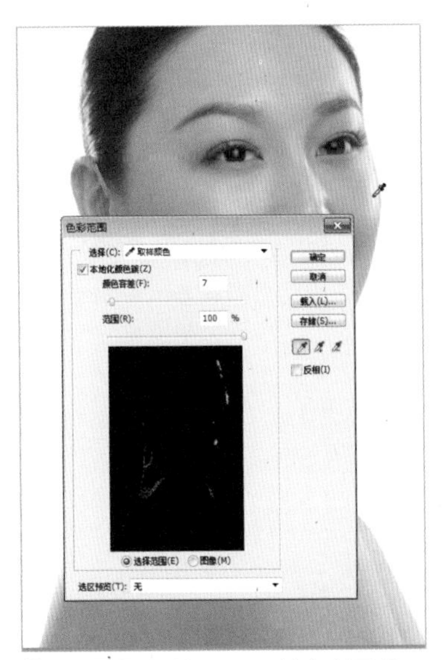

⑲ **减弱高光** 按 Ctrl+J 键复制图层，执行选择\色彩范围，设置【颜色容差】为 7，用吸管吸取脸部高光。

⑳ 单击【确定】按钮，载入高光选区，单击【添加矢量蒙版】按钮，设置图层的混合模式为【正片叠底】。

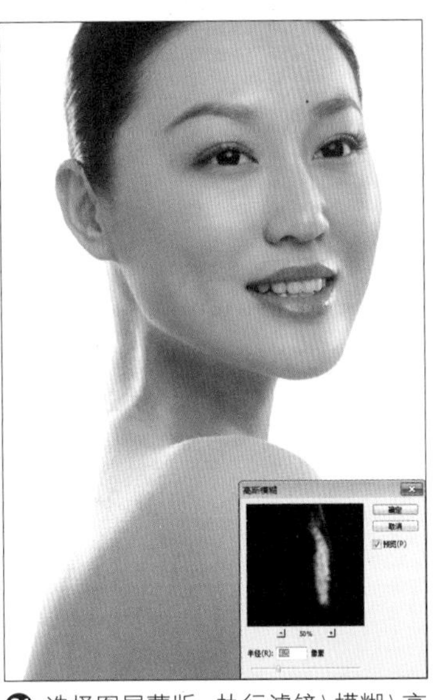

㉑ 选择图层蒙版，执行滤镜\模糊\高斯模糊，4.5 像素，让高光的边缘模糊，使其看起来自然。

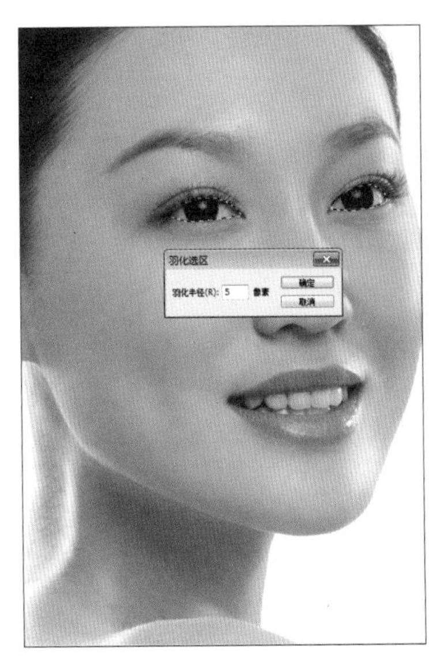

㉒ **提亮眼白** 用【套索工具】圈选眼睛，羽化 5 像素。

㉓ 单击【创建新的填充或调整图层】按钮，选择【亮度\对比度】，设置【亮度】为 7，【对比度】为 52。

㉔ **提亮牙齿** 用【套索工具】圈选牙齿，羽化 5 像素，单击【创建新的填充或调整图层】按钮，选择【亮度\对比度】，设置【亮度】为 9，【对比度】为 39，即完成修图操作。

2. 室内全身人像

这是一张室内全身人像，在修图时，需要注意全身形体的修饰，整体明暗的调整，对皮肤质感要求不高。

视频：3.2 修图 \4 修脏综合实例 \ 全身人像
素材：3-2 修图 \4 修脏综合实例 \ 室内全身原片 .jpg

01 **分析原图** 夸张模特的形体比例，使其看起来更修长，微调胳膊和腿，使其更纤细，调整发型和脸部细节。

02 **瘦手臂** 复制图层，用【套索工具】圈选右边手臂，羽化 10 像素。

03 按 Ctrl+J 键，复制圈选部位，按 Ctrl+T 键，单击右键，选择【变形】，调整手臂，调整完成后，合并除背景层外的图层。

04 用【套索工具】圈选左边手臂，羽化 10 像素。

05 按 Ctrl+J 键，复制圈选部位，按 Ctrl+T 键，单击右键，选择【变形】，调整手臂，调整完成后，合并除背景层外的图层。

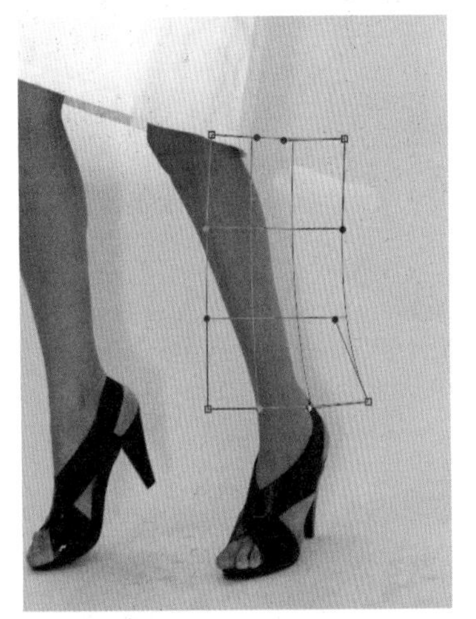

06 **瘦腿** 用【套索工具】圈选右腿，羽化 5 像素，按 Ctrl+J 键复制图层，并按Ctrl+T键，单击右键，选择【变形】，调整腿，调整完成后，合并除背景层外的图层。

Tips

用【自由变换】调整形体时，注意不要有穿帮的地方，如果有衔接不自然的地方，可以添加矢量蒙版，前景色为黑色，用【画笔工具】在衔接不自然的地方涂抹，降低不透明度。

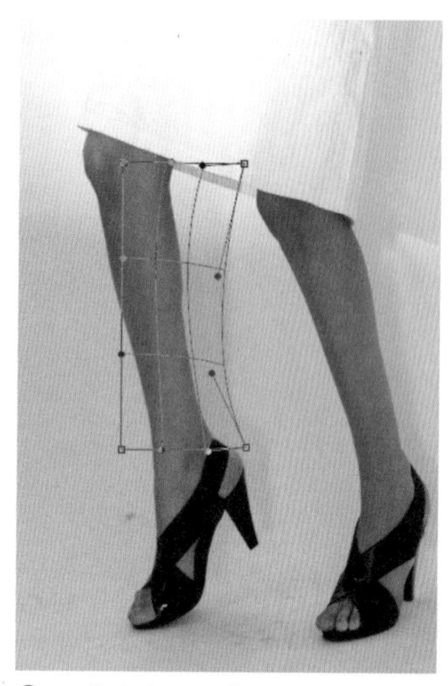

⓱ 用【套索工具】圈选左腿，羽化5像素，按Ctrl+J键复制图层，并按Ctrl+T键，单击右键，选择【变形】，调整腿，调整完成后，合并除背景层外的图层。

⓲ **调整形体比例** 按Ctrl+T键，单击右键，选择【透视】，将指针放在左上角的锚点，向左稍微拖曳一些即可。

⓳ **调整形体细节** 执行滤镜\液化，用【向前变形工具】收腰，调整发型。

⓾ 用【向前变形工具】调整鼻梁，让鼻梁更挺直，修整眉形，调整嘴唇，让嘴唇稍微薄一些，细微调整脸型。

⓫ 用【向前变形工具】调整衣服、肩膀、手臂外轮廓、手腕和手。

⓬ 用【向前变形工具】调整衣服褶皱，小腿曲线。

⓭ **修脏** 按Ctrl+J键复制图层，用【污点修复画笔工具】去除脸部痘印、身体上的黑痣和背景上的脏点。

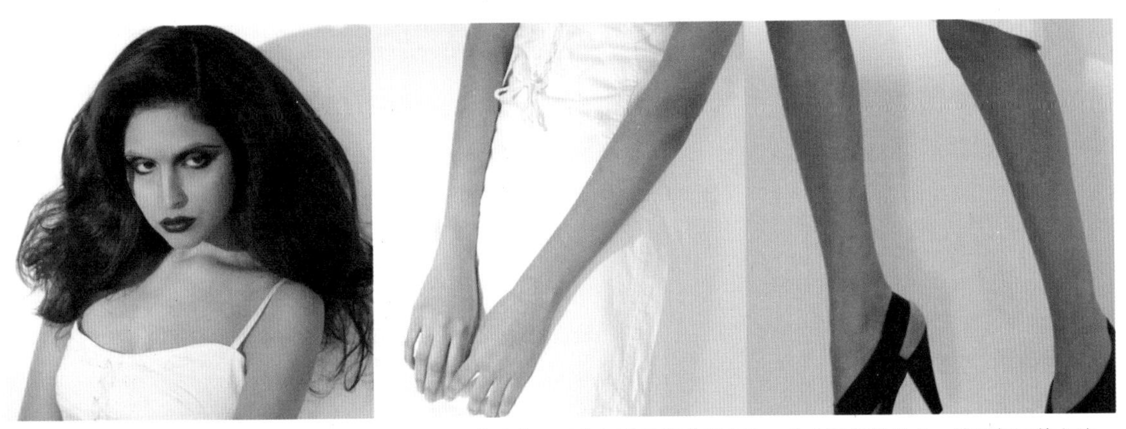

⑭ **去除较大面积的脏点** 按 Ctrl+J 键复制图层，用【修补工具】圈选脸部的脏点处，拖曳至好的地方。按照相同的方法，由上至下去除脏点。

⑮ **磨皮，让皮肤光滑** 按 Ctrl+J 键复制图层，选择【仿制图章工具】，【不透明度】为 10%，涂抹脸部明暗过渡不自然的地方。涂抹皮肤时，【不透明度】为 20%，调大画笔，顺着皮肤纹理和明暗涂抹。注意去除地面脏点。

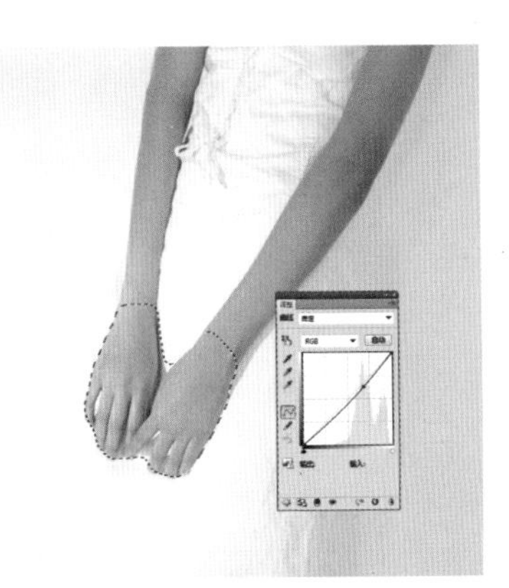

⑯ **压暗手部** 用【快速选择工具】选择手，羽化 10 像素，单击【创建新的填充或调整图层】按钮，选择【曲线】，在曲线中间的位置向下拖曳。

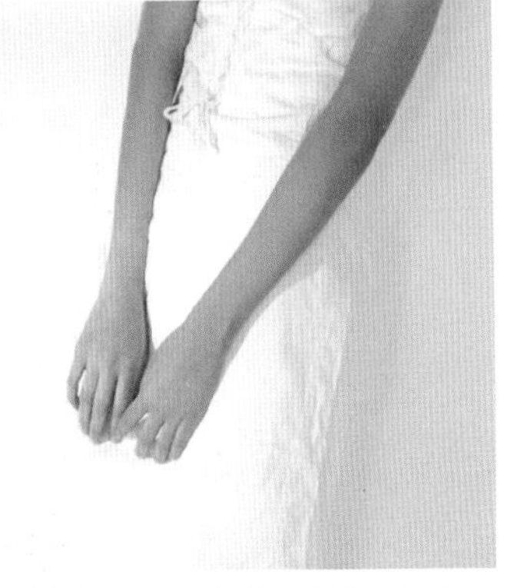

⑰ 选择【画笔工具】，设置前景色为黑色，降低不透明度，保持图层蒙版为选中状态，在衔接不自然的地方涂抹，使其过渡自然。

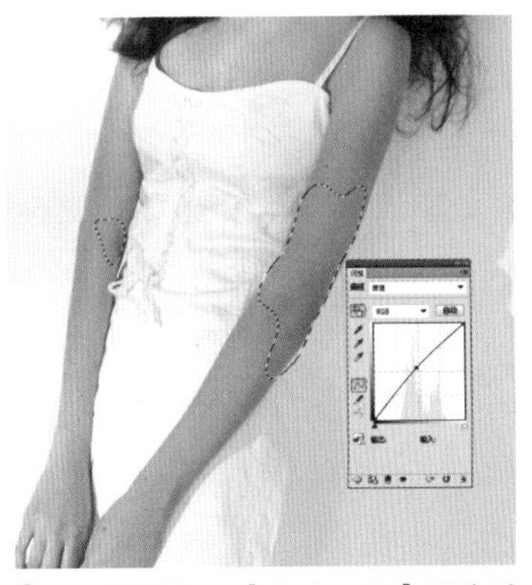

⑱ **提亮手臂** 用【套索工具】圈选手臂较暗的地方，羽化 20 像素，单击【创建新的填充或调整图层】按钮，选择【曲线】，在曲线中间的位置向上拖曳。

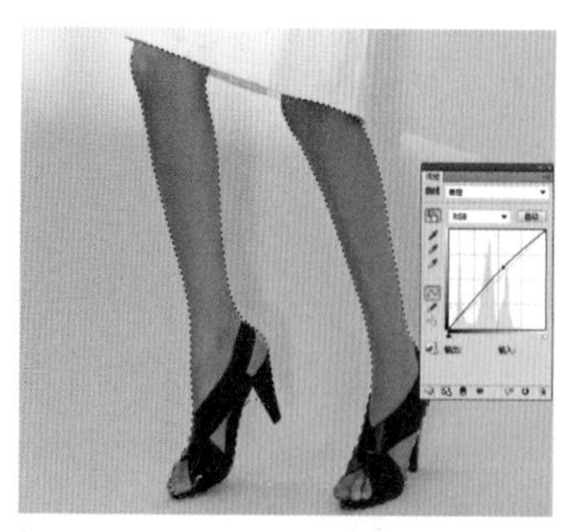

⑲ **提亮腿部** 用【快速选择工具】选择腿部，羽化 20 像素，单击【创建新的填充或调整图层】按钮，选择【曲线】，在曲线中间的位置向上拖曳。

⑳ **提亮脸部** 用【椭圆选框工具】选择脸部，羽化 40 像素，单击【创建新的填充或调整图层】按钮，选择【曲线】，调整曲线。

㉑ **加强对比** 新建【亮度 / 对比度】调整层，设置【亮度】为 3，【对比度】为 15。

㉒ 选择【画笔工具】，设置前景色为黑色，保持图层蒙版的选中状态，用画笔擦除衣服部分，使衣服不受【亮度 / 对比度】的影响，擦完后即可完成操作。

3. 外景人像

这是一张外景人像，外景照片相对于棚拍照片来说，清晰度要稍差些，光线杂乱，所以在修除脏点后，要重点调整皮肤上的明暗。

视频：3.2 修图 \4 修脏综合实例 \ 外景人像

素材：3-2 修图 \4 修脏综合实例 \ 外景原片 .jpg

01 分析原图 这是一张逆光拍摄的外景照片，由于光线照射的原因，造成眼袋、法令纹，嘴角的阴影较重，需要减淡，并整体提亮人物。

02 调整背部 按 Ctrl+J 键复制图层，用【套索工具】圈选背部，注意不要选到衣服拼接线的地方，羽化 10 像素。

03 按 Ctrl+J 键复制图层，并按 Ctrl+T 键，单击右键，选择【变形】，调整背部。

04 单击【图层】面板的【添加矢量蒙版】按钮，选择【画笔工具】，降低不透明度，设置前景色为黑色，涂抹背部和衣服衔接不自然的地方。

05 按 Shift 键，选择除背景层外的图层，按 Ctrl+E 合并图层。调整细节，复制图层，执行滤镜 \ 液化，用【向前变形工具】调整发型、背部、手臂和脸型。

06 用【向前变形工具】调整眼睛、鼻翼、嘴唇。

⑦ **缩小头部** 按 Ctrl+T 键，单击右键，选择【透视】，将指针放在左上角的锚点，向左拖曳。

⑧ **调整图片大小** 单击右键，选择【自由变换】，分别拖曳左下角和右上角的锚点，将图片放大，遮挡瑕疵地方。

⑨ **修除皮肤脏点** 按 Ctrl+J 键复制图层，用【污点修复画笔工具】单击皮肤上的痘痘和黑痣。

⑩ **修除大面积脏点** 用【修补工具】修除发丝、细纹、眼袋和法令纹。

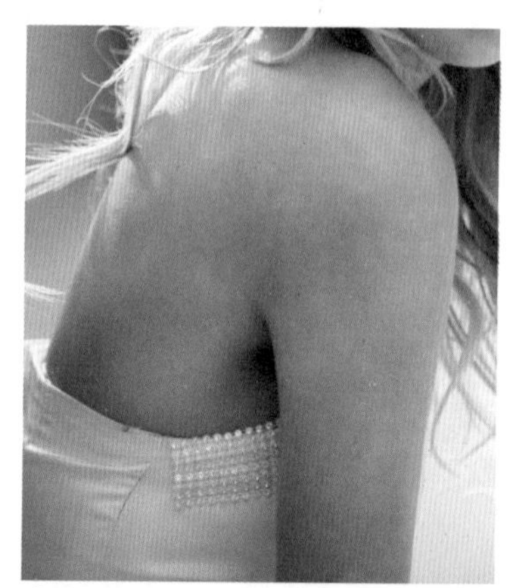

⑪ 用【修补工具】修除肩带的痕迹，以及背部和手臂的大块脏点。

⑫ **磨皮** 选择【仿制图章工具】，【不透明度】为 10%，按住 Alt 键，吸取好的地方涂抹面部，注意不要破坏原本的明暗结构。

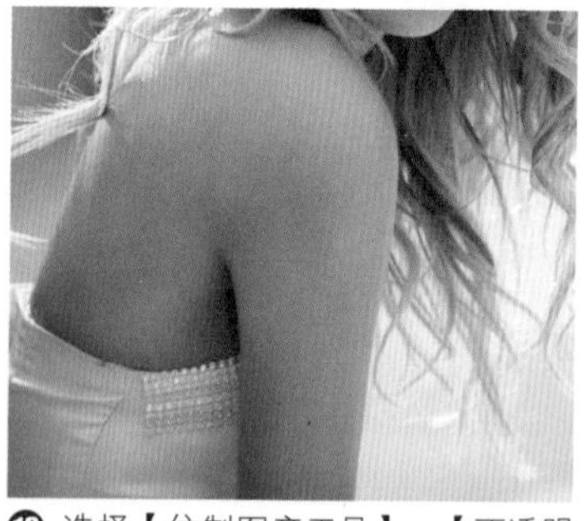

⑬ 选择【仿制图章工具】，【不透明度】为 20%，涂抹手臂和背部，注意随时改变取样点，根据涂抹地方的大小随时调整画笔的大小。

⑭ 用【仿制图章工具】涂抹眼影，使其过渡均匀。

Tips 在修图的过程中，要放大图片，操作细节，但也要缩小整体观察，查看是否有修坏的地方，并且要单击【图层】面板的可视性按钮，对比修之前和修之后的效果，修之后是否有破坏整体结构和明暗的地方。

⑮ 描绘五官，使其立体 选择【加深工具】，【不透明度】为 7%，涂抹眉毛，使其浓密，涂抹眼影，使其过渡自然，涂抹眼线，使眼睛立体有神，涂抹嘴唇，使唇形更好看。用【加深工具】和【减淡工具】处理面部细节明暗。用【加深工具】，调大画笔，压暗脸部两侧、手臂两侧，使人物更立体。

⑯ 提亮皮肤，加强对比 选择【快速选择工具】，拖曳鼠标，选择皮肤，羽化 50 像素，单击【图层】面板的【创建新的填充或调整图层】按钮，选择【曲线】，调整曲线。

⑰ 加强眼睛对比 用【套索工具】圈选眼睛，羽化 4 像素，单击【创建新的填充或调整图层】按钮，选择【亮度 / 对比度】，设置【亮度】为 9，【对比度】为 28，调整完成后，即完成外景人物的修图操作。

3.3 调色

几乎每一张数码照片，或多或少都需要调色。
调色首先要了解一些基本的色彩知识，只看参数临摹很难提高水平。
调色前，先要擦亮显示器。

3.3.1 三大阶调

三大阶调是指：

高光 也叫亮调，图像上亮的部分，其中最亮的部分（很小的一个或几个区域）被称为白场。

中间调 图像上不是特别亮，也不是特别暗的部分，其中最不亮不暗的部分（很小的一个或几个区域）被称为灰场。

阴影 也叫暗调，图像上暗的部分，其中最暗的部分（很小的一个或几个区域）被称为黑场。

用右侧黑白图中白色对应画面中的相应部位，以此了解图片中高光、中间调、阴影的组成

3.3.2 色彩三要素

色彩三要素是指：

色相 “这是什么颜色”，通常在问这个问题的时候，其实问的就是色相。红、蓝、黄、绿，这些都是色相。

饱和度 色彩的鲜艳程度，饱和度很高时，看起来会很鲜艳，饱和度很低时，看起来像黑白的。

明度 色彩的亮\暗，很亮时看起来很白，很暗时看起来很黑。

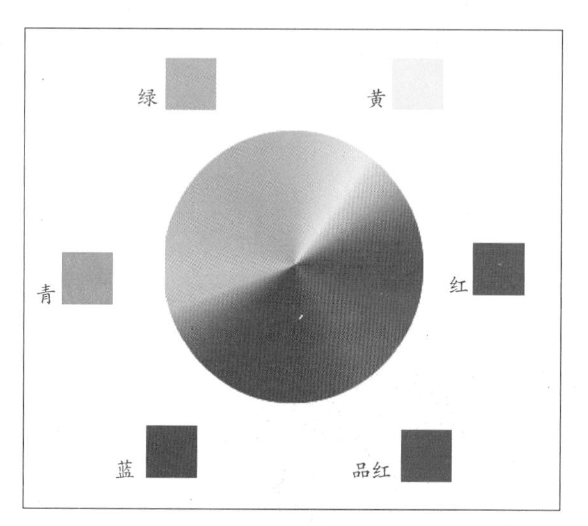

红（R）、绿（G）、蓝（B），青（C）、品红（M）、黄（Y）是 Photoshop 中非常重要的 6 个色相，是调色的重要依据。

Tips 在 Photoshop 中，色相用 0°~360° 来进行数值形式的描述。
红色为 0° 或 360°；
黄色为 60°；
绿色为 120°；
青色为 180°；
蓝色为 240°；
品红色为 300°。

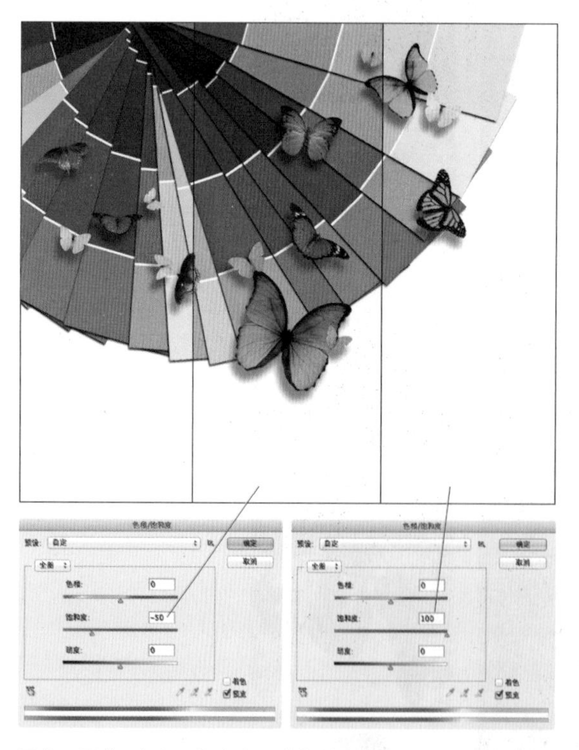

图像\调整\色相/饱和度，降低饱和度可以让图片色彩减弱甚至没有，即黑白；提高饱和度可以让图片看起来更鲜艳。

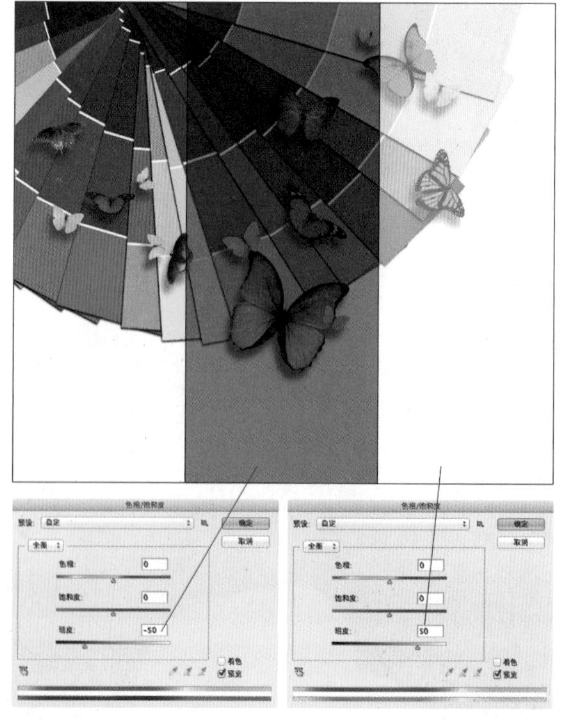

降低明度可以让图片变暗；提高明度可以让图片变亮。

3.3.3 颜色的冷暖

左侧为冷色，右侧为暖色

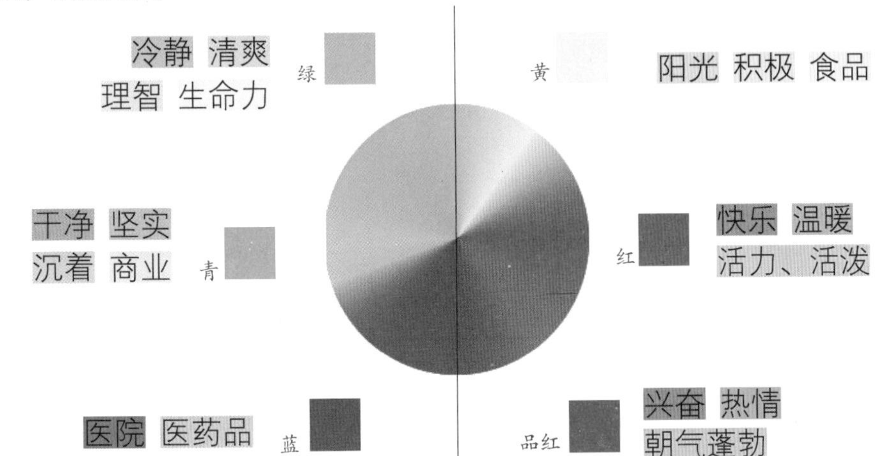

3.3.4 色彩模式

1. 常用的色彩模式：

RGB 用红（R）、绿（G）、蓝（B）组成所有色彩。

CMYK 用青（C）、品红（M）、黄（Y）组成所有色彩。

HSB 用色相（H）、饱和度（S）、明度（B）组成所有色彩。

在RGB模式下
红＋绿＝黄
红＋蓝＝品
绿＋蓝＝青
红+绿+蓝=白色
数值范围（0~255）

在CMYK模式下
黄＋品＝红
黄＋青＝绿
品+青=蓝
黄+品+青=黑
数值范围（0~100）

在HSB模式下
色相（0°~360°）
饱和度（0~100）
明度（0~100）

2. 其他的颜色在哪里？

常用RGB颜色数值对照

黑色 0，0，0
白色 255，255，255
灰色 192，192，192
深灰色 128，128，128
红色 255，0，0

深红色 128，0，0
绿色 0，255，0
深绿色 0，128，0
蓝色 0，0，255
深蓝色 0，0，128

紫红色 255，0，255
深紫红 128，0，128
紫色 0，255，255
深紫 0，128，128
黄色 255，255，0

常用CMYK颜色数值对照

深 蓝：100，100，0，0
天 蓝：60，23，0，0
银色：20，15，14，0
金色：5，15，65，0
深 紫：100，68，10，25
深紫红：85，95，10，0

海水色：60，0，25，0
深绿色：100，0，100，0
草绿色：80，0，100，0
浅绿色：100，0，60，0
柠檬黄：5，18，75，0
大 红：0，100，100，0

暗 红：20，100，100，5
橙 色：5，50，100，0
深褐色：45，65，100，40
粉红色：5，40，5，0

3. 在不同的色彩模式下描述色彩

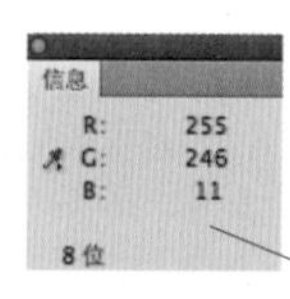

RGB 模式，几乎是最大值的R和G，几乎没有B，一个很鲜艳的黄色（Y）。

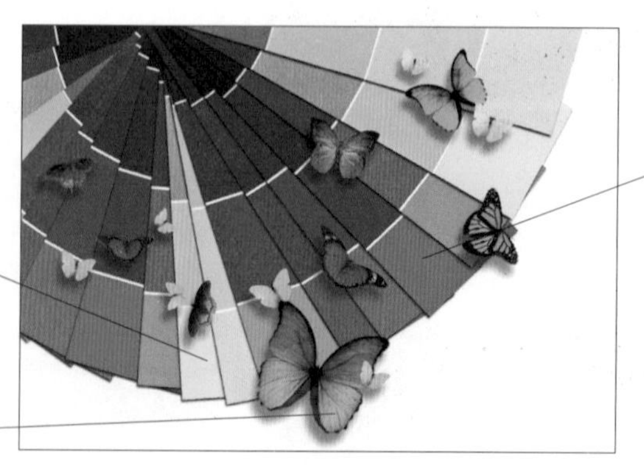

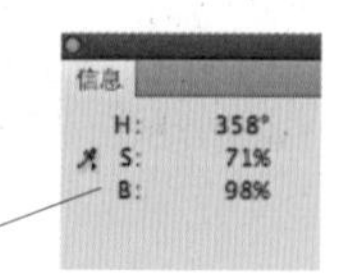

HSB 模式，色相（H）接近 360°，这是一个红色；饱和度（S）为71%，颜色较为饱满；亮度（B）为 98%，很亮的红色。HSB 是最直观的描述视觉感受的模式。

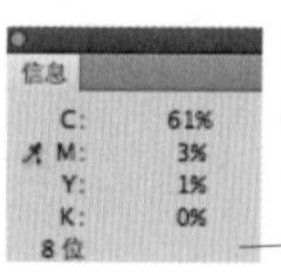

CMYK 模式，C 有 61%，M、Y、K 几乎没有，一个青色。

3.3.5 读懂直方图

直方图上可以看到整个图片的阶调信息和色彩信息。

窗口\直方图，可以打开直方图；在色阶中，可以看到直方图；在曲线中，可以看到直方图。

直方图可以用来发现图片中存在的色彩问题。

在直方图上，可以看到一座或几座山，这些山表示图像像素的分布情况，大约将山所处在的方格分成3份，左边表示阴影，中间部分表示中间调，右侧表示高光；山越高，表示该区域像素越多。

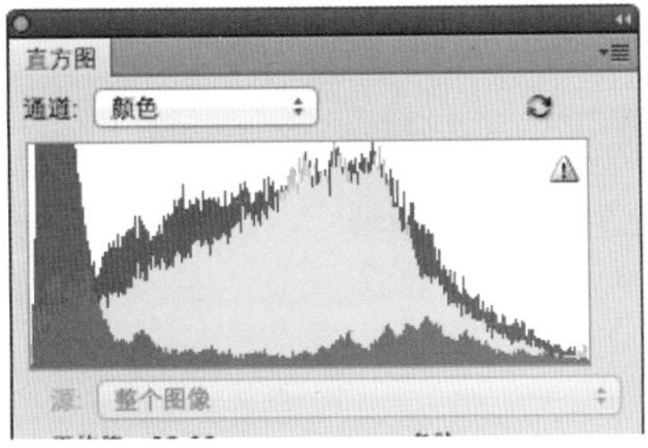

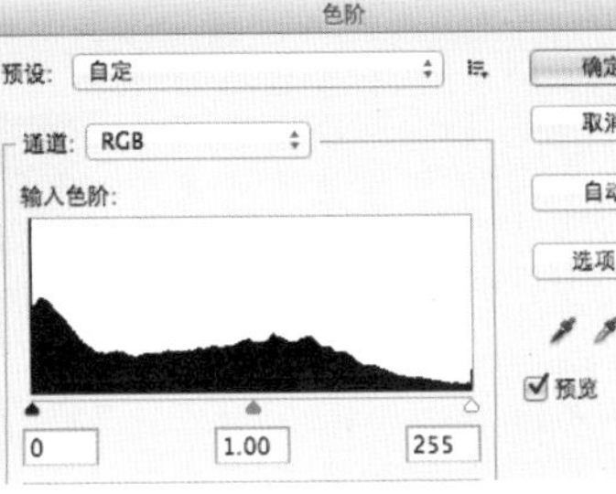

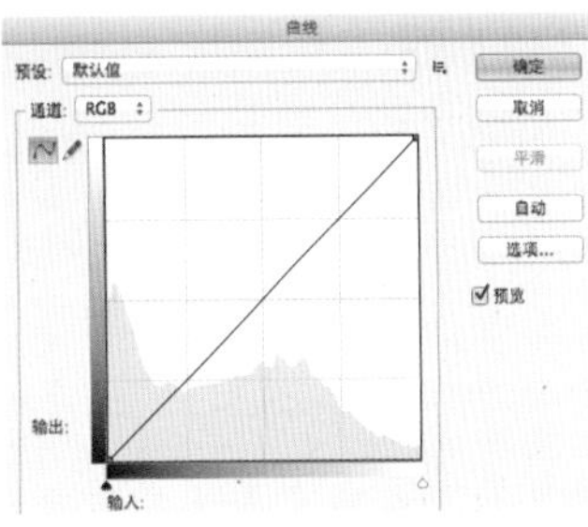

在分析一张图片的色彩分布时，要结合图片直观的视觉感受和直方图中的数据进行分析。从图像上可以看到：

（1）大面积的黄色的画，不是特别亮、也不是特别暗，属于中间调。

（2）山看起来应该是青或深蓝，因为比较暗，所以属于暗调。

（3）天空中有一块区域云层较薄，看起来很透亮，属于高光。

从这张图的直方图上可以看到：

（1）中间调以黄色为主，而且这张图绝大部分都是黄色的中间调。红色对应的应该是云层中的红色部分。

（2）暗调为深蓝色，应该对应的是山的区域为主。

（3）高光的信息很少，说明画面中高光的区域也很小。

这些从图像上和直方图上看到的信息，是调色的前提。

3.3.6 常见色彩问题

通过对图像的直观判断，结合直方图数据发现图片中存在的色彩问题。

太暗\曝光不足 画面整体太暗,即使该亮的地方（如瀑布），也很暗淡，直方图上没有高光。

太亮 画面整体太亮,即使该暗的地方（如树干），也很亮，直方图上没有暗调。

太灰 画面整体太灰,没有特别亮和特别暗的地方，直方图上没有高光，也没有阴影。

亮的太亮\暗的太暗 画面天空太亮，山体太暗，直方图上没有中间调，反差过大。

草不够绿 草地没有生气，暗淡、发黄。

脸太红 脸部皮肤的色彩过于红润，无法表现出皮肤的白皙透亮。

3.3.7 用调色工具解决色彩问题

Phtoshop提供了多种调色工具，针对同一类问题也提供了不同的解决方案，在实践中找到最适合自己的。

1. 色阶

色阶在 图像\调整。

色阶可以 去掉图片的灰雾、修正太暗、修正太亮。

太暗

视频：视频 \3.3 调色 \3.3.7\1 用色阶解决图片太暗问题

素材：练习 \3-3 调色 \7- 调色工具 \ 太暗 .jpg

看图片：黑乎乎一片

看直方图：没高光

操作：图像 \ 调整 \ 色阶，向左移动白滑块

结果：水更漂亮了，山石的层次也被表现出来

太亮

视频：视频 \3.3 调色 \3.3.7\2 用色阶解决图片太亮问题

素材：练习 \3-3 调色 \7- 调色工具 \ 太亮 .jpg

看图片：惨白一片

看直方图：没阴影

操作：图像 \ 调整 \ 色阶，向右移动黑滑块

结果：暗部出现后，图片更“立体”

太灰

视频：视频 \3.3.7\3 用色阶解决图片太灰问题
素材：练习 \3-3 调色 \7- 调色工具 \ 太灰 .jpg

看图片：灰蒙蒙
看直方图：没有高光、没有阴影

操作：图像 \ 调整 \ 色阶，同时向中间移动黑白滑块
结果：灰雾消失，图片更“立体”

Tips 将图片分为亮、暗两个部分，灰色滑块可以控制亮暗部分的比例，向左移动亮的部分多一些，向右移动暗的部分多一些。

2. 曲线

曲线在 图像\调整。
曲线可以 实现色阶的功能\让图片整体变亮\让图片整体变暗\让图片亮的更亮暗的更暗\分别调整图片的高光、中间调、阴影\修正图片偏色。

太灰

视频：视频 \3.3.7\4 用曲线解决图片太灰问题
素材：练习 \3-3 调色 \7- 调色工具 \ 太灰 .jpg

看图片：灰蒙蒙
看直方图：没有高光、没有阴影

01 执行图像\调整\曲线，同时向中间移动黑白滑块，灰雾消失。

02 向上拖动曲线，图像整体变亮。

03 向下拖动曲线，图像整体变暗。

04 将曲线拖成“S”形，图像上亮的地方更亮，暗的地方更暗，图像对比更强烈。

亮部太亮\暗部太暗

视频：视频\3.3.7\5 用曲线解决图片亮部太亮暗部太暗问题

素材：练习\3-3 调色\7- 调色工具\亮部太亮暗部太暗.jpg

看图片：上边过亮，下边过暗

看直方图：没中间调

操作：反“S”分别调整亮部和暗部，减弱对比

结果：云层有了立体感，山上黑乎乎的部分出现细节

脸太红

视频：视频 \3.3.7\6 用曲线解决脸太红问题
素材：练习 \3-3 调色 \7- 调色工具 \ 脸太红 .jpg

看图片：脸偏红
看直方图：高光部分很红

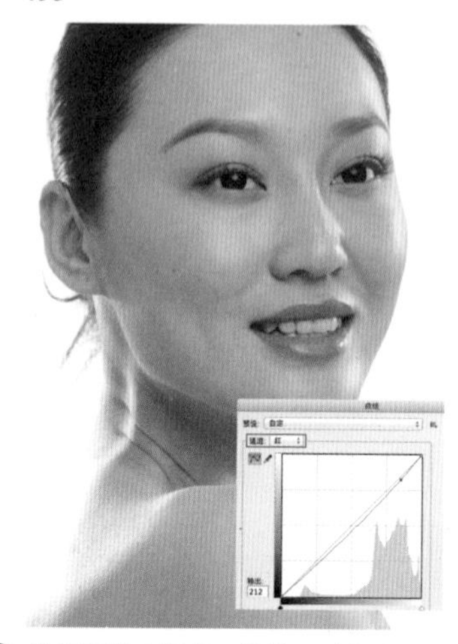

❶ 执行图像 \ 调整 \ 曲线，选择红通道，向下拖曳曲线，减红。

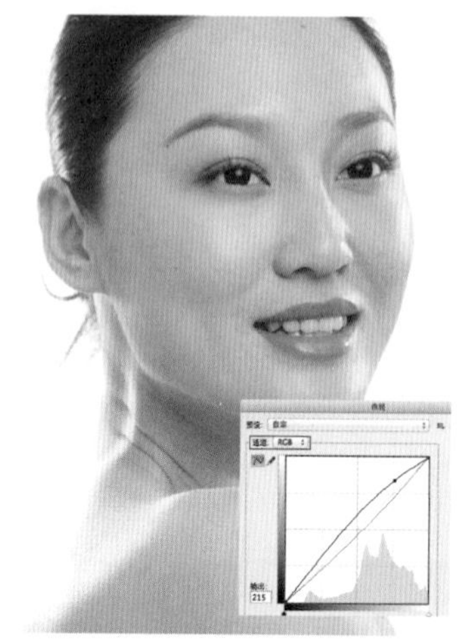

❷ RGB 通道，向上拖曳曲线提亮，最终皮肤变得变得白皙透亮。

草不够绿

视频：视频 \3.3.7\7 用曲线解决草不够绿问题
素材：练习 \3-3 调色 \7- 调色工具 \ 草不够绿 .jpg

看图片：图片整体比较暗，草不够绿
看直方图：看不出什么

❶ 执行图像 \ 调整 \ 曲线，向上拖曳曲线提亮。

❷ 用【套索工具】选出草地，羽化 40 像素。

❸ 执行图像 \ 调整 \ 曲线，选择绿通道，向上拖曳曲线加绿，完成。

3. 色相 / 饱和度

色相/饱和度在 图像\调整。

色相/饱和度可以 修止颜色不饱满的图像\让多个图片或对象色彩一致。

色彩不饱满

视频：视频 \3.3.7\8 用色相饱和度解决色彩不饱满问题

素材：练习 \3-3 调色 \7- 调色工具 \ 低饱和度 .jpg

看图片：色彩不饱满，没有傍晚的感觉

操作：图像 \ 调整 \ 色相 / 饱和度，加饱和度

结果：云层红润起来

色相不统一

视频：视频 \3.3.7\8 用色相饱和度让色相统一

素材：练习 \3-3 调色 \7- 调色工具 \ 统一颜色 .jpg

01 这张图的处理目的是，把黄、绿、蓝雕塑都调成红色。虽然对于这张图来说没有什么实际意义，但这种技法在为合成进行调色时，非常有用。

02 执行图像 \ 调整 \ 色相 / 饱和度，按下**左下角的手**，在蓝色雕塑上单击，图像中**蓝色的像素会被锁定**，此时拖曳色相的滑块直至变成红色。

Tips 将原图复制一层，如果不小心动了雕塑以外的颜色，可以用蒙版擦回去。

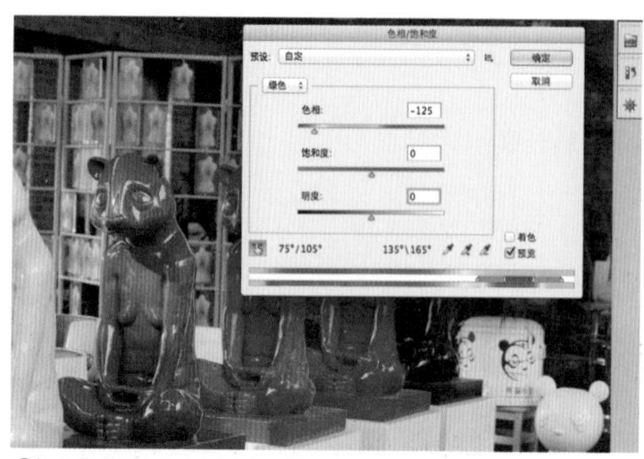

03 在绿色雕塑上单击，图像中绿色的像素会被锁定，此时拖曳色相的滑块直至变成红色，但是看起来色彩不饱满。

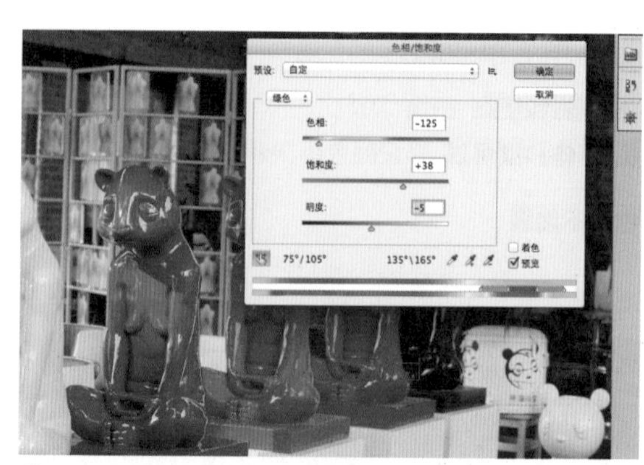

04 向右拖动饱和度滑块，增加饱和度，并减小一些明度，尽可能使其色彩与其他已有的红色雕塑一致。

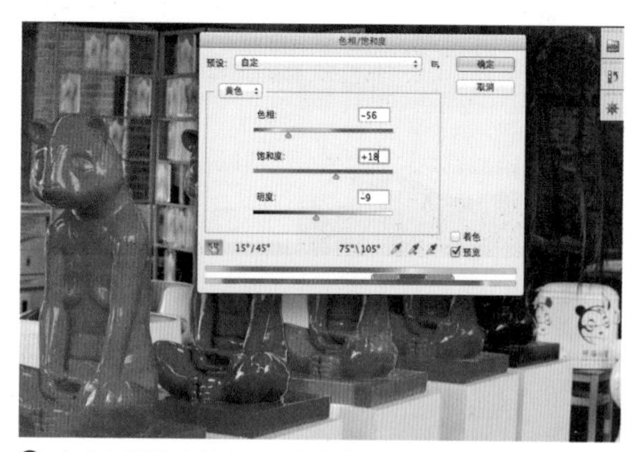

05 在黄色雕塑上单击，图像中黄色的像素会被锁定，此时拖曳色相的滑块直至变成红色。然后调整饱和度和明度滑块，使其色彩与其他已有的红色雕塑一致。

06 最终完成效果。

Tips 如果希望得到更精确的结果，可以进行两个更加细节的操作步骤。

（1）更准确地控制选区范围。

（2）参考 HSB 的数值进行调整。

某种颜色区域被锁定后，可以通过其下方的**四个滑块**调整区域的大小，中间的两个滑块设置区域，左右的两个滑块设置羽化值。

打开窗口\信息，在信息调板中分别查看 4 个雕塑的 HSB 值，然后通过【色相 / 饱和度】，让它们尽可能一致，这样颜色就会真正统一起来。

4. 图层蒙版

图层蒙版在 图层调板下方

图层蒙版可以 让调色操作只作用于图像的某个区域，并且可以用画笔来调整这个区域。

视频：视频 \3.3.7\9 用图层蒙版控制调色区域

素材：练习 \3-3 调色 \7- 调色工具 \ 亮部太亮暗部太暗 .jpg

01 将背景层复制两份，并分别命名为“亮”和“暗”。

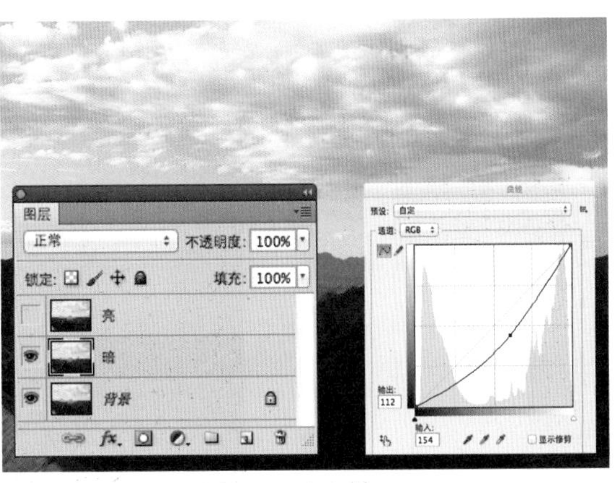

02 隐藏“亮”图层，选中“暗”图层，用曲线压暗，云层出现丰富的层次即可。

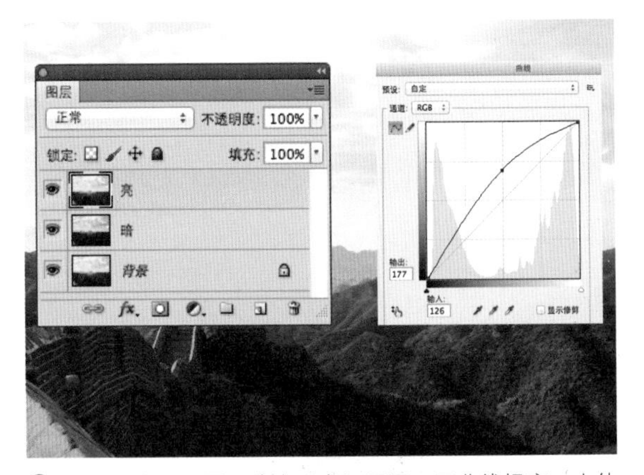

03 显示“亮”图层，选中“亮”图层，用曲线提亮，山体中阴影部分出现细节即可。

04 为“亮”图层添加图层蒙版，用硬度为 0 的画笔在蒙版的天空部分用黑色涂抹。

05 **最终效果** 对一张图片调色后，如果有些地方还想返回到原先的状态，可以使用这种方法进行调整。

5. 调整层

调整层在 图层调板下方 。

调整层可以 随时修改调色参数，并用蒙版控制调整区域。

视频：视频 \3.3.7\10 用调整层控制调色区域

素材：练习 \3-3 调色 \7- 调色工具 \ 亮部太亮暗部太暗 .jpg

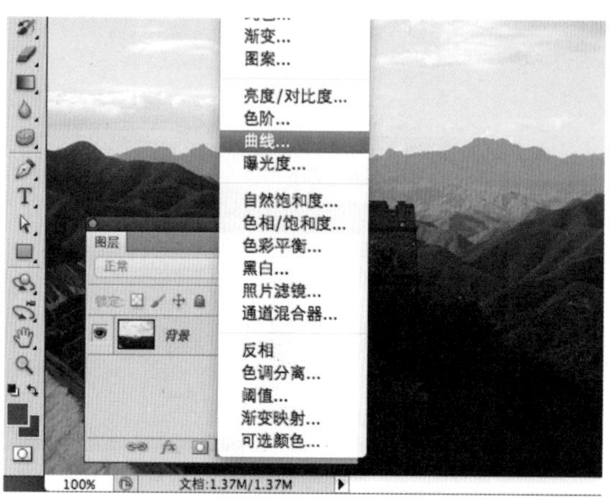

❶ 单击图层下方的【调整层】，选择【曲线】。

❷ 在【调整】调板里压暗曲线，在蒙版里擦除地面。

❸ 再建立一个曲线调整层并提亮曲线，在蒙版里擦除天空。

❹ 分别为两个调整层命名为“亮”和“暗”。

❺ 如果觉得地面还是太暗，可以继续在“亮”调整层中提高曲线的参数，让地面更亮。

3.3.8 让图片的色彩更漂亮

综合运用多种调色工具美化图片的色彩。

1. 修复曝光不足（高级）

视频：视频 \3.3 调色 \3.3.8\1 曝光不足

素材：练习 \3-3 调色 \8- 让图片的色彩更漂亮 \1 曝光不足 \ 曝光不足原片 .jpg

分析 原图拍摄时曝光不足，特别昏暗，所以要通过调整让图片明亮清晰。

01 整体提亮图片 新建曲线调整层，观察曲线调整层上的直方图，可以看到，高光缺失，所以把白色滑块向左拖。

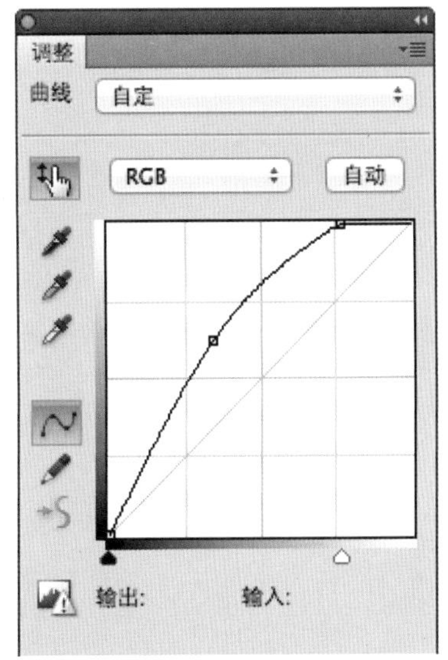

02 图片还是不够亮，向上拖动曲线，继续调亮图片，让模特皮肤感觉透亮为止。

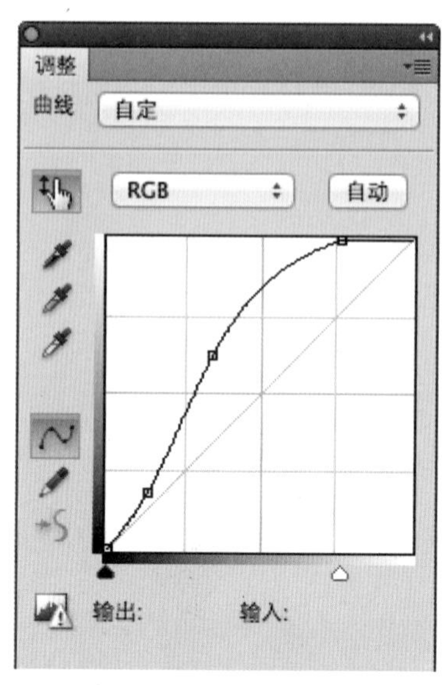

03 加强对比 调亮后，图片显得有点灰，这是因为暗部不够暗，所以在曲线的下部向下拖，加强对比。此时，观察图片，曝光比较正常了，但是头发部分黑乎乎一片，没有细节。需要进一步调整。

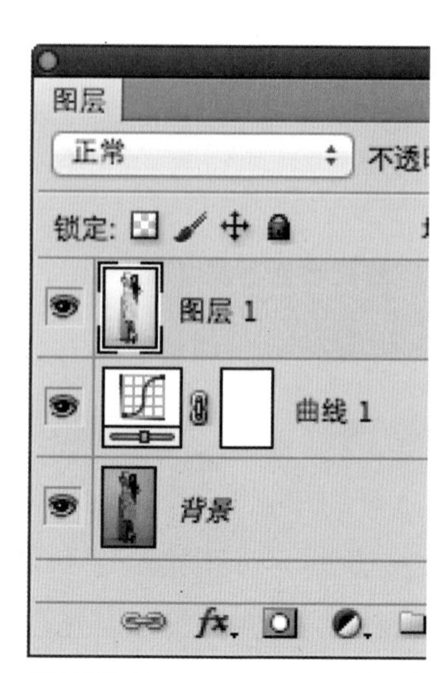

04 盖印 按 Ctrl+Shift+Alt+E 键，将调整结果生成一个新的图层。

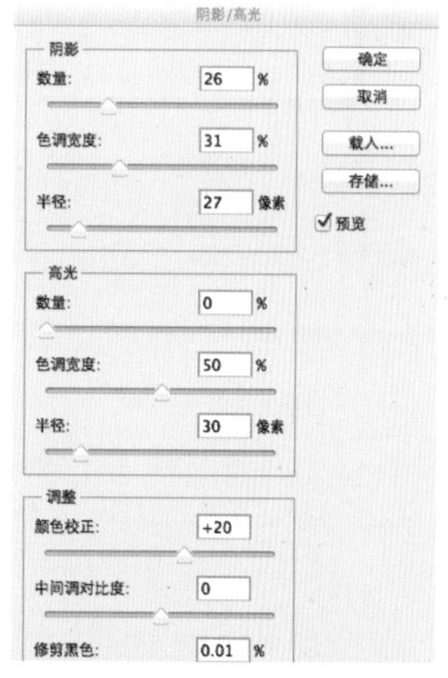

05 调出头发细节 执行图像\调整\阴影/高光，按如图所示数值设置阴影的参数，其他设置不动。

06 最终效果 人物曝光正常，头发有细节。

Tips 在调色时，经常会遇到这样的情况，并不是整张图片都有问题，而是某个局部，如本例中的头发。这时，就要思考，这个局部有什么特点？譬如本例中的头发，属于图片的阴影部分，所以用【阴影/高光】进行调整。另外，色彩范围、图层蒙版等技术，也经常会用于局部的调色。

2. 日系暖色调

日系照片的特点是淡雅、清新、柔和、暖色，它的类型很广，可以是各种植物、静物、动物或人物。在拍摄静物或人物时，背景要简洁，不要包含太多信息，使用镜头的最大光圈拍摄。在后期处理时，通常提亮暗调并加入暖色，降低饱和度，使其柔和，加上一句感性的文字作为点缀，就有了日系的小清新感。文字字号不要太大，字体以细等线或宋体为主，放在简洁的背景一角即可。

视频：视频 \3.3 调色 \3.3.8\2 日系
素材：练习 \3-3 调色 \8- 让图片的色彩更漂亮 \2 日系 \ 日系素材 1.jpg 和日系素材 2.jpg

01 分析原图 这是一张室内图，比较明亮，将照片的亮暗部分调成暖色调，再降低饱和度，就会出来日系照片的柔和温暖效果。

02 单击【图层】面板的【创建新的填充或调整图层】，选择【曲线】。

03 调整暗部色调偏暖 在【通道】的下拉列表中选择【红】，将左下角代表阴影的小方格向上拖曳，使暗部变暖，【绿】通道，阴影小方格向右拖曳，【蓝】通道，阴影小方格向上拖曳。

04 单击【创建新的填充或调整图层】按钮，选择【色相 / 饱和度】。

05 降低饱和度，使照片柔和 设置【饱和度】为 -20，【明度】为 +14。

06 单击【创建新的填充或调整图层】按钮，选择【可选颜色】。

⑦ **调整亮部偏黄** 在【颜色】的下拉列表中选择【白色】，设置【黄色】为 +80。

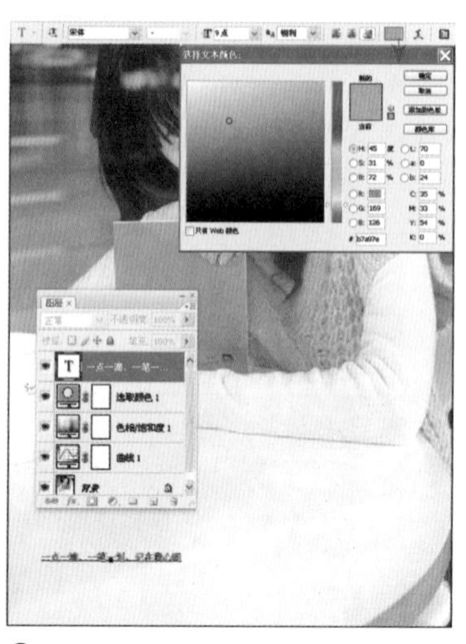

⑧ **添加文字，使照片更有日系小清新的感觉** 选择【文字工具】，单击图片插入光标，输入“一点一滴，一笔一划，记在我心间”，设置字体为【宋体】，字号为【9 点】，单击【文本颜色】，设置颜色值为 R183、G169、B126。

⑨ 完成效果。

⑩ **分析原图** 这是一张外景照片，阳光充足，人物的明暗对比强，缺乏日系的柔和，所以要将图片稍微提亮，并且要降低饱和度，再给照片添加一个黄色调。

⑪ 在【图层】面板中，按Ctrl+J键，复制背景层，得到图层 1。

Tips

每张照片的颜色都不一样，要调成日系风格，首先要了解它的特点，然后再根据照片的情况进行调整，每张照片没有固定的调整方法，没有固定的参数设置，要知道我们调整的目的是什么，再进行操作。例如日系素材 1.jpg 本身比较亮，所以不需要再提亮照片，而日系素材 2.jpg 在开始调色之前需要再提亮一些。

⑫ **提亮图片** 设置图层 1 的混合模式为【滤色】，【不透明度】为 60。

⑬ 调整暗部色调偏红 在【通道】的下拉列表中选择【红】，将左下角代表阴影的小方格向上拖曳，使暗部变暖；【绿】通道，阴影小方格向右拖曳；【蓝】通道，阴影小方格向上拖曳。

⑭ 降低饱和度，使照片柔和 单击【创建新的填充或调整图层】按钮，选择【色相/饱和度】，设置【饱和度】为 -13，【明度】为 +14。

⑮ 降低饱和度之后，照片稍微有些偏灰，加深中间调的颜色，使得对比度提高。单击【创建新的填充或调整图层】按钮，选择【可选颜色】，在【颜色】的下拉列表中选择【中性色】，设置【黑色】为 +12。

⑯ **调整照片色调，使其整体偏黄** 单击【创建新的填充或调整图层】按钮，选择【照片滤镜】，单击【颜色】的色块，设置颜色值为 R255、G219、B77，【浓度】为 18%。

⑰ 选择【文字工具】，单击图片插入光标，输入“那一年，我们一起走过的夏天！”，设置字体为【宋体】，字号为【48】，单击【文本颜色】，设置颜色值为 R255、G255、B255，即完成操作。

3. 糖水色调

糖水色照片的特点是橘色的皮肤、模糊的背景、色调偏青，人物甜美，它的类型主要是人物，使用镜头的最大光圈拍摄。在后期处理时要给人物磨皮，使人物皮肤白嫩、柔和，再转换为Lab模式，复制a通道，粘贴到b通道中，则出来糖水色的效果。

视频：视频 \3.3 调色 \3.3.8\3 糖水色

素材：练习 \3-3 调色 \8- 让图片的色彩更漂亮 \3 糖水色 \ 糖水色原片 .jpg 和磨皮动作 .atn

⓵ **分析原图** 这是一张美女特写，根据糖水色调的特点，将人物皮肤做磨皮处理，色调偏向于青色。

⓶ **用动作进行磨皮** 执行窗口 \ 动作，单击【动作】面板右上角的三角按钮，选择【载入动作】。

Tips 不是所有照片都能做糖水色的色调。在照片的选择上，建议拍摄季节在夏天，模糊的背景，清晰的人物，人物以美女和可爱的小孩为主。

⓷ 在弹出的对话框中，选择光盘路径：练习 \3-3 色调 \8- 让图片的色彩更漂亮 \3 糖水色 \ 磨皮动作 .atn，单击【载入】按钮。

04 单击【播放】按钮，即开始磨皮动作。

05 **调出糖水色调** 执行图像 \ 模式 \Lab。

06 单击【拼合】按钮。

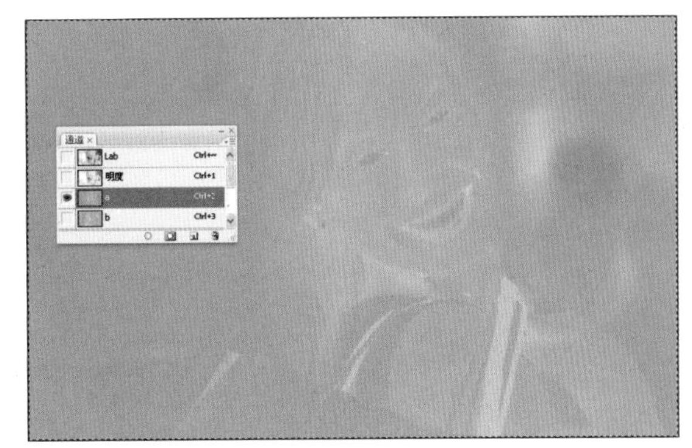

07 执行窗口 \ 通道，单击 a 通道，按 Crtl+A 键，全选，按 Ctrl+C 键，复制 a 通道。

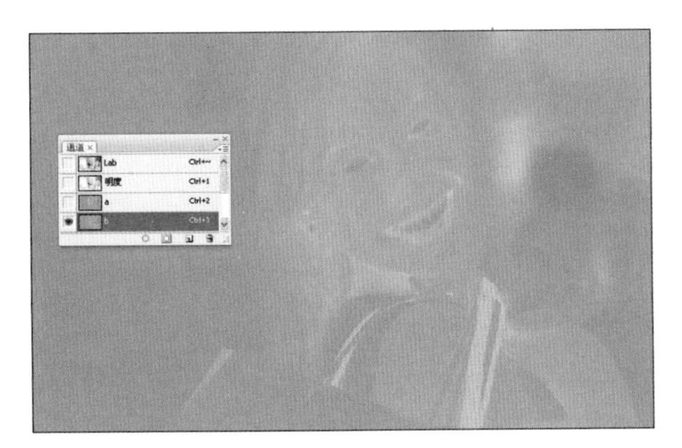

08 单击 b 通道，按 Ctrl+V 键，粘贴 a 通道。

09 单击 Lab 通道缩览图，即可看到效果，糖水色调的效果已经基本出来了。

⑩ 微调照片色调 单击【创建新的填充或调整图层】按钮，选择【色彩平衡】，移动青色和红色之间的滑块，使滑块偏向青色，即给照片再增添一些青色，操作完成。

4.LOMO 色调

LOMO色调的特点是对比强烈，色彩奇特浓郁，四周有暗角，它的类型可以是静物、场景、风景或人物。拍摄很随意。在后期处理时，要加强照片的对比度和饱和度，做暗角效果。

视频：视频 \3.3 调色 \3.3.8\4lomo 色

素材：练习 \3-3 调色 \8- 让图片的色彩更漂亮 \4lomo 色 \lomo 色原片 .jpg

① 分析原图 这是一张外景图，颜色饱满，但没有 LOMO 色调的强对比，虽然是在温暖的阳光下，照片整体偏暖，不过没有我们想要的偏黄的、淡淡的怀旧感，通过加强照片的对比，调整色调，压暗四角来营造 LOMO 色调的效果。

② 加强对比度 单击【创建新的填充或调整图层】按钮，选择【曲线】，调整“S”型曲线。

03 调整天空颜色，使其偏青 单击【创建新的填充或调整图层】按钮，选择【可选颜色】，在【颜色】下拉列表中选择【青色】，设置【青色】为 +100，【洋红】为 -100，【黄色】为 +100。

04 使照片整体偏黄，有淡淡的怀旧感 单击【创建新的填充或调整图层】按钮，选择【照片滤镜】，在【滤镜】下拉列表中选择【加温滤镜（85）】，【浓度】为 45%。

05 添加暗角 用【椭圆选框工具】在图片中拖曳一个大椭圆，单击鼠标右键，选择羽化，设置【羽化半径】为 200 像素，再羽化两次，都是 200 像素，为了让暗角过渡更柔和。

06 按 Ctrl+Shift+I 键，选择反向。

07 双击工具箱中的前景色，设置颜色值为 R39，G63，B98。新建图层 1，按 Alt+Backspace 键，填充前景色，混合模式为【正片叠底】。

08 添加文字，完成操作。

5. 高调色

高调色的特点是颜色偏白、偏亮，它的类型以人物为主。拍摄地点建议在室内，背景要简洁，以白色为主，不管是背景还是人物衣服。在后期处理时，要整体提亮照片，色调偏冷。

视频：视频 \3.3 调色 \3.3.8\5 高调色

素材：练习 \3-3 调色 \8- 让图片的色彩更漂亮 \5 高调色 \ 高调色素材 .jpg

01 分析原图 这是一张室内图，简洁的环境背景，以白色调为主，达到了高调色的基本要求，但人物皮肤偏红，照片偏暗，需要将照片往亮、白和淡淡的冷色靠拢。

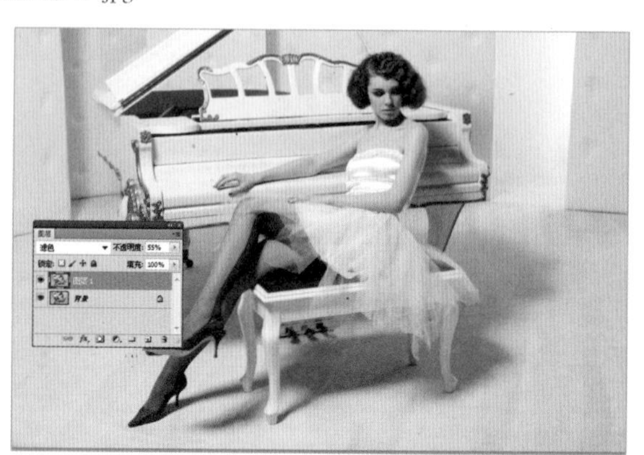

02 在【图层】面板中，按Ctrl+J键，复制背景层，得到图层1。

03 人物皮肤适当去红色 单击【创建新的填充或调整图层】按钮，选择【可选颜色】，【颜色】为红色，设置【青色】为 +9，【洋红】为 -24，【黄色】为 18，【黑色】为 -35。

04 调整照片色调，整体偏冷 单击【创建新的填充或调整图层】按钮，选择【照片滤镜】，单击【颜色】色块，设置颜色值为 R33、G76、B49，【浓度】为 50%。

Tips 在调色时，很少能够用一个工具、一个方法就达到预期效果，往往要结合多个工具，使用多种方法才能达到预期。例如，要想加强对比，可以先用“S”曲线，再用【亮度 / 对比度】加强一下对比，这样结合的效果，会比单独使用一个工具所达到的效果要好一些。

05 稍微提高一下对比度 单击【创建新的填充或调整图层】按钮，选择【亮度 / 对比度】，设置【对比度】为 20。

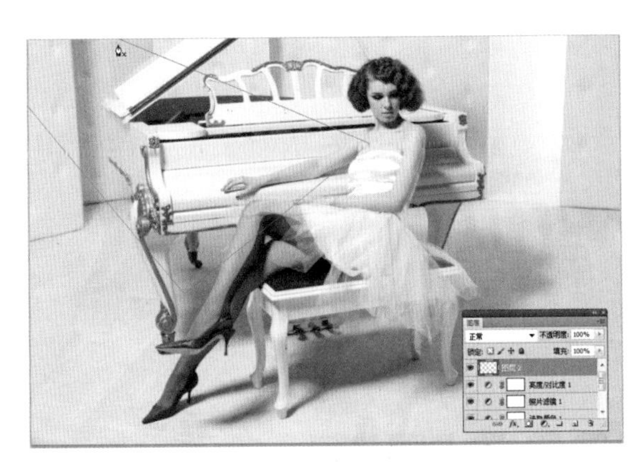

⑥ **在照片左上角添加白光，使其更有透亮感** 添加新图层，用【钢笔工具】在左上角大致勾出一个扇形，闭合路径。

⑦ 按 Ctrl+ 回车键，转换为选区，选择【矩形选框工具】，在选区中单击鼠标右键，选择羽化，羽化像素为 200，再羽化两次，选择【渐变工具】，单击控制面板上的渐变条，选择白到透明渐变，由左上角向斜下方拖曳，完成渐变操作。

⑧ 按 Ctrl+D 键，取消选区，则完成操作。

6. 黑白

黑白色调的特点是强对比，它的类型以人物为主。拍摄地点一般是在摄影棚内，采用硬光拍摄。硬光是指强烈的直射光，在硬光的照射下，人物的受光面和背光面亮度差距大，造成明暗强烈的对比效果，使人物更有立体感。调黑白照片的方法有两种，一是用Camera Raw调整，二是通过黑-白的渐变映射调整层调整。

黑白色调1

视频：视频 \3.3 调色 \3.3.8\6 黑白色调 1

素材：练习 \3-3 调色 \8- 让图片的色彩更漂亮 \6 黑白 \ 黑白原片 1.jpg

01 打开素材图片 将这张美女特写调整为有层次的黑白色调，用 Camera Raw 调黑白的方法进行调整。

02 执行文件 \ 打开为，选择光盘路径：练习 \3-3 色调 \8- 让图片的色彩更漂亮 \6 黑白 \ 黑白原片 1.jpg，设置【打开为】Camera Raw。

03 调整曝光和黑白，增加照片对比度 【曝光】为 +0.85，【黑色】为 29。

04 调整清晰度，增加皮肤质感 【清晰度】为 +53。

Tips Camera Raw 是 Photoshop 专门用来处理 Raw 图的插件，向 Photoshop 拖入一个 Raw 图时，会自动打开 Camera Raw；在实际工作中，也经常会用 Camera Raw 来处理一些非 Raw 的图片，本例就是这样。

05 若亮暗对比不够明显，可以增加对比度，若亮度过多了，可以降低亮度。【对比度】为 +34，【亮度】为 -20。

⑥ 单击【HSL/灰度】，勾选【转换为灰度】，图片变为黑白，提高黄色，增加头发的亮度，【黄色】为+100。

⑦ 单击【打开图像】按钮，将照片另存为即可完成操作。

黑白色调2

视频：视频\3.3 调色\3.3.8\6 黑白色调 2

素材：练习\3-3 调色\8-让图片的色彩更漂亮\6 黑白\黑白原片 1.jpg

① **打开素材图片** 用黑－白的渐变映射方法，将图片调整为黑白。

② 单击【创建新的填充或调整图层】按钮，选择【渐变映射】。

③ **将照片变为黑白** 单击【调整】面板的渐变条，选择黑－白渐变。

④ 调整不透明度可以为黑白照片增加些颜色，黑白照片的操作完成。

7. 低饱和度色调

低饱和度色调的特点是柔和，它的类型以人物为主。在后期处理时，主要是降低照片的饱和度，然后通过调整图片的混合模式来得到效果。

视频：视频 \3.3 调色 \3.3.8\7 低饱和度人像

素材：视频 \3-3 调色 \8- 让图片的色彩更漂亮 \7 低饱和度人像 \ 低饱和度原片 .jpg

01 **分析原图** 原图片的色调偏黄，下面要将它调整为柔和的、低饱和度色调。

02 按 Ctrl+J 键，复制背景层，得到图层 1，选择背景层，执行图像 \ 调整 \ 去色。

03 设置图层 1 的混合模式为【柔光】，则图片饱和度降低。

04 若设置图层 1 的混合模式为【叠加】，则图片加强对比度，这两种混合模式得到两种不同的效果。

Tips 有很多方法可以做出很棒的低饱和效果，本例只是其中之一。在用 Photoshop 处理图片时，没有明确的标准——什么样的方法，或是什么样的效果是最好的。即使是相同的手法，用在不同的图片上，得到的效果可能截然不同，这就需要用户自己去探索。

8. 美少女户外写真

视频：视频 \3.3 调色 \3.3.8\8 美少女写真

素材：练习 \3-3 调色 8- 让图片的色彩更漂亮 \8 美少女写真 \ 美少女原片 .jpg

01 分析原图 这是一张美少女写真图片，但是拍摄时曝光不准，图片太亮，画面色彩不够厚重饱满，颜色太艳俗。

02 压暗背景 按 Ctrl+J 键，复制图层，设置正片叠底。

03 添加图层蒙版，擦除人物部分。

04 进一步调整背景明暗对比，选择背景，新建曲线调整层，调暗。通过两次压暗调整，好处是调整暗部时，最黑的时候细节保留完整。

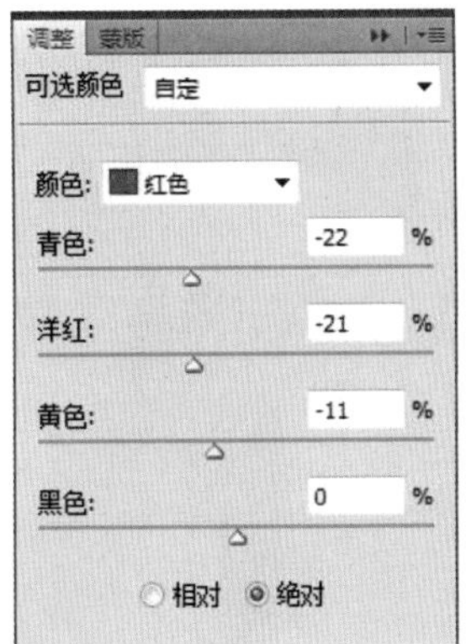

05 调色 绿色草地太翠绿，显得颜色很艳俗。人物面部太红，肌肤显的不透亮。选择【 可选颜色 】，对红色和青色分别进行调整。

06 给画面添加阳光的颜色感觉 为画面加黄、加红。选择【色彩平衡】，分别对阴影、高光、中间调进行调整。

07 颜色有点太艳，调整画面色彩饱和度 选择【色相\饱和度】，降低画面的饱和度到正常范围。

08 加光源 调整画面光感，人为添加光照效果。用【椭圆选框工具】创建如图所示选区，适当羽化。

09 选择【曲线工具】，将所选区域调亮，从右侧为画面增加光线。

⑩ **压暗四周，凸显人物主体** 选择【套索工具】，勾出如图所示的区域，适当羽化。

⑪ 新建曲线调整层，压暗。

Tips 选择\色彩范围，在【选择】中单击【高光】也可以把高光区域选中。

⑫ **压暗高光** 最后觉得高光太亮，需要压暗亮部。按Ctrl+Alt+2键调出画面高光选区，新建曲线调整层，适当调暗。最终效果如下图所示。

9. 海滨落日

视频：视频 \3.3 调色 \3.3.8\9 海滨落日
素材：练习 \3-3 调色 \8- 让图片的色彩更漂亮 \9 海边落日 \ 海滨落日原片 .jpg

❶ **分析原图** 这是一张海边落日的图片，但是拍摄时间不对，天空还很亮，夕阳的感觉偏弱。同时图片偏灰，色彩也不够饱满，

❷ **调整对比** 新建曲线调整层，将曲线两端向中间拖曳，整体调整画面的对比度。

❸ 新建【亮度 / 对比度】调整层，降低亮度，增加对比，进一步调整对比度。

❹ **调整局部明暗** 用快速选择工具（或套索工具），选中海平面以下区域，适当羽化。

❺ 新建曲线调整层，锁定暗部，提亮高光，加强海面的光感。

❻ 用矩形选框工具选中天空区域，适当羽化。

⓪⑦ 新建【亮度/对比度】调整层，将天空色调调暗，加强对比。

Tips 在很多操作步骤中，并没有提供具体的参数，如果想按照案例的参数进行设置，建议跟着案例的视频教学做。但建议读者在学习时不要过于关注案例所用的参数，而是在设置参数的同时观察图片的变化，根据实际的效果来确定参数的数值，这样可以得到更加好的效果。

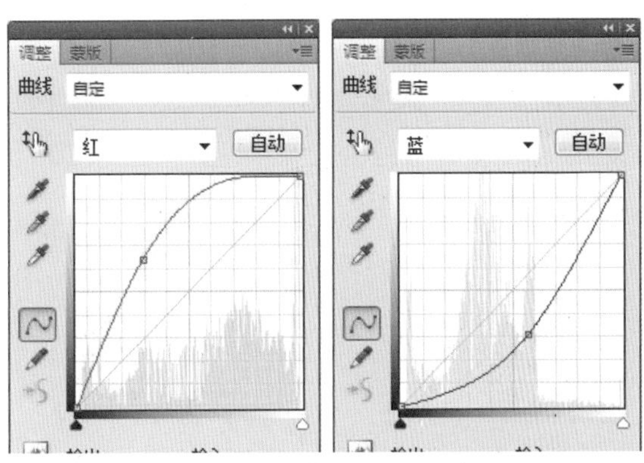

⓪⑧ **加强夕阳感** 夕阳的颜色为暖色，主要是红色和黄色。新建曲线调整层，选择红色通道，提高，选择蓝色通道，降低。增加红色和黄色，增强夕阳的效果。

⓪⑨ 用蒙版擦除天空和海面区域，让刚才调整的夕阳的颜色只影响太阳和太阳周围的区域。

⑩ **调整细节明暗，加强立体感** 新建曲线调整层，压暗并将其蒙版填充黑色，用白色画笔在画面最暗的部位涂抹。

Tips 刻画细节明暗能让图片更立体，本例用曲线调整层实现，其实也可以用加深、减淡工具实现。用曲线调整层的好处是，可以随时进行修改。步骤 09 和步骤 10 建议通过视频教学进行学习，截图不容易看懂。

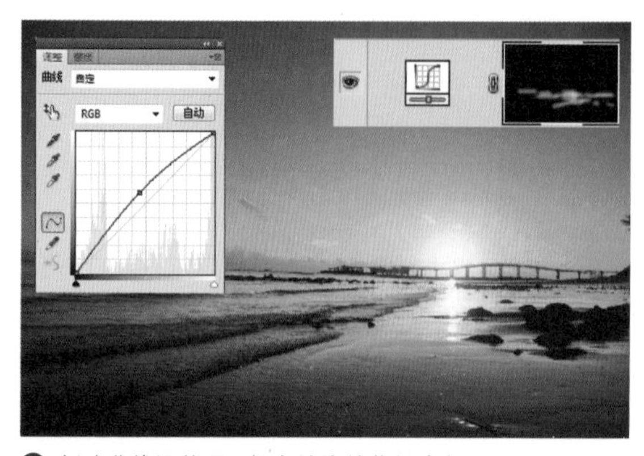

⑪ 新建曲线调整层，提亮并将其蒙版填充黑色，用白色画笔在画面最亮的部位涂抹。

⑫ 用椭圆选框工具创建选区，反向，选择画面的四周边缘，多次羽化。新建曲线调整层，略微调暗，制作暗角，突出主体。最终效果如下图所示。

Tips 调色，不仅仅只是调整颜色，一定要同步调整画面明暗，有了好的明暗对比，画面才会有强烈的空间感。有了好的明暗做基础，不论调出什么样的颜色都会很漂亮。

10. 辽阔的草原

视频：视频 \3.3 调色 \3.3.8\10 草原

素材：练习 \3-3 调色 \8- 让图片的色彩更漂亮 \10 辽阔的草原 \ 辽阔的草原原片 .jpg

01 **分析原图** 这是一张拍摄正常的草原图片，但是画面太平淡，空间层次不够丰富，颜色欠饱满。

02 **加强对比** 复制背景层。

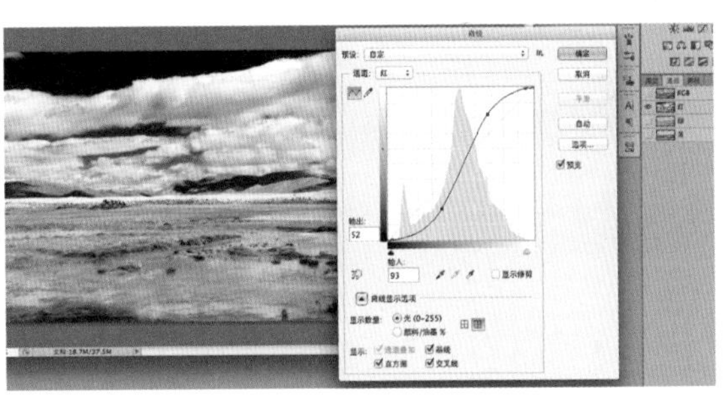

03 打开【通道】面板，选择红通道，使用曲线工具加强红通道对比。

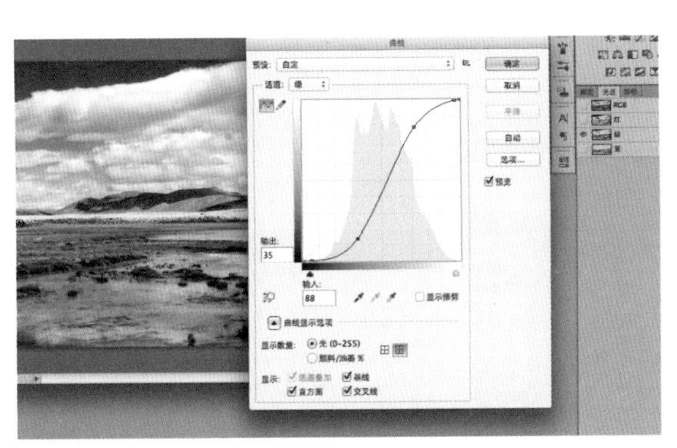

04 选择绿通道，使用曲线工具加强绿通道对比。

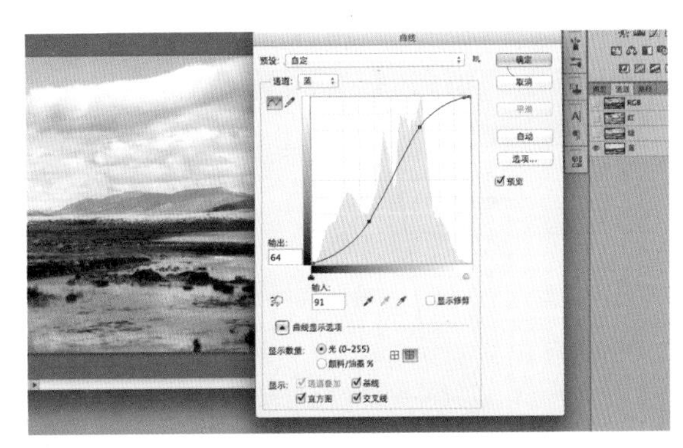

05 选择蓝通道，使用曲线工具加强蓝通道对比。

06 选择绿通道，执行图像\应用图像，用红通道覆盖绿色通道，然后降低不透明度，让绿通道变得和红通道一样，但是有细微的差别。

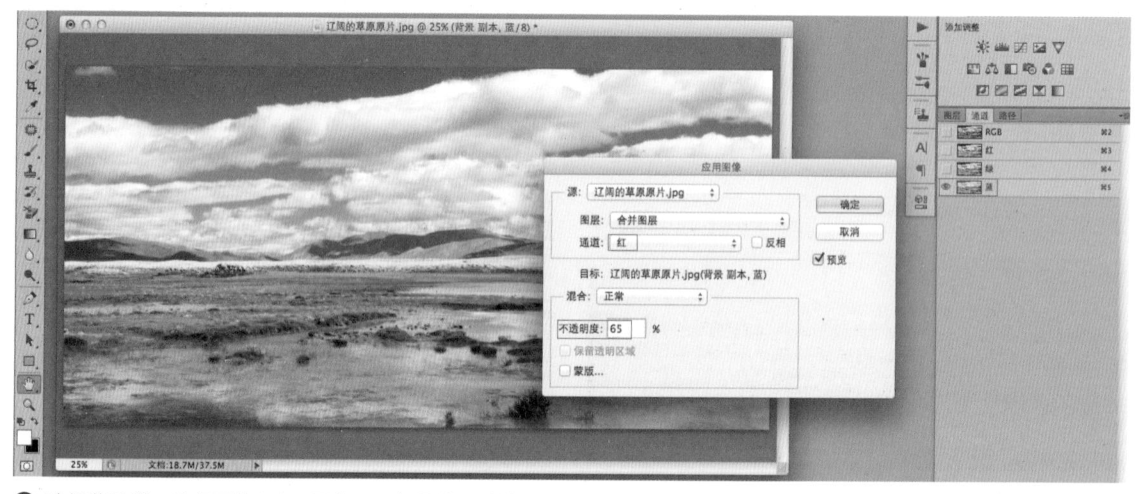

07 选择蓝通道，执行图像\应用图像，用红通道覆盖蓝通道，然后降低不透明度，让蓝色通道变得和红通道一样，但是有细微的差别。

08 回到图层面板，看到图片的对比加强了，但是颜色变得很奇怪。

⑨ 将图层混合模式改为明度，只保留“背景副本”的明度信息，这样颜色就变回正常了。

⑩ 观察发现天空变得很黑，给“背景副本”添加蒙版，擦除天空部分。

⑪ **添加光线** 选择椭圆选框工具选择如图所示区域，适当羽化。新建曲线调整层，提亮所选区域。

⑫ 提亮后的效果。

Tips 用蒙版擦除法加强图片对比的方法比直接用亮度 / 对比度命令调整出的效果更好，颜色更漂亮，画面会看起来更清晰。这种方法对多种类型的图片都有效。

⑬ **调色** 秋天，金黄色的草地， 蔚蓝的天空是调色的重点。新建可选颜色调整层，通过对黄色和蓝色通道的调整，对整体颜色进行修饰。

⑭ **加强饱和度 \ 对比度** 新建自然饱和度调整层，对饱和度进行调整。

⑮ 新建【亮度 / 对比度】调整层，适当加强对比度。

⑯ **调整局部明暗** 新建曲线调整层，压暗图片，并将其蒙版填充为黑色，让调整效果不显示。

⑰ 选择画笔，设置前景色为白色，在画面中阴影部位涂抹，加重深色部位。

⑱ 新建【亮度 / 对比度】调整层，调亮图片，加强对比。在蒙版中填充黑色，让效果不显示。

⑲ 使用白色画笔在水面部位涂抹，加强水面亮度、对比度，让水更加透亮。

⑳ **添加暗角** 制作一个椭圆形选区，羽化 250，让边缘柔和。

㉑ 执行选择\反向，反选选区，新建曲线调整层，调暗四周，突出中心。

㉒ 按 Ctrl+T 键，调整暗角位置和大小。让地面暗一些，天空亮一些，加强近景和远景的明暗对比。

㉓ 最终效果

Tips

对于广阔的风景图，调整的重点就是尽量让画面层次丰富、立体。加强近景和远景的明暗区别。颜色厚重饱满能让图片更有表现力。

11. 复古色调

视频：视频\3.3 调色\3.3.8\11 复古色调
素材：练习\3.3 调色 8—让图片的色彩更漂亮\11 复古色调\复古色调－原图.jpg

01 分析原图 这张图片比较有欧美复古的感觉。在调色的时候，希望能有一些复古的灰色调，同时让片子感觉朦胧一些，更配合模特慵懒的姿态。

02 做明暗 调色前的第 1 步，都是先调整图片的明暗。感觉图片整体有点暗，新建曲线调整层，稍微提亮，然后再把暗部压下去一些，这样在提亮亮部的时候不会让暗部太灰。

Tips 并不是随便拿到一张片子都可以来个复古色调，拍摄出复古的感觉更重要。

03 处理皮肤的颜色 先观察人物的皮肤，偏红。新建可选颜色调整层，颜色选择红色，加青、减红、减黄；颜色选择黄色，减红、减黄，这样皮肤更正常一些。

04 为背景增添复古感觉 新建【可选颜色】调整层。颜色选择黑色，统一减少青、洋红、黄、黑的数值，让黑色背景区域变淡，这样可以产生一些朦胧感；颜色选择中性色，把黑色降低一些；颜色选择白色，在白色里加一点黄，因为复古通常都是偏黄的色调。

05 整体调色 让阴影偏紫色一些，高光偏黄一些。新建【色彩平衡】调整层，在阴影中加红、加蓝，这样就可以得到紫色。

06 观察图片中间调，有点太紫，在中间调加青、减红、减蓝，在中间调去一些紫，也让中间调偏一些黄。

⑦ 在高光部分，加黄，并根据画面的感觉适当给别的参数。

Tips 在学习调色时，切记不要死记硬背数值，结合色彩知识和自己的目的进行调整，一边给数值，一边观察画面的变化，以得到最佳的效果。Photoshop 有很多调色的工具，虽然它们各司其职，功能各不相同，但原理是相通的，最基本的就是应用了 RGB 和 CMYK 的色彩组合的原则。

⑧ **压暗四角，制造视觉中心** 用椭圆选框画如图所示的选区，羽化 250 像素。

⑨ 执行选择\反向，新建曲线调整层，压暗，可以看到四角被压暗，这样中间的人物更加突出。

12. 古铜色调

视频：视频 \3.3 调色 \3.3.8\12 古铜色调
素材：练习 \3-3 调色 8- 让图片的色彩更漂亮 \12 古铜色调 \ 古铜色调 .jpg

01 分析原图 图片本身没什么问题，色彩正常，但有些太普通，人物不够立体，皮肤质感也不强。下面通过调色来增加人物皮肤质感，同时让整个片子显得更具有广告氛围。

02 加强对比 新建【曲线】调整层，调整 S 形曲线，即亮部提亮、暗部压暗；注意不要调整幅度过大，一边调整，一边观察图片的变化。

02 调整古铜色皮肤 皮肤颜色以红色和黄色为主。新建【可选颜色】调整层，调整红色和黄色，加强皮肤的质感。男性的皮肤增加古铜色会更有男人味道，因此，在红色里加青，同时加红色和黄色，这样可以让皮肤整体色彩更厚重一些，这样男模的古铜色皮肤的基本调子就定好了。

Tips 选择“绝对”选项，古铜色皮肤质感立刻呈现。如果选择了“相对”则没有这样的效果。

❸ 将颜色切换至黄色，在黄色里加青、加洋红、加黄，这样皮肤的古铜色调就出来了。

❹ 将颜色切换至白色，在白色里减青、减洋红、减黄，这样亮部会亮一些，图片会更有立体感。

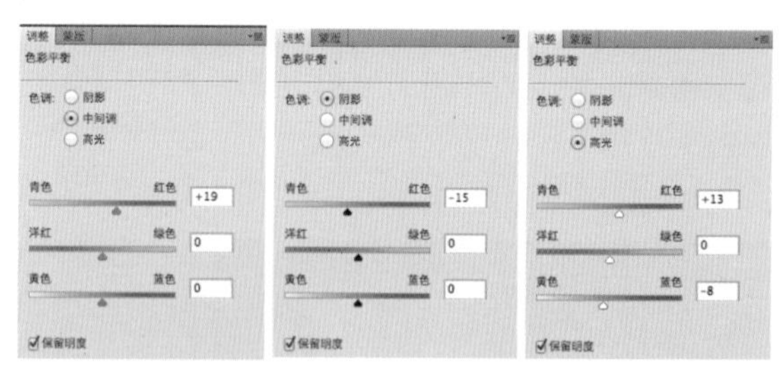

❺ **进一步刻画皮肤细节** 新建【色彩平衡】调整层，中间调加红，阴影加青，这样可以在没有大幅度改变色相的前提下让饱和度更高一些；高光加红、黄，让皮肤红润一些。

Tips 在色彩平衡中，滑块默认在两个颜色的正中央，将滑块拖向哪个颜色，就是增加了哪个颜色数值，在同一行的两个颜色互为相反色，如青色和红色，加强了红色其实也相当于减弱了青色，其正负数值没有什么具体的意义。

06 加强对比 新建【色相 / 饱和度】调整层，把饱和度降至最低，然后将其混合模式改为柔光，图片的对比得到了加强。但是有点太过了，衣服和头发都变成了黑色。

07 降低【色相 / 饱和度】调整层的不透明度，并在其图层蒙版中用黑色擦出皮肤以外的区域，只加强皮肤的对比。至此，皮肤的颜色和立体感基本调整完毕。

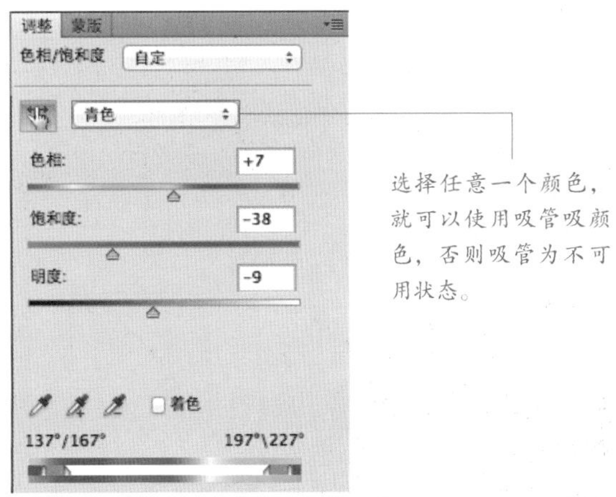

08 压暗背景 经过前面的调整，背景被提亮，为了突出主体人物，背景还需要进行适当的压暗。观察这张图片的背景，属于纯色，所以不需要抠出，用【色相 / 饱和度】直接调整即可。在【色相 / 饱和度】中，选择任意一个颜色，然后用吸管单击背景处，背景的颜色范围即被锁定，然后降低其饱和度并设置其他数值。

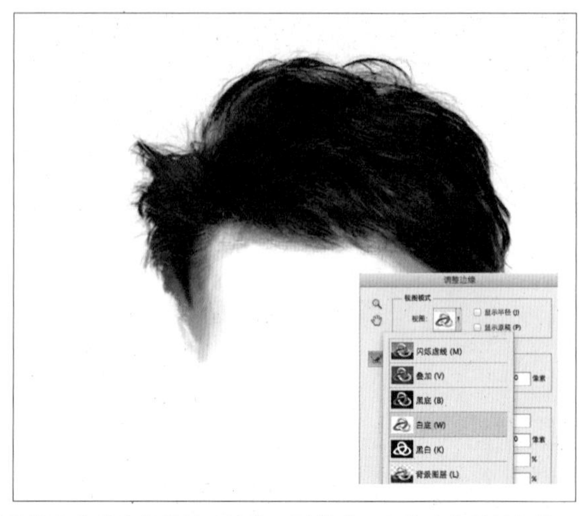

⑨ **精修头发区域** 用快速选择工具大致选出头发，然后用调整边缘在头发边缘涂抹，让选区更精准。因为头发是黑色的，所以在调整边缘的视图中设置背景为白色。

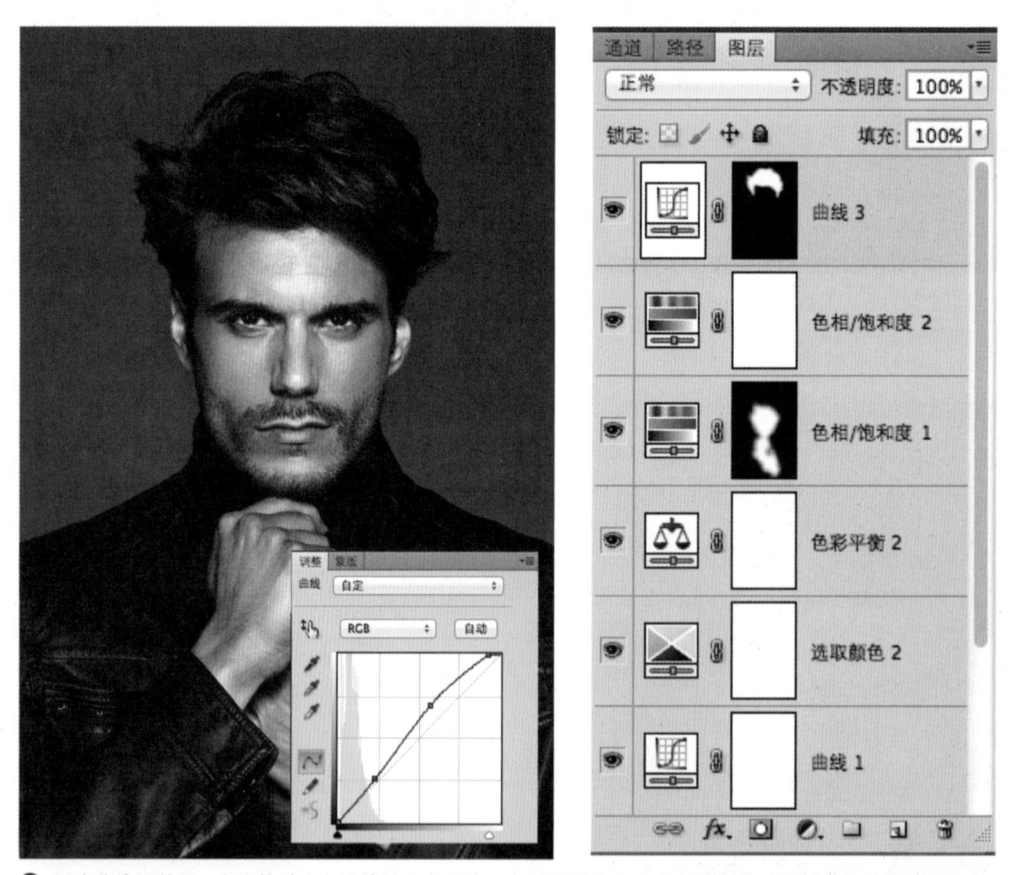

⑩ 新建曲线调整层，向左拖动白色滑块并观察图片，直到画面上出现头发的高光，添加“S”形曲线，加强头发的对比。至此，全图调整完毕。

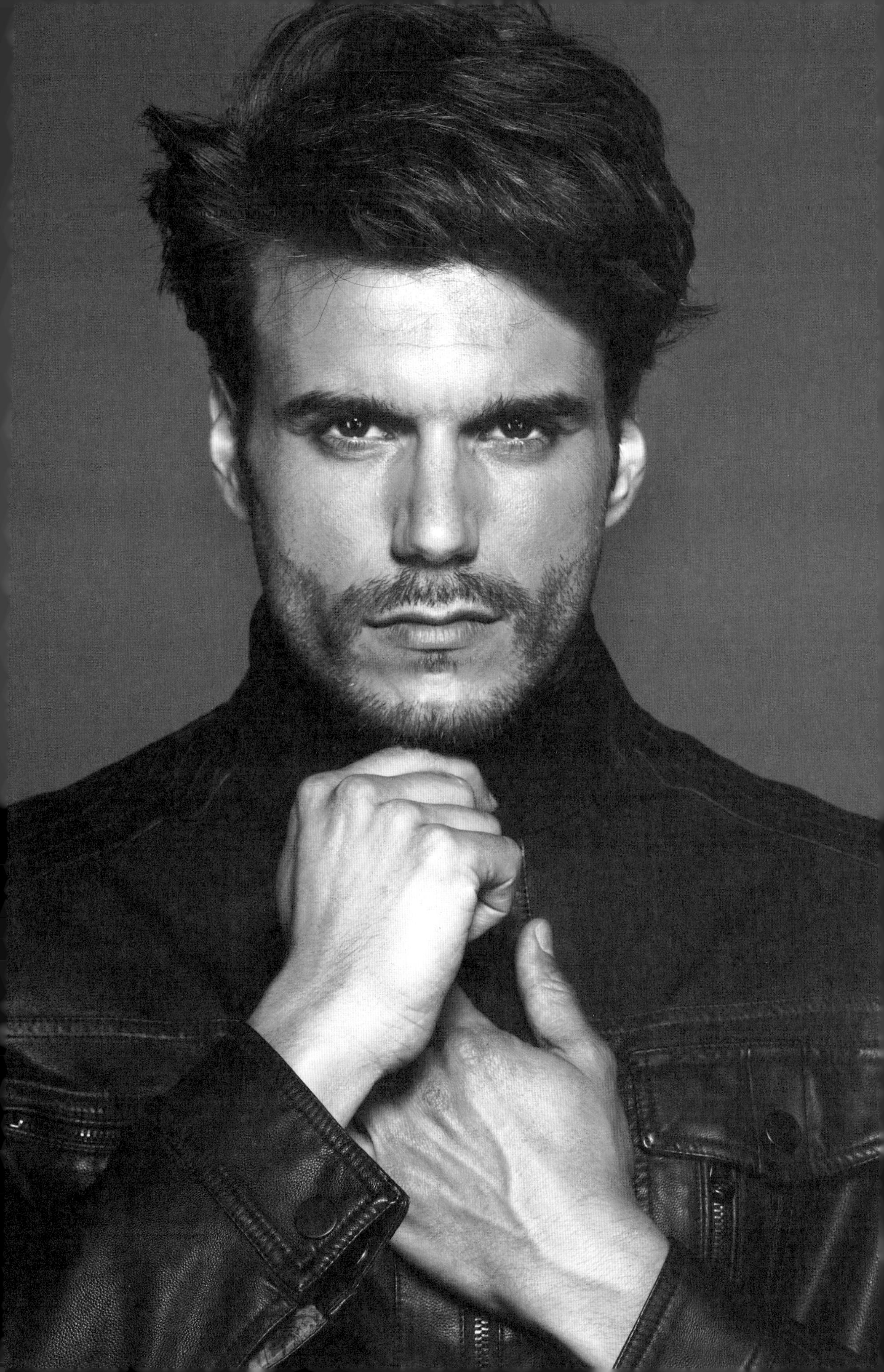

3.3.9 调色动作

动作可以快速地完成重复的Photoshop图片处理工作，在有大量的图片需要快速处理时，非常有用。在设计网站上，经常会有网友分享一些不错的调色动作。在淘宝上也经常会贩卖一些优质的调色动作，将这些动作载入到Photoshop中即可对图片进行应用。在本节的练习素材中，精选了一些效果不错的调色动作，供读者使用。

1. 应用调色动作

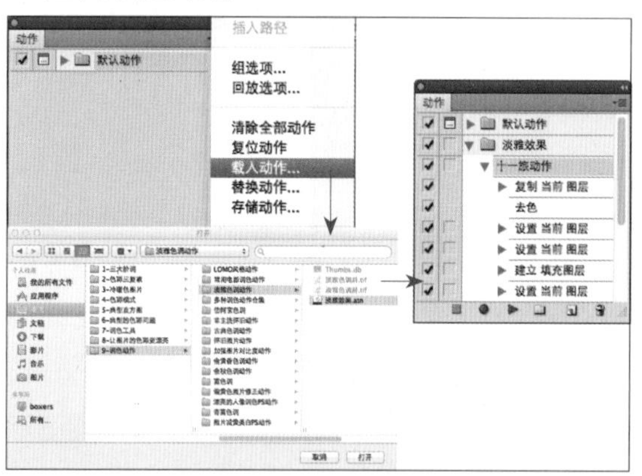

01 执行窗口\动作，在调板的右上角单击，在弹出的菜单中选择【载入动作】。

02 打开一张图片，选中“十一旅动作”，单击播放即可对图片应用该动作。

2. 本书提供的调色动作（部分）

电影色调

非主流色调

古典色调

照片减黄美白PS动作

怀旧照片

3.3.10 调色总结

拿到一张照片通常要想的问题

（1）它看起来正常吗？或者太亮、太暗、太灰、颜色不对、色彩不饱满，通常偏灰的比较多

（2）你希望它……

更清新一些（调亮）、更深沉一些（调暗）

拿到一张照片通常要做的简单工作

（1）动动色阶（去灰）

（2）饱和度加一点（让颜色更饱满）

（3）S曲线加对比

（4）加点锐化

拿到一张重要的照片

（1）分析原片、分析设计要求

（2）修图

（3）调色

一些技巧

（1）养成好的习惯，Ctrl+J一下，再处理照片

（2）想好你要做什么，然后再做

（2） 调图时，和原图对比着看。

（3）新建文件、新建图层时，养成起好名字的好习惯

（4）尽量用调整层，所有的调色命令的快捷键加上Shift键就是调整图层

3.4 合成

合成的几个要点包括：做透视、做光影、拼接素材、让所有素材的色彩一致，下面的这几个案例侧重训练这几项技能。

3.4.1 立体书

视频：视频\3.4 合成\1 立体书
素材：练习\3-4 合成\1- 立体书

立体书效果1 在设计完一个平面设计作品后，通常要做立体书给客户看，本例就是来解决这个问题。

❶ 执行文件\新建，设置【宽度】为 285 毫米，【高度】为 210 毫米，【分辨率】为 300，【颜色模式】为 CMYK 颜色。

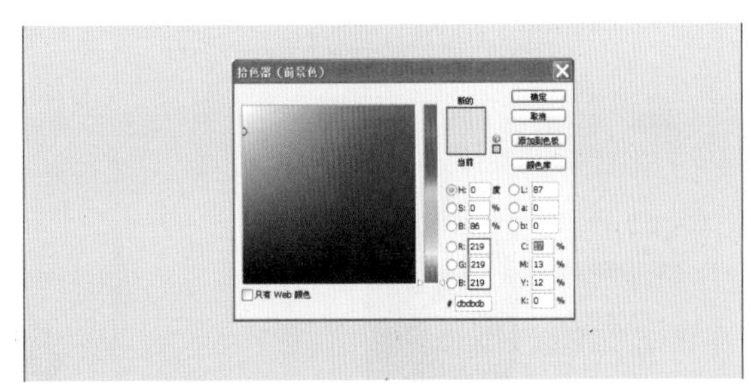

❷ 单击工具箱中的前景色，设置颜色值为 R219、G219、B219，按 Alt+Backsacep 键，填充前景色。

❸ 将杂志封面 .jpg 拖入页面中，按住 Shift 键拖曳右上角的锚点，使其大小适合页面。

❹ **调整封面透视** 在杂志封面中单击鼠标右键，选择【透视】。

❺ 将鼠标指针放在右上角的锚点，向下拖曳。

❻ 单击鼠标右键，选择【自由变换】。

⓪⑦ 通过【透视】调整后的封面有被压扁的感觉，需要换为【自由变换】，将指针放在中间锚点的位置向左拖曳。

⓪⑧ 用【自由变换】做调整后，又感觉透视感不够，再切换为【透视】进行调整。

⓪⑨ **调整书脊的透视** 用【矩形选框工具】框选书脊。

⑩ 单击鼠标右键，选择【透视】。

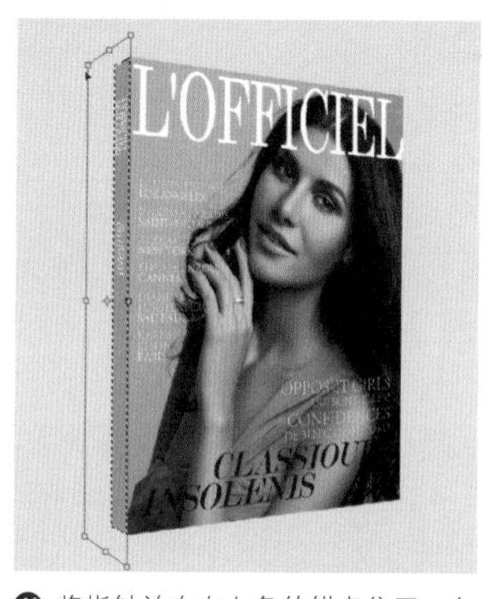

⑪ 将指针放在左上角的锚点位置，向下拖曳。

⑫ 切换为【自由变换】，将变宽的书脊调整得窄一些，按回车键，完成调整杂志封面透视的操作。

⑬ 假设右上角有光源照射，封面左下角则为阴影区域，下面要做的是为封面添加上暗部。用【钢笔工具】勾出封面区域。

⑭ 按 Ctrl+ 回车键，转换为选区，新建图层，选择【渐变工具】，填充黑 - 透明渐变。

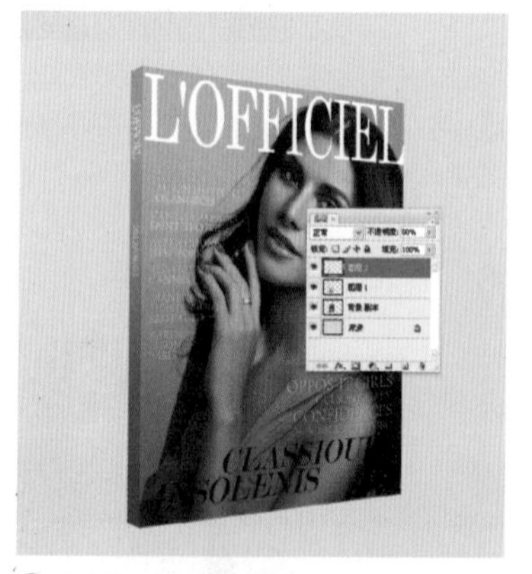

⑮ 图层 1 的不透明度为 35%，添加书脊的暗部。新建图层，用【钢笔工具】勾出书脊区域，转换为选区，由下直上，填充黑 - 透明渐变，不透明度为 50%。

⑯ 按 Shift 键选择封面、图层 1 和图层 2，按 Ctrl+G 键编组，将组 1 改名为第 1 本。

⑰ 将第 1 本拖曳至【创建新图层】按钮，将复制的图层组改名为第 2 本，并放在第 1 本下方，用【选择工具】移动第 2 本。

⑱ 根据近大远小的视觉关系，用【自由变换】调整第 2 本大小，将指针放在上方中间位置的锚点，向下拖曳即可。

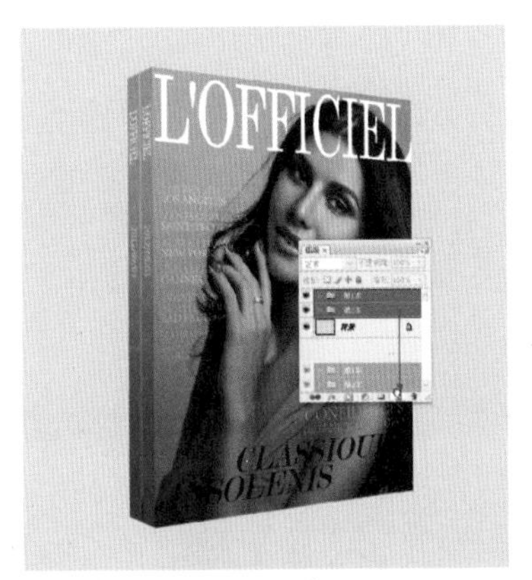

⑲ 按 Shift 键选择第 1 本和第 2 本，拖曳至【创建新图层】按钮上，复制组。

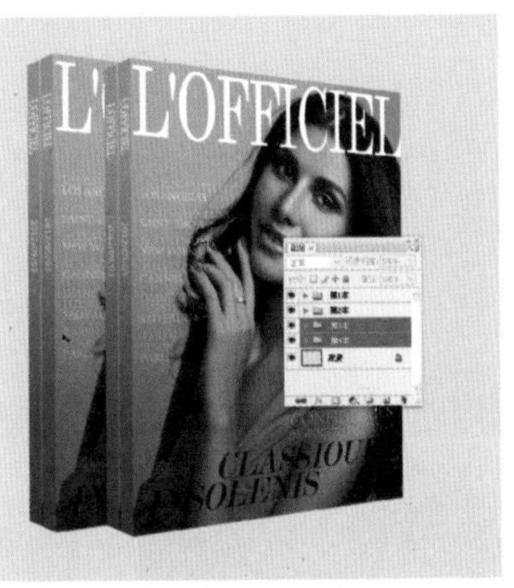

⑳ 将复制的组改名为第 3 本和第 4 本，并按顺序排好，用【选择工具】将后两本错开。

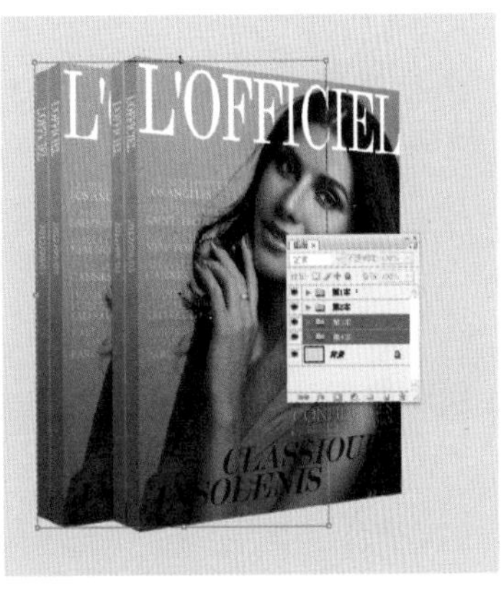

㉑ 用【自由变换】调整第 3 本和第 4 本的大小。

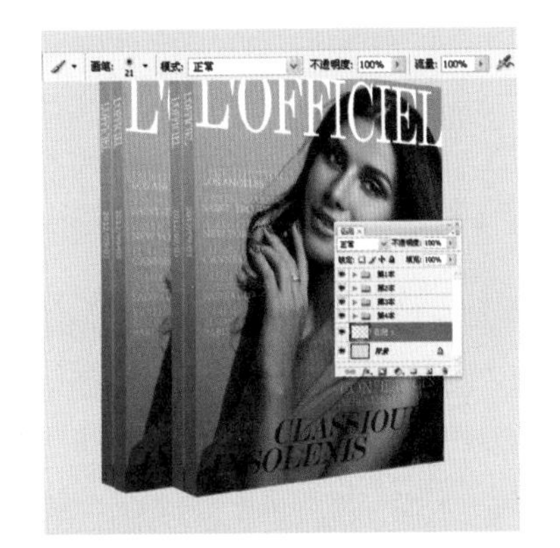

㉒ **添加立体书下方的阴影线** 在背景层上方，新建一个图层，选择【画笔工具】，设置画笔大小为 21，硬度为 0。

㉓ 用【钢笔工具】在立体书下方勾出阴影线，不用闭合路径，单击右键选择【描边路径】。

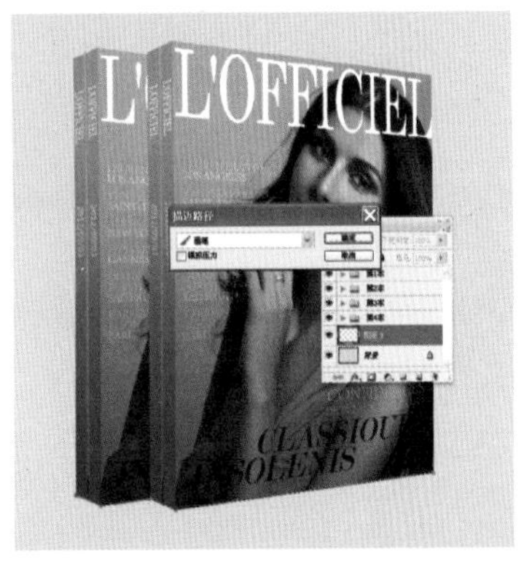

㉔ 在弹出的对话框中选择【画笔】。

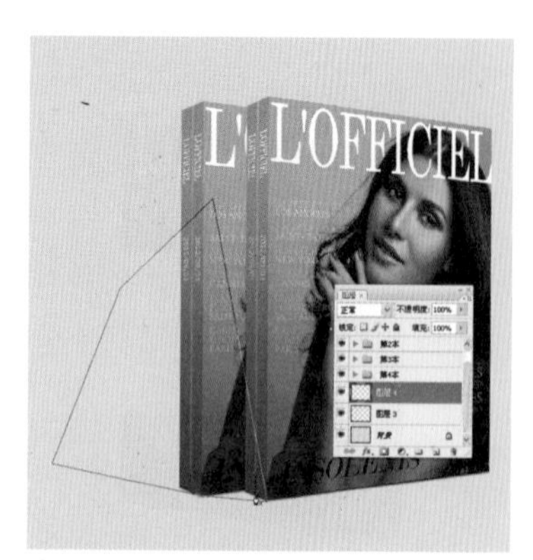

㉕ **添加阴影** 新建图层，用【钢笔工具】在立体书左下角勾出阴影区域。

㉖ 按 Ctrl+ 回车键，转换为选区，羽化 50 像素，选择【渐变工具】，由右下至左上填充黑 - 透明的渐变。

㉗ 用【橡皮擦工具】擦出多余地方，用【画笔工具】在阴影区域沿着书的形状画一下，让阴影更有立体感。注意不透明度都要调整得很低。

㉘ 将杂志宣传语拖入图片中，选择【加深工具】，降低透明度，在背景层的四角涂抹，做暗角效果，加强视觉中心，操作完成。

立体书效果 2

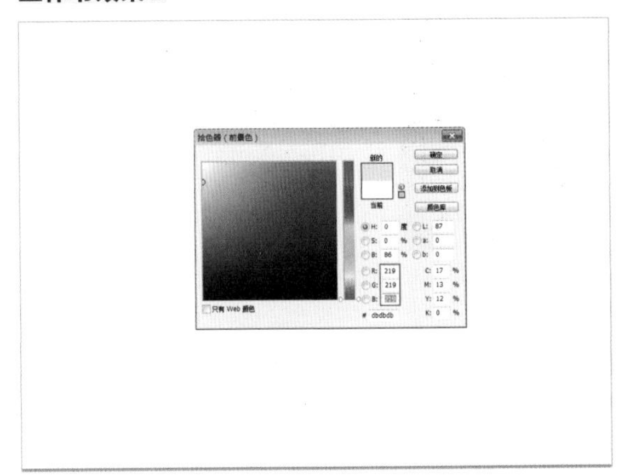

⓪1 执行文件\新建，设置【宽度】为 285 毫米，【高度】为 210 毫米，【分辨率】为 300，【颜色模式】为 RGB 颜色，单击工具箱中的前景色，设置颜色值为 R219、G219、B219。

⓪2 按 Alt+Backsacep 键，填充前景色，将杂志封面 .jpg 拖曳到画布中，按下回车键。

⓪3 新建图层，作为放置立体书的图层。

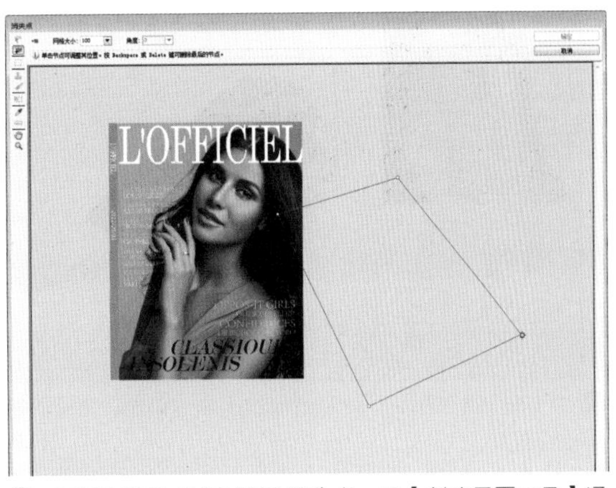

⓪4 **建立透视面** 执行滤镜\消失点，用【创建平面工具】通过单击来分别建立立体书的 4 个点。

⓪5 将指针分别放在 4 个点上，根据近大远小的原则调整透视，使其看上去像一本躺下的书。

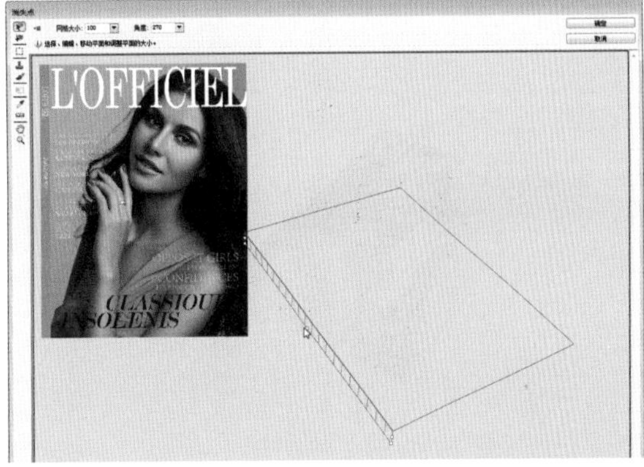

⓪6 将指针放在左边中间点的位置，按住 Ctrl 键向下拉，即可拖出书脊的透视面，完成透视面的操作后单击【确定】按钮。

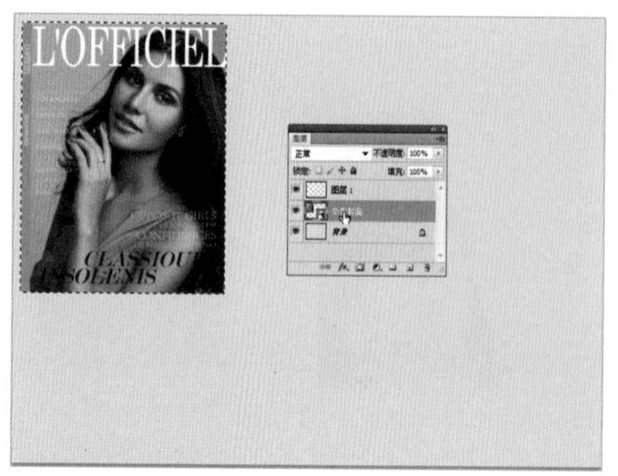

⑦ **将封面贴到透视面中** 选择杂志封面图层，按 Ctrl 键，单击图层，载入选区，按 Ctrl+C 键复制。

⑧ 选择图层 1，按 Ctrl+D 键，取消选区。

⑨ 执行滤镜 \ 消失点，按 Ctrl+V 键，贴入封面，将封面拖入透视面中。

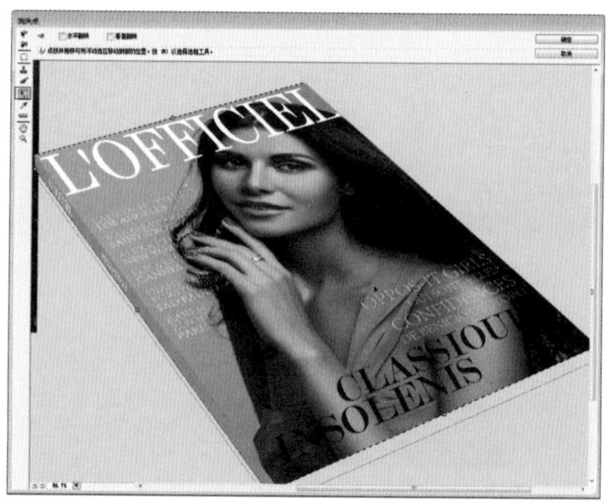

⑩ 选择【变换工具】，将指针放在右上角或右下角的锚点位置，按住 Shift 键拖曳鼠标即可。若右上角没有出现锚点，可向左移动图片，直到锚点出现。调整书脊刚好在书脊透视面上。

⑪ 完成透视面贴图的效果。

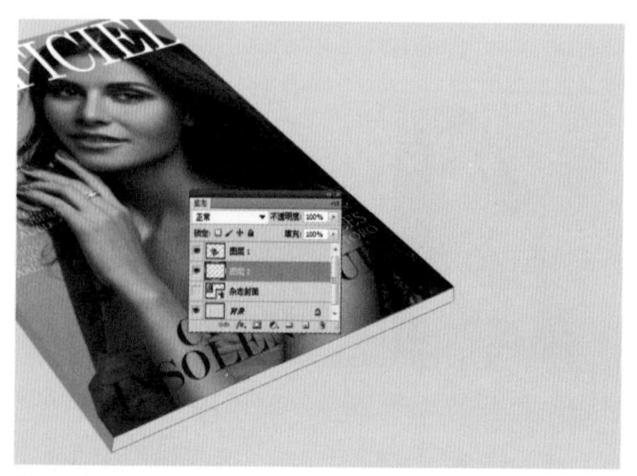

⑫ **添加立体书的底面** 在杂志封面图层上添加新图层，用【钢笔工具】勾出底面，闭合路径。

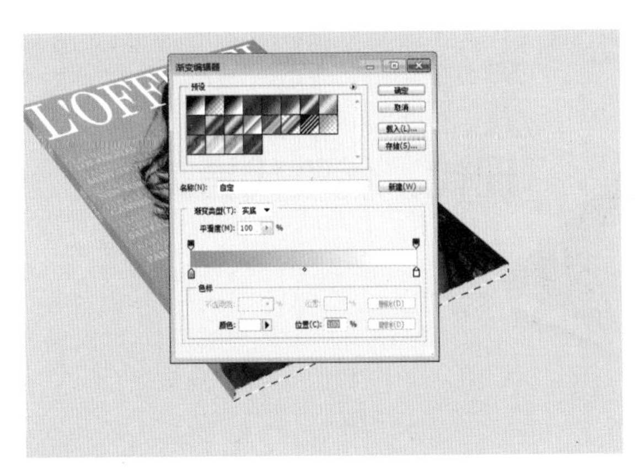

⑬ 按 Ctrl+ 回车键，载入选区，选择【渐变工具】，单击控制面板上的渐变条，在弹出的对话框中选择黑 - 白渐变，双击黑色色调，选择灰色，则完成灰 - 白渐变的调整。为底面填充灰 - 白渐变。

⑭ **添加立体书的暗部** 在图层 1 上添加新图层，由左下角向右上角拖曳，填充黑 - 透明渐变。

⑮ 调整【图层】面板的【不透明度】为 80%。

⑯ **添加书脊的暗部** 新建图层，用【钢笔工具】勾出书脊部分，转换为选区，填充黑 - 透明渐变，设置【不透明度】为 80%。

⑰ **添加阴影** 在杂志封面图层上添加新图层，用【钢笔工具】勾出阴影区域，闭合路径，填充黑色。

⑱ 执行滤色\模糊\高斯模糊，设置【半径】为 15.8 像素。

⑲ 完成效果。

3.4.2 汽车广告合成

视频：视频 \3.5 合成 \2 汽车广告合成

素材：练习 \3-5 合成 \ 背景材质 .jpg、汽车 1.tif、汽车 2.tif、文字 .txt

本例讲解的是如何制作一个以汽车为主题的广告图片。设计思路是创建一个车库背景，配合汽车的展示，以汽车为视觉中心，背景为辅助元素，所以背景不能太抢眼，避免视觉中心转移。

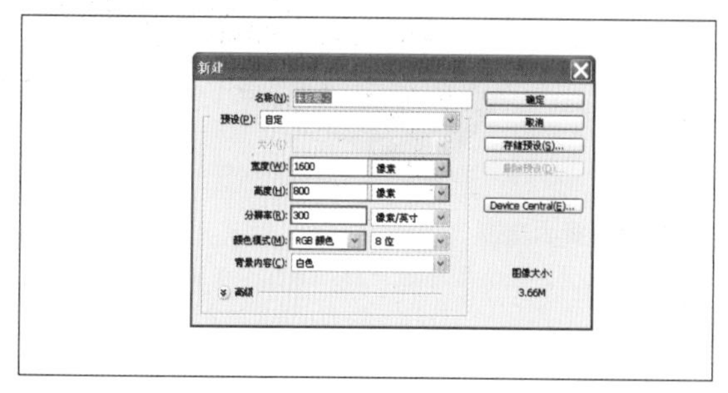

01 执行文件 \ 新建，设置【宽度】为 1600 像素，【高度】为 800 像素，【分辨率】为 300，【颜色模式】为 RGB 颜色。

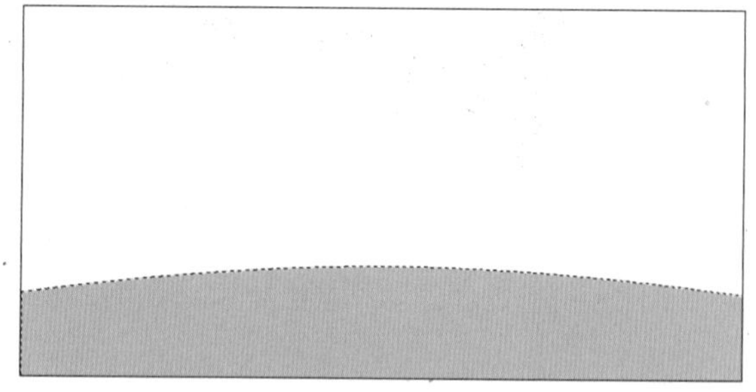

02 **绘制地面** 新建图层，用【钢笔工具】绘制一个弧形，闭合路径，按 Ctrl+ 回车键，转换为选区，填充颜色值为 R185、G185、B185 的灰色，按 Ctrl+D 键取消选区。

03 **添加地面材质** 将背景材质 .jpg 拖入画布中，按 Shift 键调整大小以适合画布。

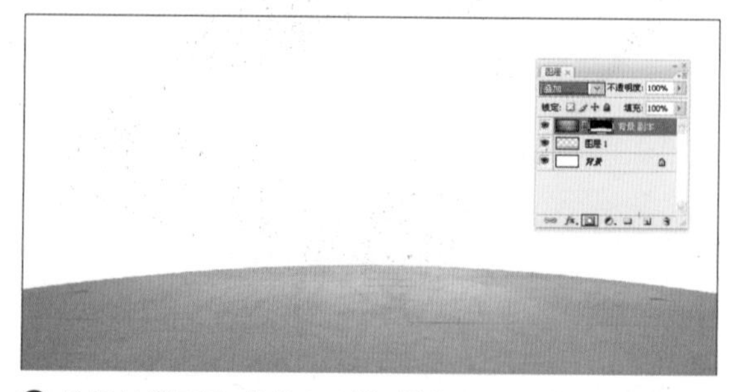

04 选择材质图层，按住 Ctrl 键，单击图层 1，载入地面选区，单击【添加矢量蒙版】按钮，设置混合模式为【叠加】。

05 为地面添加聚光效果 新建图层，单击【渐变工具】，单击控制面板上的渐变条，选择黑－透明渐变。

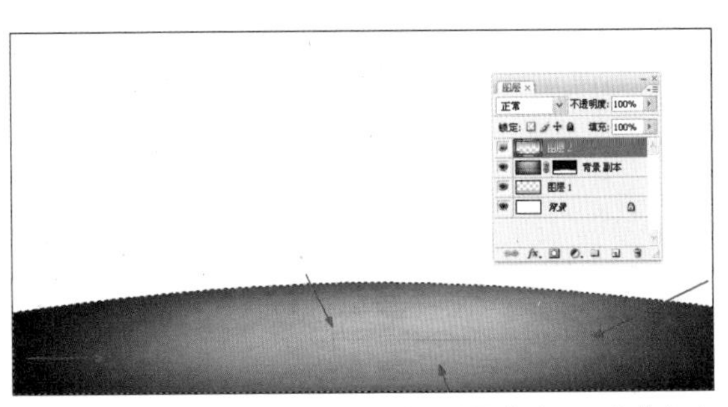

06 按住 Crtl 键，单击图层 1，载入地面的选区，由外向内拖曳鼠标，制造中间亮，四周暗的聚光效果。

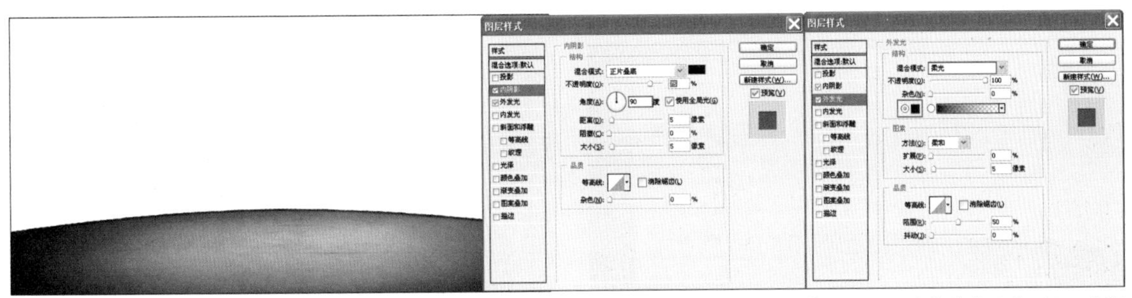

07 添加墙角线 选择图层 1，单击右键选择【混合选项】，勾选【内阴影】，设置【角度】为 90，勾选【外发光】，设置【混合模式】为柔光，填充色为黑色。

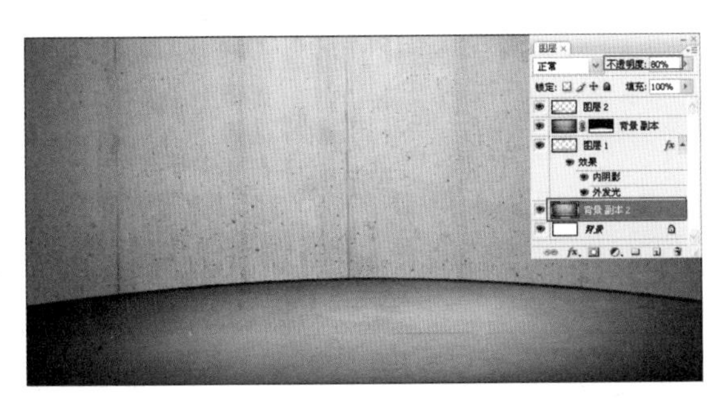

08 添加墙面 将背景材质 .jpg 拖入画布中，按住 Shift 键调整大小以适合画布，图层放在背景层上即可，单击右键，栅格化图层，按 Ctrl+Shift+U 键去色，【不透明度】为 80%。

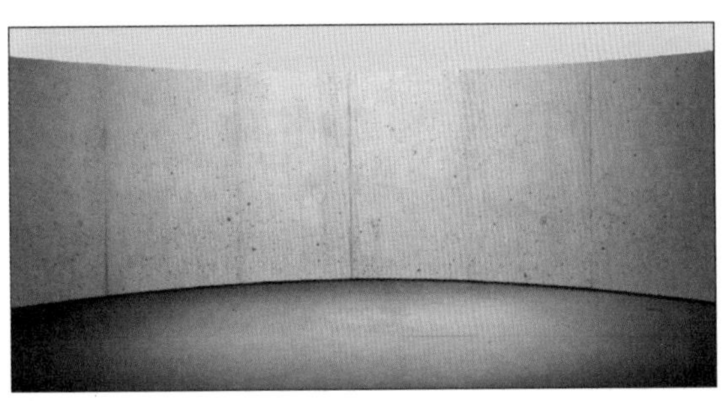

09 添加顶面 新建图层，用【钢笔工具】勾画出顶面，填充颜色值为 R211、G211、B211 的灰色。

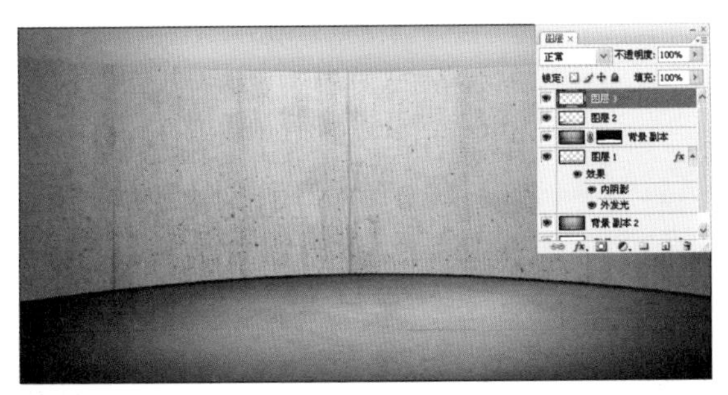

10 为顶面添加聚光效果 载入顶面选区，新建图层，选择【渐变工具】，由外向内拖曳鼠标，制造中间亮，四周暗的聚光效果。

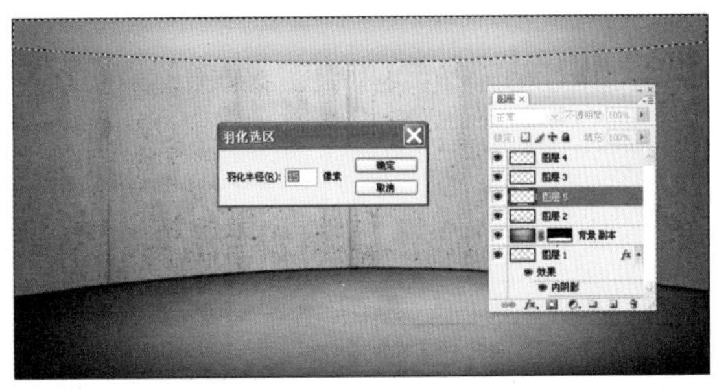

11 添加顶面和墙面斜街部分的阴影 载入顶面的选区，在顶面下方新建图层，羽化 15 像素。

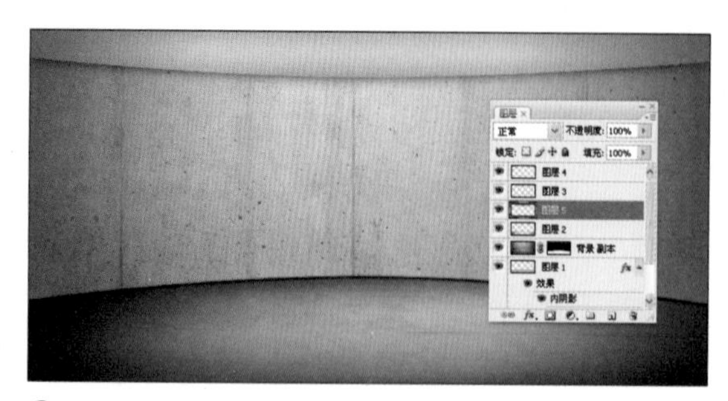

⑫ 填充黑色，用【选择工具】将阴影向上移动一些即可。

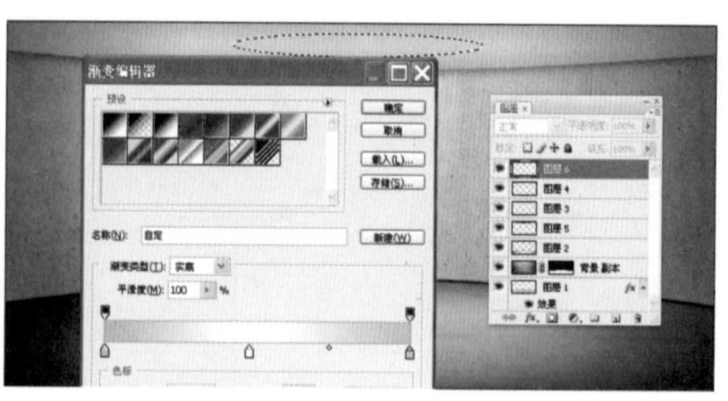

⑬ **添加灯** 用【椭圆选区工具】在顶面绘制一个椭圆，新建图层，选择【渐变工具】，单击控制面板上的渐变条，设置灰 - 白 - 灰的渐变。

⑭ 填充渐变，取消选区，选择图层 1，按住 Alt 键向上拖曳图层效果图标至图层 6，为灯添加上效果。

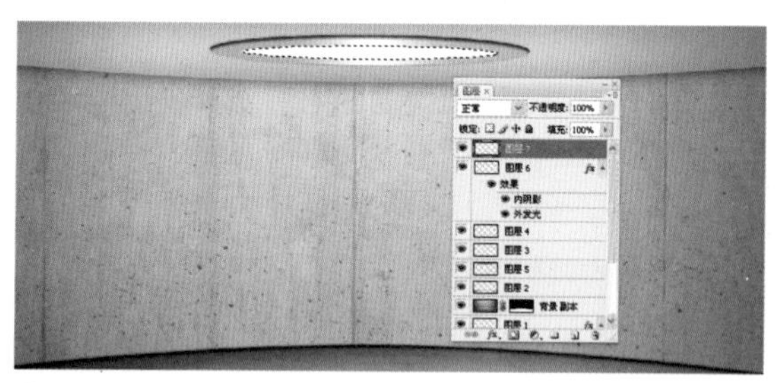

⑮ **绘制光线** 新建图层，用【椭圆选框工具】在椭圆形上绘制一个稍小的椭圆形，转换为选区，填充白色。

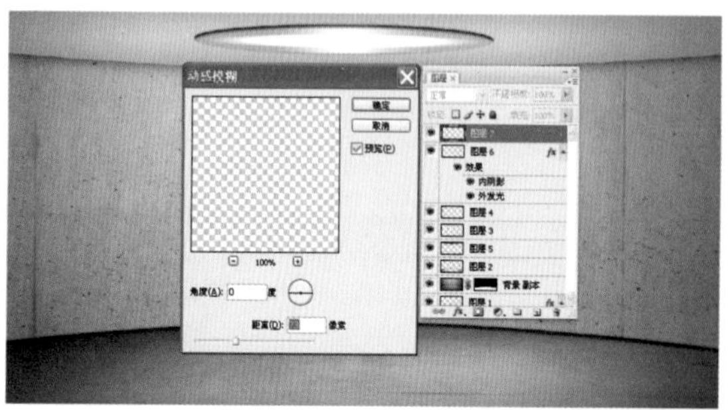

⑯ 执行滤镜 \ 模糊 \ 动感模糊，设置【角度】为 0，【距离】为 73 像素。

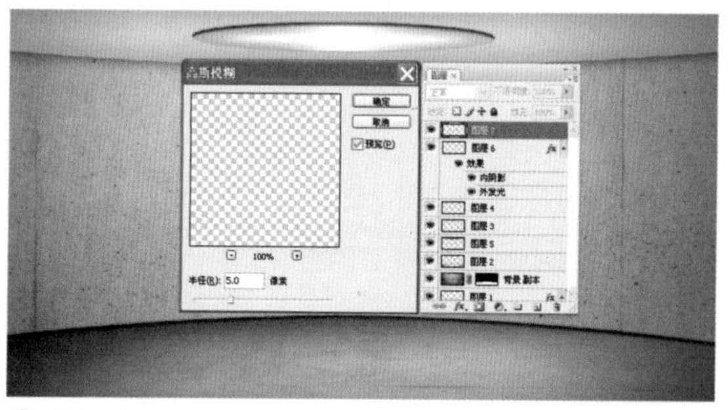

⑰ 执行滤镜 \ 模糊 \ 高斯模糊，设置【半径】为 5.0 像素，模糊的效果让光线柔和。

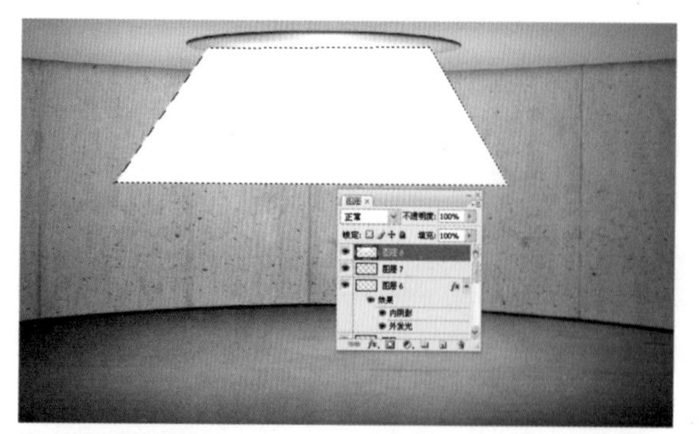

⑱ **绘制主光源** 新建图层，用【钢笔工具】在灯下绘制一个梯形，转换为选区，填充白色。

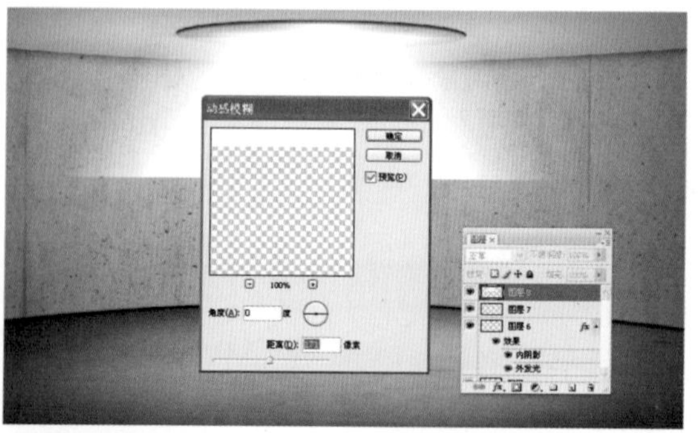

⑲ **柔和光源** 执行滤镜 \ 模糊 \ 动感模糊，设置【角度】为 0，【距离】为 171 像素。

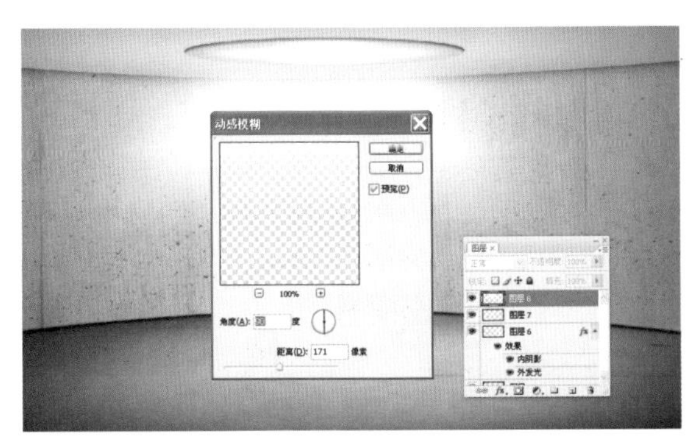

⑳ 执行滤镜\模糊\动感模糊，设置【角度】为 90，【距离】为 171 像素。

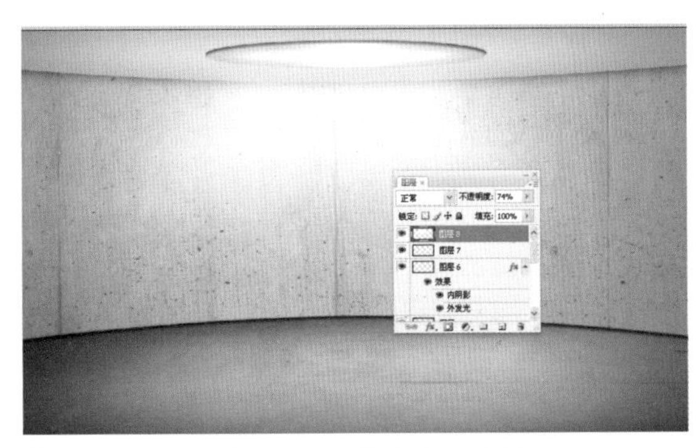

㉑ 降低光源不透明度为 74，使其看上去更自然。

㉒ 将汽车 1.tif 和汽车 2.tif 拖入到画布中，并调整好它们的大小及排放位置。

㉓ **添加汽车阴影** 在左边汽车的下方新建图层，用【钢笔工具】沿着车轮外勾勒路径，绘制出阴影区域，转换为选区，填充黑色。

㉔ 执行滤镜\模糊\高斯模糊，设置【半径】为 3.4 像素，模糊的效果让阴影柔和、自然。

㉕ 按照相同的方法，绘制另一辆车的阴影。

㉖ **添加文字** 选择【文字工具】，单击页面，插入文字光标，打开文字.txt 文件，复制“越野越烈”，粘贴至 PS 中，设置【字体】为方正粗宋 _GBK，【字号】为 24 点，字体颜色为黑色。

㉗ 按住 Shift 键，单击页面即可新建一个文字图层，复制第 2 行文字，粘贴至 PS 中，设置【字体】为方中等线 _GBK，【字号】为 3.8 点，字体颜色为白色。

㉘ 在第 2 行文字下方新建图层，用【矩形选框工具】拖曳一个与文字等宽、等高的矩形框，填充灰色，用【文字工具】在页面中拖曳一个文字框，复制第 3 段文字，粘贴至 PS 中，执行窗口 \ 字符，设置【行距】为 6 点，【颜色】为黑色，段落对齐方式为【最后一行左对齐】。

㉙ 新建图层，用【矩形选框工具】在第 1 和 2 行文字外拖曳一个矩形框，执行编辑 \ 描边，【宽度】为 1px，【颜色】为白色。

㉚ 复制第 6 段文字，在 PS 中，选择【文字工具】单击页面，粘贴，设置【行距】为 4 点。

㉛ 新建图层，用【矩形选框工具】绘制矩形，填充白色，图层不透明度为 30%。

㉜ 新建图层，执行编辑 \ 描边，【宽度】为 1px，【颜色】为白色，新建图层，选择【画笔工具】，画笔大小为 1px，前景色为黑色，用【钢笔工具】绘制斜线，单击右键，选择【描边路径】，【工具】画笔，不勾选【模拟压力】。

㉝ 将剩下的两段文字分别复制粘贴到 PS 中，复制已经做好的白色透明矩形框和线条，将它们分别放在两段文字的下方，用【自由变换】调整大小，以适合文字，则完成汽车场景合成的操作。

3.4.3 沙发广告

视频：视频 \3.5 合成 \3 沙发广告
素材：练习 \3-5 合成 \3- 沙发广告

这个案例主要训练合成时对**光影**的把握。

01 新建文档 新建 A4 大小的文档，观察素材沙发的颜色，沙发是米白色，所以给背景填充一个相近色——淡米色。

02 置入沙发素材 导入沙发素材，用自由变换调整位置、大小，把沙发放到画面中心。大小不要太大，要为后续加入文字留下适当的空间。

Tips 背景颜色要和主体颜色搭配，颜色不能和主体有很强的对比，但是也不能让主体和背景过于融合，无法区分。

03 制作空间背景环境 观察沙发的透视角度。以和沙发相同的倾斜度，用多边形套索绘制一个选区，选择画面的下半部分。选择渐变工具，设置黑到透明的渐变。新建一层，由上至下填充渐变色（该图层在沙发下面）。添加图层蒙版，由右至左做一个黑到白的渐变，让右边的颜色淡一些。

04 反选选区，再新建一层，做一个由下至上，黑到透明的渐变。同样用蒙版让右边的颜色淡一些。这样，用黑色渐变，在画面里简单地制作出了空间感，区分出地面和墙面了。

05 背景完成效果及其图层。

06 制作阴影 接着给沙发制作影子。这里要注意，沙发投射到墙面和地面的影子角度是不一样的，所以要分成两个部分来绘制。新建一层，调出沙发图层的选区，用吸管吸取背景中最暗的颜色，用这个颜色填充。然后改变图层叠加模式为正片叠底。把填充好的图像往左挪动一些，让影子在沙发左边出现。注意图层的顺序。影子图层要在沙发的后面。

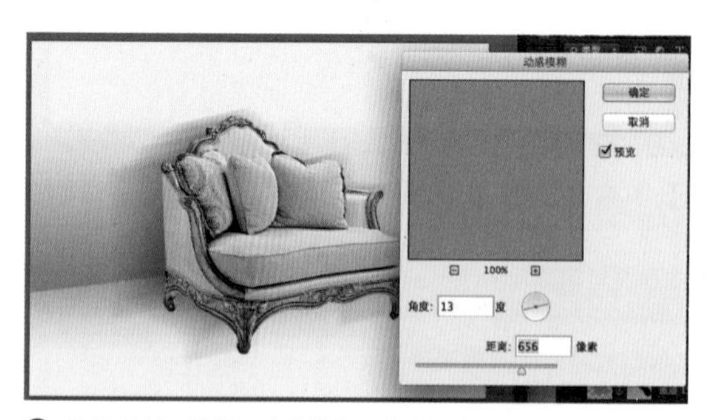

07 执行滤镜\模糊\动感模糊，给影子图层添加动感模糊。注意模糊角度和之前画好的地面的倾斜度保持一致。

08 执行滤镜\模糊\高斯模糊，让影子整体边缘更加柔和。

⑨ 新建蒙版，把沙发右边多出来的黑色影子擦掉。因为光线从右变照射过来，沙发的右边肯定是完全没有影子的。

⑩ 绘制地面上的影子，用钢笔工具以沙发在地面上的四个脚绘制一个矩形，转换为选区，填充刚才吸取的颜色，设置叠加模式为正片叠底。

⑪ 为地面的影子添加动感模糊和高斯模糊。

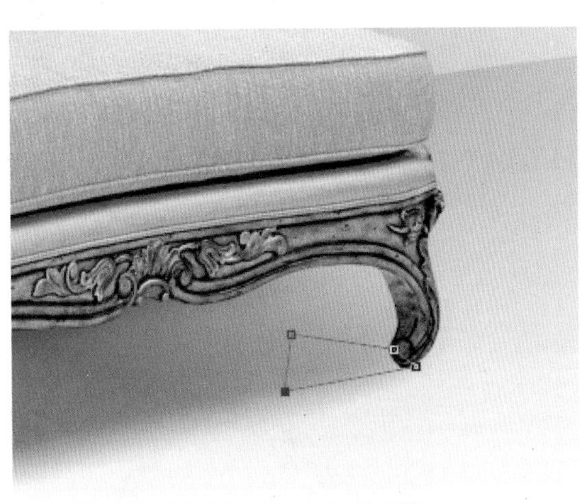

⑫ 大的影子画好了，但是感觉沙发还是飘在空中，因为沙发 4 个脚的影子还不够黑。用钢笔在沙发脚落地的地方用钢笔画一个影子的形状，然后填色、动感模糊、高斯模糊。

⑬ 画好一个脚的影子后，复制到其他脚上。

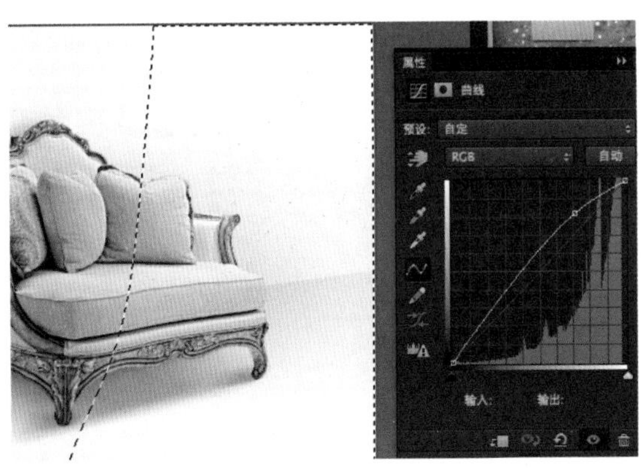

⑭ **添加光线** 用曲线调亮画面右侧，增加画面光感。

⑮ 这个案例主要训练在合成时，对光、影的把握能力。后面的多个案例都会涉及这项技术，在合成时，光影的处理是合成是否有真实感的重要条件之一。

⑯ 将沙发合成 – 文字 .png 拖入到画布中，把沙发移至靠左的位置，避免文字遮挡，即沙发合成操作完毕。

3.4.4 服装广告

视频：视频\3.5 合成\4 服装广告
素材：练习\3.5 合成\4 服装广告

这个案例主要训练抠图，以及抠图后的细节处理。

01 **分析原图** 这是一张服装平面广告图片，需要进行 2 次设计并加入文字，制作成一张宣传海报。图片中两个模特站得太靠近，画面比较饱满，没有输入文字的地方，而且图片是一个纯色图片，不够绚丽抢眼。所以需要后期给模特换一个背景，让广告图片变成一张横板图片方便输入广告文字，同时让画面更丰富。

02 因为是设计广告，需要很精确的抠图结果，所以先用钢笔细致地沿模特身体衣服边缘描绘。头发部位沿不透明的区域大致描绘即可。

03 按 Ctrl＋回车键，将路径转换为选区，在选区内单击鼠标右键，选择调整边缘。

04 用调整半径工具涂抹头发边缘，抠出散落的头发。

05 用得到的选区创建图层蒙版。

06 **制作背景** 打开背景素材，用裁切工具裁切成横板图片。

07 **置入素材** 把抠好的人放到背景中。

08 **调整模特位置大小** 使用自由变换调整模特的大小，并移动至合适的位置。

Tips 在调整模特的大小和位置时要注意大小对比，有全身有半身这样画面才会丰富、好看。通过大小的对比变化也会让人产生近景、远景的透视感，同时要注意预留出输入文字的位置。

09 **让模特融入背景** 调整好位置后，进一步让模特融入的背景中，模特发梢的部位发白，显得比较突兀。

10 新建图层，混合模式改为柔光。选择画笔工具，不透明度降到 50%，吸取发梢附近背景的颜色在发梢上涂抹。

Tips 按住 Alt 键，画笔会变成吸管工具，吸取发梢附近背景的颜色。释放 Alt 键回到画笔，在发梢上涂抹，这样就给发梢上加入了背景的颜色，让头发融入到背景环境中去。吸取颜色时候要随时根据不同部位头发周围的环境颜色，多次选择和涂抹。

⓫ 涂抹完后，执行图层 / 创建剪贴蒙版。这样刚画的颜色就只影响模特，不影响后面的背景。

⓬ 涂抹并建立剪贴蒙版后的效果。

⓭ **调整明暗** 新建曲线调整层，调亮左侧模特。执行图层\创建剪贴蒙版，让调整层只影响模特，不影响背景。

⓮ 新建曲线调整层，调暗右侧模特。执行图层\创建剪贴蒙版让调整层只影响模特，不影响背景。

⓯ 调整明暗后的效果及其图层。

Tips 左边的模特加亮，右边的模特压暗，能够更好地产生空间感。在做图时，经常会用到类似的手法，通过大小对比、明暗对比使画面更有空间感。

⑯ **添加投影** 双击模特所在图层，在图层样式中给模特添加投影。另一个模特用同样的方式处理。

⑰ **添加灯光素材** 打开灯光素材，拖入到背景中，放置在模特图层下方，让背景更有舞台展示的感觉。

⑱ 将灯光素材的混合模式改为滤色，新建蒙版，制作由白到黑的渐变，让灯光融入背景。

⑲ 添加文字，则完成服装广告合成的操作。

3.4.5 房地产广告合成

视频：视频 \3.4 合成 \5 房地产广告合成
素材：练习 \3-4 合成 \5- 房地产广告

1. 做背景

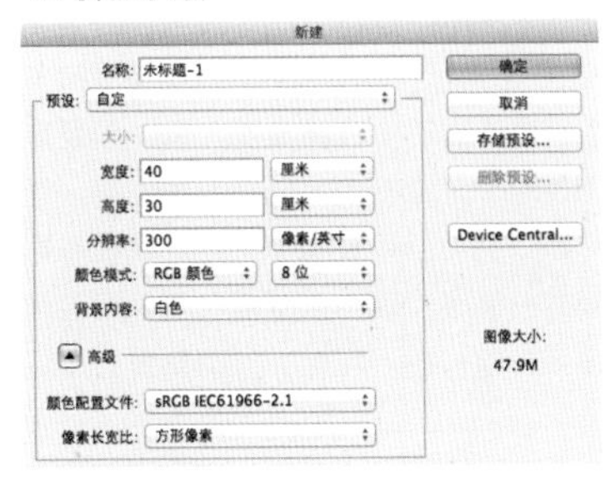

01 新建文档 执行文件 \ 新建，宽度 40 厘米，高度 30 厘米，分辨率 300 像素 / 英寸，本图最终要用于印刷。

02 天空背景 设置前景色为天蓝色，按 Alt+Delete 键填充。

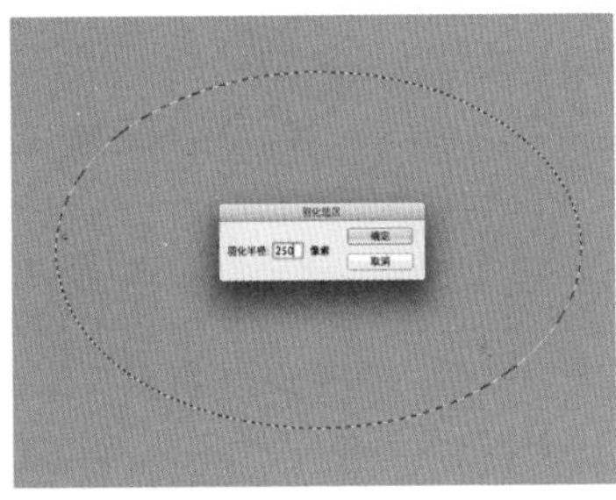

03 用椭圆选框工具在画面的中间绘制椭圆选框，羽化 250 像素。

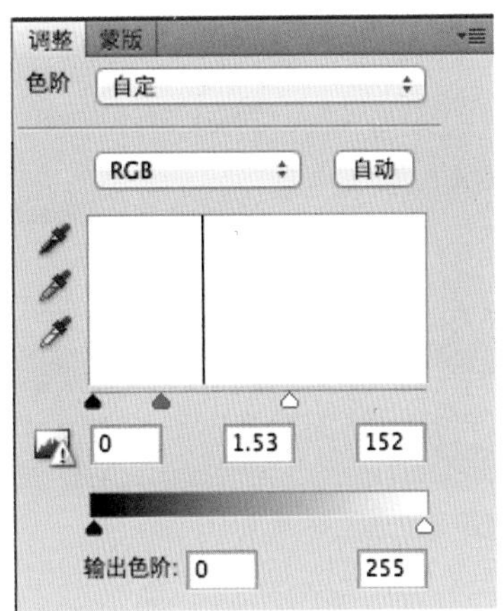

04 基于羽化后的椭圆选区建立色阶调整层，向左拖白色滑块和灰色滑块，使天空有明暗变化。

Tips

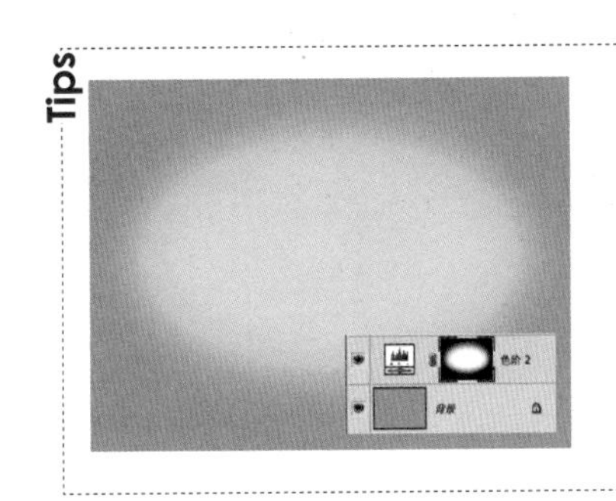

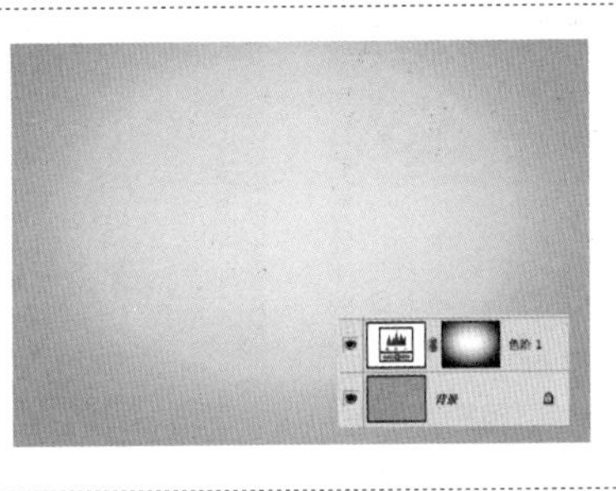

如果得到的明暗变化比较生硬，那是因为羽化的数值不够大，可以用高斯模糊调整层的蒙版，让天空的明暗变化更自然，或在羽化时，多次羽化，也可以让过渡更自然。

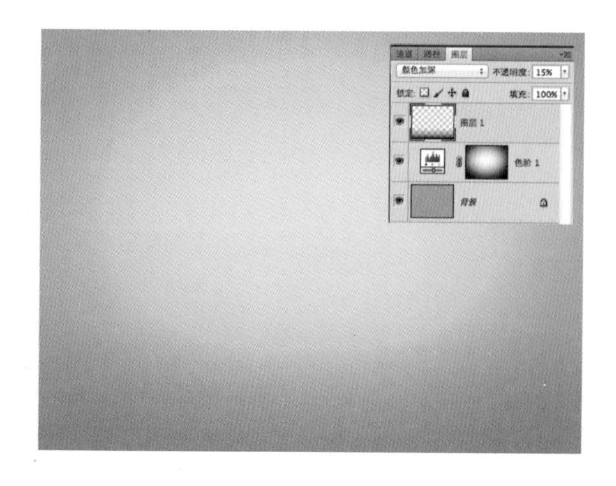

⑤ 设置前景色为黑色，在工具箱中选择渐变工具，设置黑到透明的渐变，新建图层并从底部拖曳，降低不透明度。这样可以让画面下半部分暗一些，从而使整个天空背景更有层次。最后设置其混合模式为颜色加深，设置颜色加深不会改变颜色，只是能让图像变得暗一些。至此，天空背景完成。

2. 拼合山水素材

① 现在背景中置入一个空盘子，这个空盘子不会出现在最终画面中，只是用来观察置入素材的大小和位置是否合适。

② **抠出山水** 打开 3 张山水素材，因为只需要山水，所以把天空抠掉；这里不需要精细抠图，所以用快速选择工具进行选择。然后在调整边缘中加平滑和羽化值，使选区更自然。

③ 执行选择 \ 反向，按 Ctrl+J 键，将山水复制到新的图层，这样一个山就抠好了，其他两个素材也用同样的方法抠出山水。

④ 抠出山水并复制到新的图层。

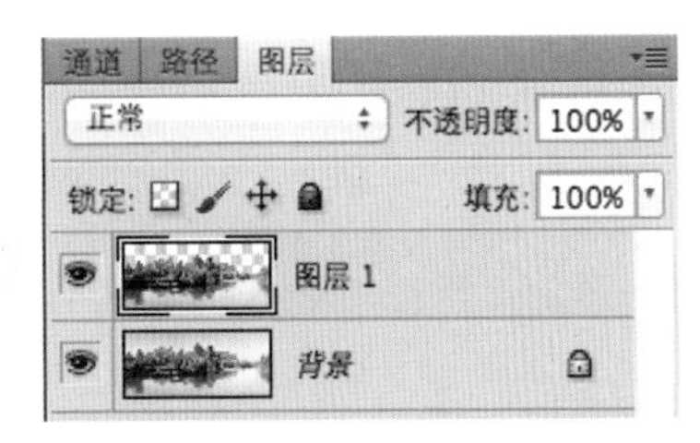

05 抠出山水并复制到新的图层。

06 **置入山水并调整** 将抠好的山水素材置入到背景中，并调整位置和大小。

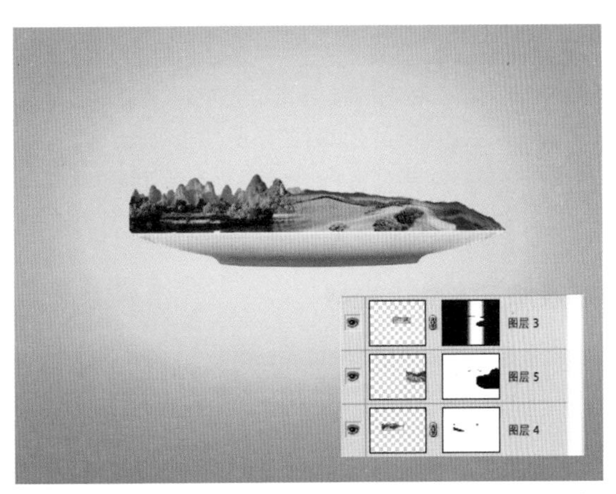

07 **用蒙版拼图** 分别为 3 个山水素材添加图层蒙版并用黑色、白色画笔在图片衔接处的蒙版上涂抹，将三张图片拼合成一张图。

3. 添加树木素材

01 在练习文件夹中找到这些树木素材，并将它们与背景分离开。

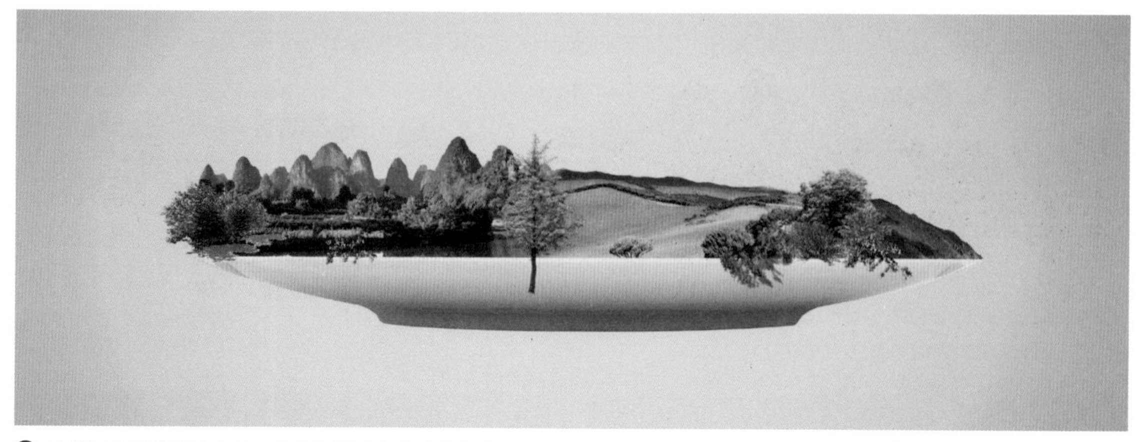

02 这些树主要有两个作用，丰富场景内容和遮挡衔接不自然的地方。

Tips 为了方便视频录制，视频中的树素材都是抠好的，但本书练习素材所提供的树木是未抠图的，需要读者自行抠图后使用。

4. 添加下方的山素材

01 打开山素材，依然是用快速选择工具抠天空。

02 反选后，按 Ctrl+J 键，复制到新的图层。

03 切除下边的地面，只保留山体部分。

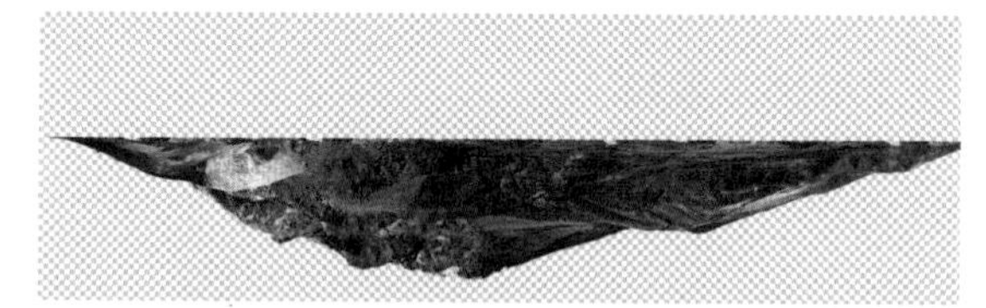

04 按 Ctrl+T 键，单击右键，选择垂直翻转。

05 切完以后，边缘过于平整，不利于合成，所以在山体上用套索框选一些比较自然的边缘，复制到平整区域进行拼贴。

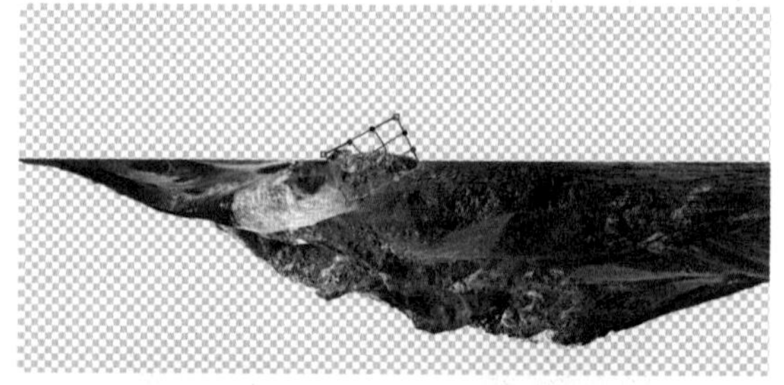

06 按 Ctrl+T 键，单击右键，选择变形，根据山体材质及形状，微调拼贴后的形状。

⑦ 拼贴完成后的效果。拼贴时尽量不要选择一样的区域，会让拼贴结果很死板。

⑧ 将山体素材置入到背景中并自由变换，调整至合适大小。调整部分树木图层至山的前面，这样看起来更真实。

⑨ 添加蒙版，擦除多出来的部分，以及拼合后一些有瑕疵的部分。

⑩ 新建图层，用低透明度画笔在山体上涂抹，为山体添加阴影，然后为其设置正片叠底。

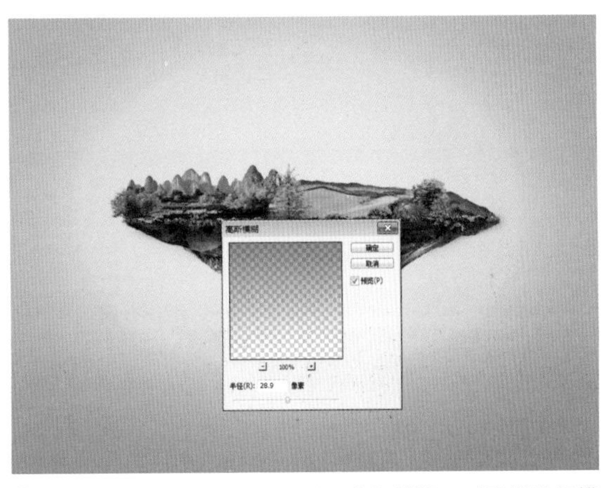

⑪ 如果觉得涂抹的不自然，使用高斯模糊，对阴影进行模糊，效果会更加真实。

5. 添加手素材

01 打开手素材。

02 将手素材抠出。

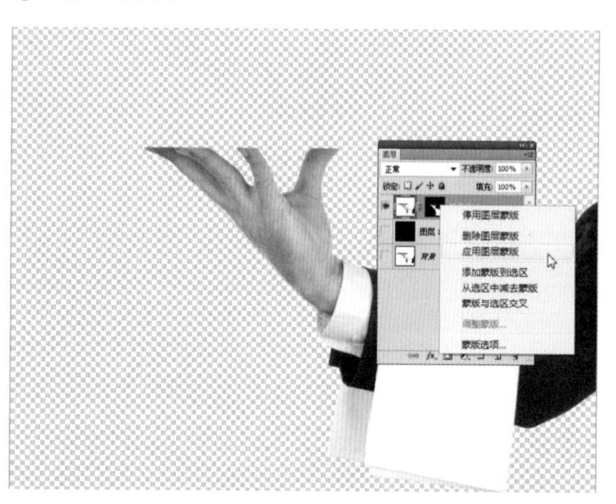

03 将手素材抠好后，可以单击应用图层蒙版去除多余内容。

04 将手素材置入到背景中。

05 执行滤镜 \ 液化，让手素材与山体融合。

06 用加深工具在手和山体衔接的部分涂抹，这样能让它们结合的更真实。同时新建一个图层，用黑色画笔绘制阴影。

6. 添加碎石和云彩

❶ 添加碎石素材，并用蒙版擦除穿帮的小细节。

❷ 置入云彩素材，调整大小和位置。

7. 添加暗角

❶ 用椭圆选框绘制椭圆选区，多次羽化 250 像素，使选区边缘足够柔和。

❷ 执行选择\反向，选中周围部分。

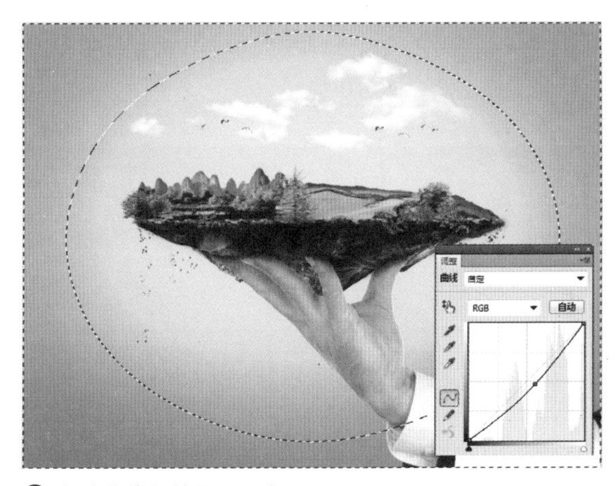

❸ 新建曲线调整层，压暗。

❹ 最终合成效果。

⑤ 在排版软件中添加文案内容，成为最终商业作品。

3.4.6 快餐食品广告合成

视频：视频 \3.3 调色 \3.3.8\8 美少女写真
素材：练习 \3-3 调色 8- 让图片的色彩更漂亮 \8 美少女写真 \ 美少女原片 .jpg

本例主要讲解的是快餐食品广告的合成，我们需要把几个不同的食品展示在一个页面中，因为食品都是单独拍摄的，所以要将这些食品褪底，放在搭建好的桌面背景上，从而完成这个广告合层的制作。

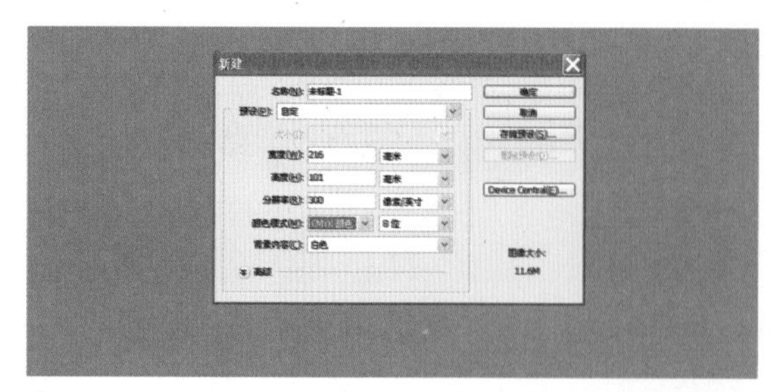

① 执行文件 \ 新建，尺寸为 216 毫米 ×101 毫米，【分辨率】为 300，【颜色模式】为 CMYK 颜色，这个合层广告是一张宣传单页，用于印刷。

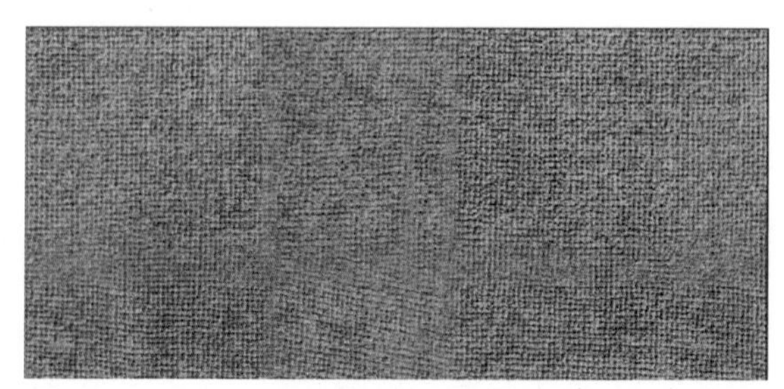

② 将桌布 .jpg 拖入到画布中。

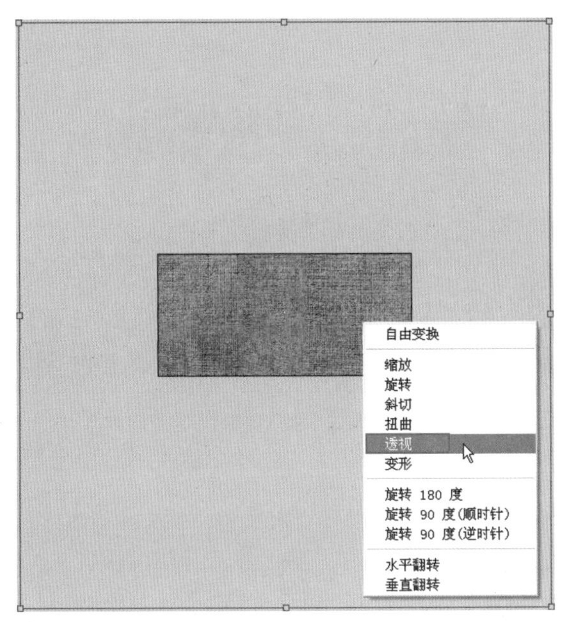

⓭ 选择【缩放工具】按住 Alt 键缩小画布，按 Ctrl+T 键，单击右键，选择【透视】。

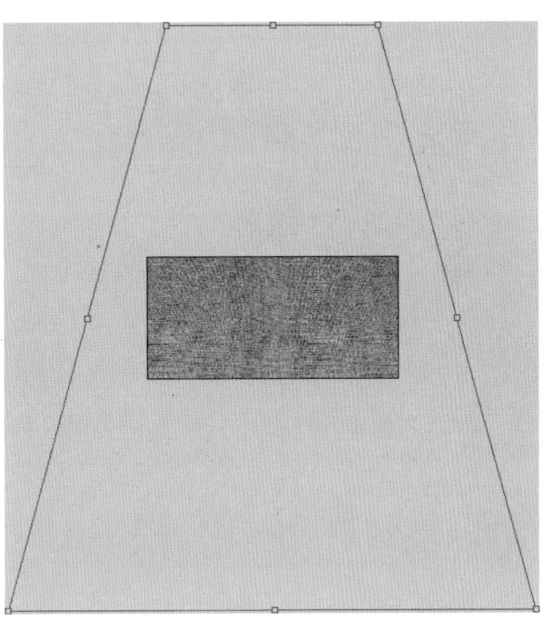

⓮ 将指针放在右上角的锚点，向左拖曳，使曲线成为一个梯形。

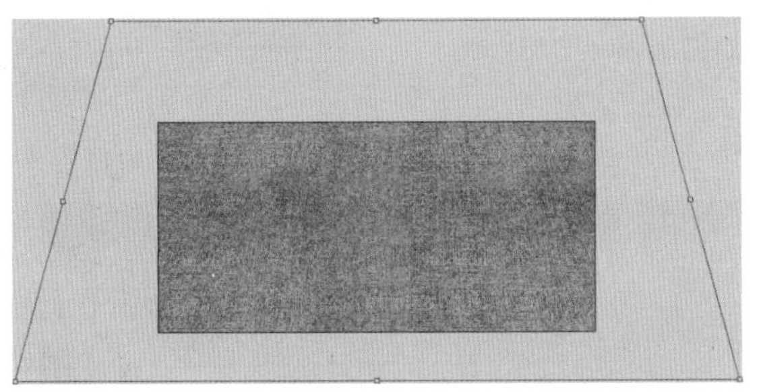

⓯ 单击右键，选择【自由变换】，上下拖曳中间的锚点，把梯形曲线压扁。

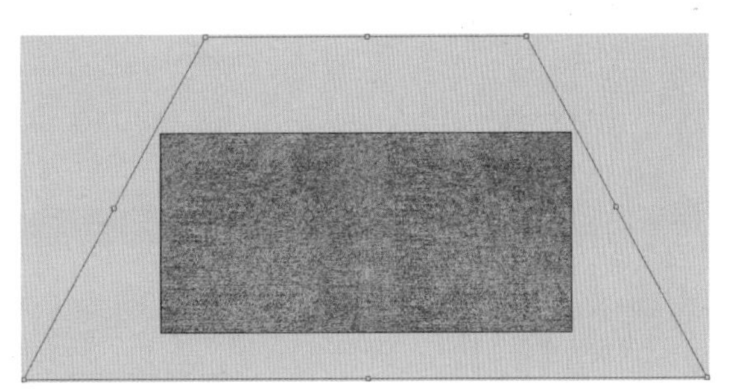

⓰ 单击右键，选择【透视】，向左拖曳右上角的锚点，通过变换调整功能，拉伸锚点，使桌布有纵深的效果。

⓱ 调整桌布后的效果。

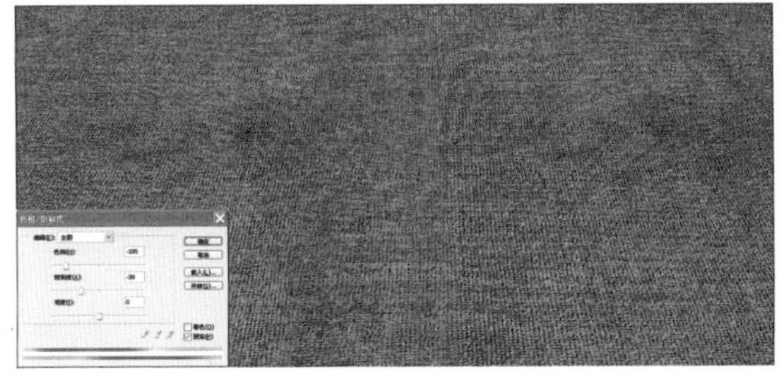

⓲ **调整桌布颜色** 单击【图层】面板的【创建新的填充或调整图层】按钮，选择【色相/饱和度】，设置【色相】为 -105，【饱和度】为 -38，暖色的背景容易让人更有食欲。

⑨ 打开鸡腿 .tif，按 Ctrl+J 键，复制图层，用【钢笔工具】勾出盘子，想要勾出圆滑的盘子，就尽量减少锚点。

⑩ 按 Ctrl+ 回车键，载入选区，单击【添加矢量蒙版】按钮，即可褪底。

⑪ 按照上两步的方法，将黑椒猪排 .tif、炸鸡排 .tif 和甜点 .tif 依次褪底。

Tips 检查图片是否抠干净，可以在蒙版图层下方新建一个图层，因为盘子是白色的，可以填充黑色，放大图片，查看盘子边缘是否抠干净。

⑫ 把抠好的食物素材摆放到桌布中，按 Crtl+T 键，再按住 Shift 键，调整食物大小。

⑬ 摆放食物时，要注意近大远小的透视关系，同时也要注意前后的遮挡关系，通过【图层】面板即可调整它们的叠放顺序。

⓮ **为食物添加投影** 在食物图层旁单间右键，选择【混合选项】。

⓯ 勾选【投影】，设置【角度】为 90，【距离】为 30，【大小】为 25，假设光源在正上方，阴影则投射在盘子边缘，阴影的范围不宜过大，稍微黑一些会更有着地感。

⓰ 投影设置完成后，按住 Alt 键，将图层旁的图层效果图标拖曳至其他食物图层，即能应用投影。

⓱ **给桌布添加光影，让画面层次更丰富** 在画面中间，用【椭圆选框工具】拖曳一个椭圆选区。

⓲ 单击右键，选择【羽化】，250 像素。

⑲ 在色相/饱和度调整层上方，新建曲线调整层，单击【创建新的填充或调整图层】按钮，选择【曲线】，将曲线向下拖曳即可调亮。

⑳ **制作暗角** 在画面中间，用【椭圆选框工具】拖曳一个椭圆选区，单击右键，选择【羽化】，250 像素，按住 Ctrl+Shift+I 键，反向选择。

㉑ 单击【创建新的填充或调整图层】按钮，选择【曲线】，将曲线向上拖曳即可调暗。

㉒ 在曲线调整层的上方新建图层，用【渐变工具】由右上至左下拖曳黑 - 透明渐变。

㉓ 按 Ctrl+T 键，拖曳锚点，调整渐变大小。

㉔ 降低图层不透明度为 70%，让右上角暗下去，又不至于漆黑一片。

25 将文字.tif 拖入到画布中，即完成快餐食品广告的合成。

3.5 特效

下面讲解一些实用的PS特效技术，主要是材质、光影的表现。

3.5.1 文字特效

视频：视频 \3.5 特效 \1 文字特效
素材：练习 \3-5 特效 \1- 文字特效

本例要制作的是根据敢死队英文版海报制作中文字体。设计思路是选择一款中文字体作为基础字体，然后用笔刷做出边缘碎裂的效果，既简单又实用的文字特效。

01 打开素材图片。

02 选择【文字工具】，输入“敢死队”，执行窗口\字符，设置字体为【方正超粗体 _GBK】，【字号】为 250，【字符间距】为 100，【颜色】为白色。

03 任意单击工具箱中的一个工具，取消当前文字输入状态，选择【文字工具】，输入 2，设置字体为 Arial Black，【字号】为 300 点，【水平缩放】为 90%，【颜色】为 R228、G9、B9。

04 选择两个文字层，单击右键，选择【栅格化文字】。

⑤ 在“敢死队”图层，单击【添加矢量蒙版】按钮，选择【画笔工具】，画笔为 3 像素的硬角画笔，按住 D 键复原前景色和背景色，在图层蒙版上用【画笔工具】沿着文字笔画画出黑线。

⑥ **载入画笔** 执行窗口\画笔，单击右上角的按钮，选择【载入画笔】，选择光盘路径：练习\3.5合成\1-笔刷文字特效\裂缝笔刷.abr。

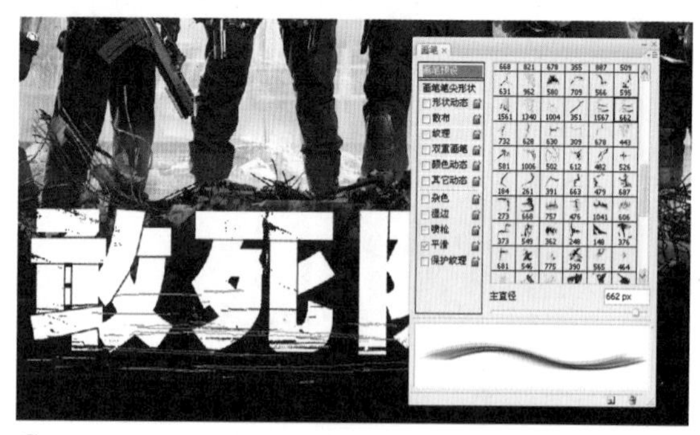

⑦ 选择裂缝笔刷，在图层蒙版里用残破笔刷在文字上单击，切勿来回涂抹，一个地方用一个笔刷。

⑧ 为“2”图层添加图层蒙版，用 3 像素的硬角画笔在文字中间画条黑线。

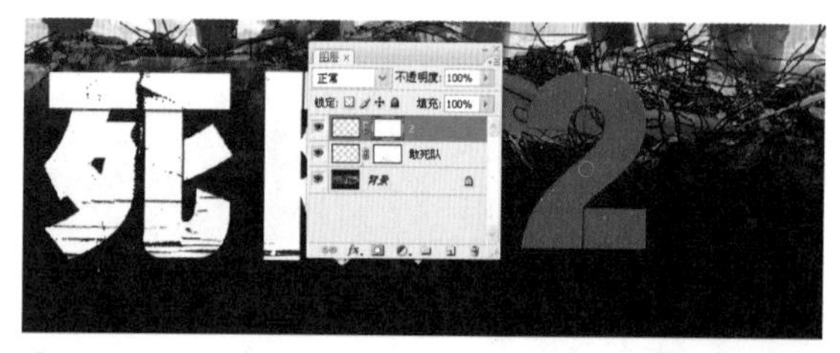

⑨ 按 X 键，调换前景色和背景色，在“2”的图层蒙版中将中间一段的黑线擦除。

⑩ 选择裂缝笔刷，在图层蒙版里用残破笔刷在文字上单击。

⑪ 选择【文字工具】，输入“THE EXPENDABLES 2”，设置字体为 Arial Black，【字号】为 86，【字符间距】为 100，【水平缩放】为 90%，【颜色】为白色。

⑫ 栅格化文字，添加图层蒙版，在图层蒙版上用 3 像素的硬角画笔沿着文字笔画画出黑线。

⑬ 选择裂缝笔刷，在图层蒙版里用残破笔刷在文字上单击，即完成文字特效的操作。

3.5.2 炫光特效

视频：视频 \3.5 特效 \2 炫光特效
素材：练习 \3-5 特效 \2- 炫光特效

在做合成时，经常会用到炫光特效，本例就是一个非常典型的炫光特效做法，读者可以举一反三做出更精彩的效果。

⓵ 打开素材图片。

⓶ **制作炫光** 新建图层，选择【画笔工具】，设置画笔大小为 30px，硬度为 10%，前景色为白色。

⓷ 用【钢笔工具】围绕着人物绕路径，不闭合路径。

04 单击右键，选择【描边路径】。

05 选择【画笔】，勾选【模拟压力】。单击【确定】按钮，添加图层蒙版，擦除部分炫光，使其有环绕效果。

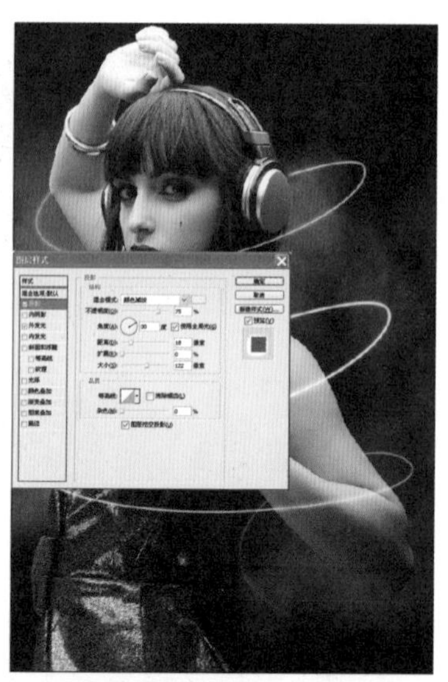

06 **设置图层混合选项** 选择图层 1，单击右键，选择混合选项，勾选【投影】，设置【混合模式】为颜色减淡，颜色为黄色，【距离】为 18，【大小】为 122。

07 勾选【外发光】，【混合模式】为叠加，【不透明度】为 38，【大小】为 24。

08 按 Ctrl+J 键，复制图层 3 次，用【选择工具】移动各图层的炫光，使其有交错的效果。

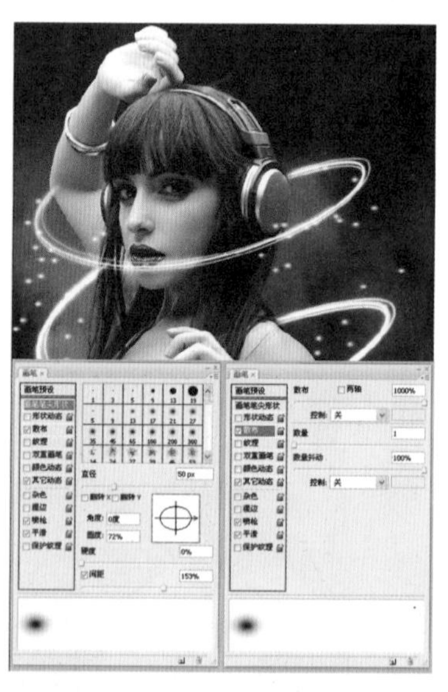

09 **设置点光画笔** 选择【画笔工具】，设置画笔的【硬度】为 0，【间距】为 153，勾选【散布】，【数量】为 1。

⑩ 新建图层，用【画笔工具】在人物部分画出点光，设置图层的混合模式为【叠加】。

⑪ 按 Ctrl+J 键，复制图层 2 次，加强点光效果，即完成炫光合成的操作。

3.5.3 风景如画

视频：视频 \3.5 特效 \3 风景如画

素材：练习 \3-5 特效 \3- 风景如画

本例主要讲解如何运用图层蒙版和画笔，将一张风景照片制作成画笔笔触的边框效果。

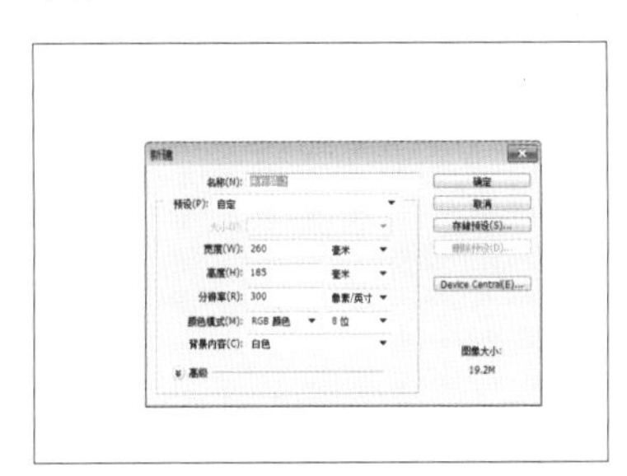

01 执行文件 \ 新建，设置【宽度】为 260 毫米，【高度】为 185 毫米，【颜色模式】为 RGB 模式。

02 将风景 .jpg 拖入画布中，按住 Shift 键调整大小。

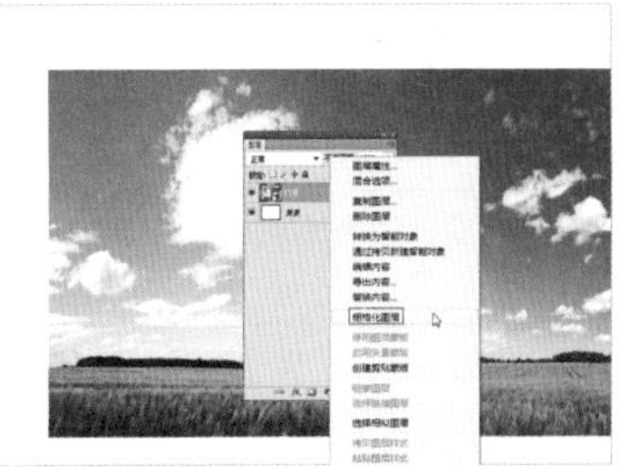

03 选择风景层，单击右键，选择【栅格化图层】。

❹ 单击【添加矢量蒙版】按钮。

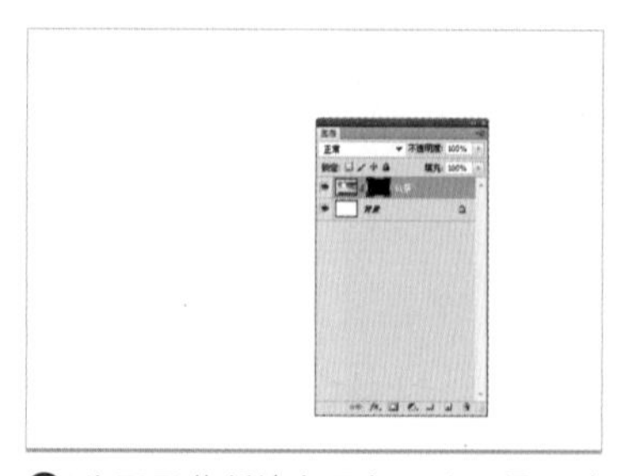

❺ 为图层蒙版填充黑色，让风景图片暂时不显示。

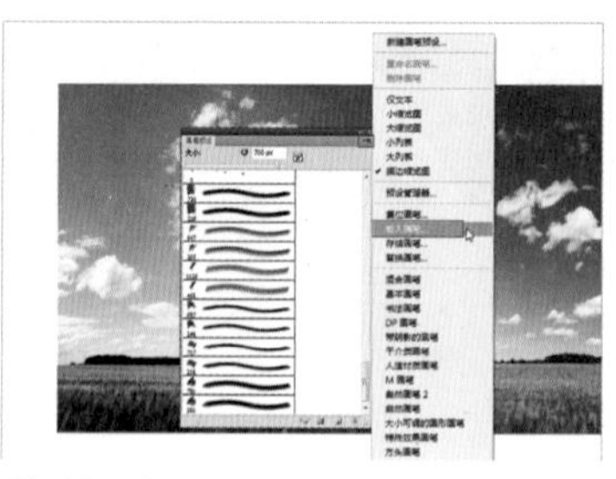

❻ 执行窗口 \ 画笔预设，单击右上角的按钮，选择【载入画笔】，载入“油画笔刷 .abr”。

❼ 选择【画笔工具】，在【画笔预设】中选择油画笔刷，设置前景色为白色，在图层蒙版中涂抹，之前隐藏的图片就会显示出来。

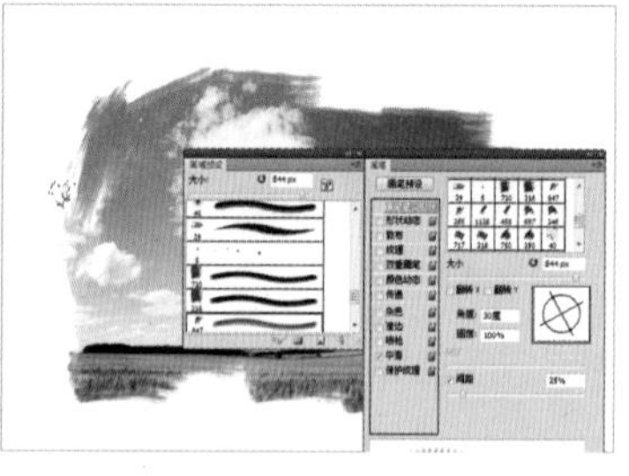

❽ 在涂抹时，不要把图片显示完全，留一些边缘部分做画笔涂抹效果，用不同的油画笔刷在边缘部分单击，或通过窗口 \ 画笔，调整笔刷的角度后涂抹，使效果更自然。

❾ 涂抹完成的效果。

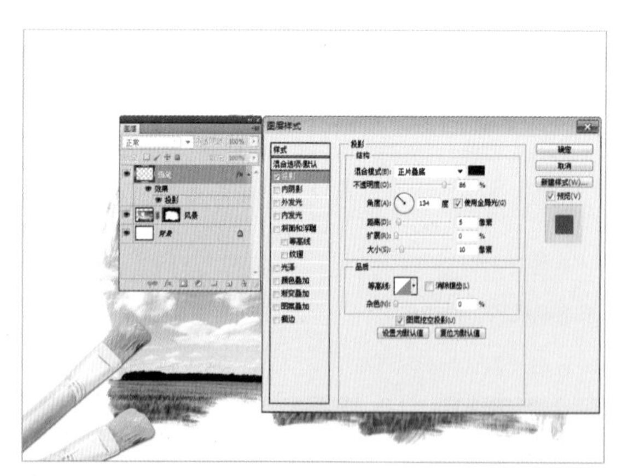

❿ 将画笔 .tif 拖入到画布中，添加投影。

⓫ 将文字 .tif 拖入到画布中，即完成操作。

3.5.4 布纹背景

视频：视频 \3.5 特效 \4 布纹背景
素材：无

在修图时，经常需要快速地制作一个通用性比较强的背景，本例制作的背景符合这个要求。

01 新建一个方形空白文档。

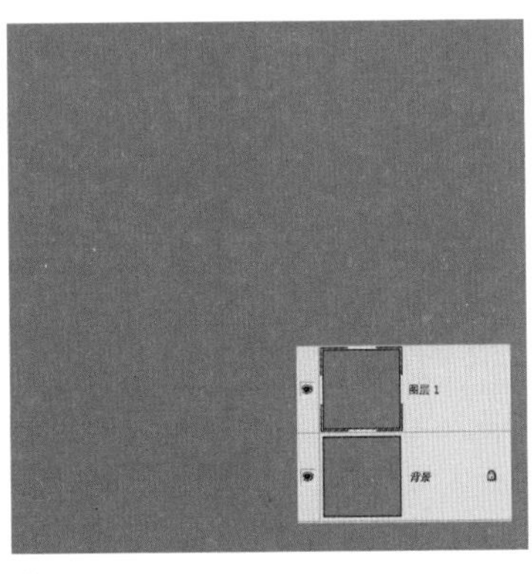

02 填充任意颜色并复制图层。

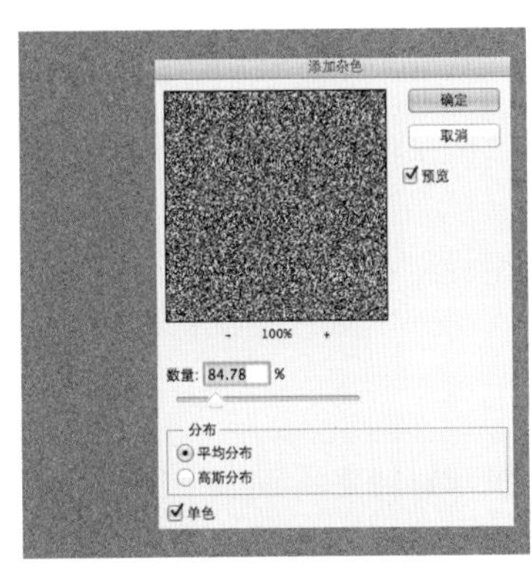

03 执行滤镜 \ 杂色 \ 添加杂色。

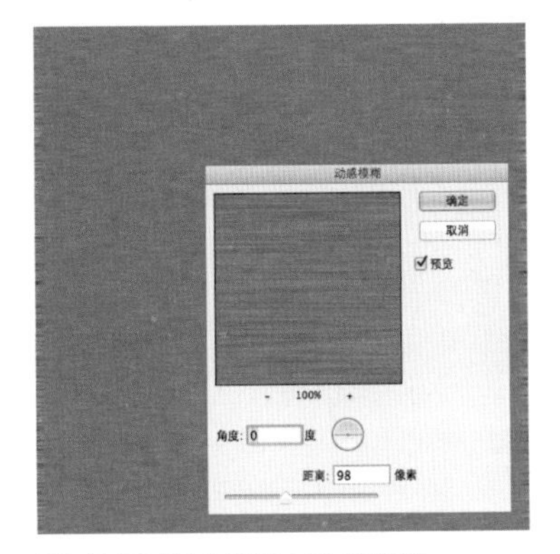

04 执行滤镜 \ 模糊 \ 动感模糊。

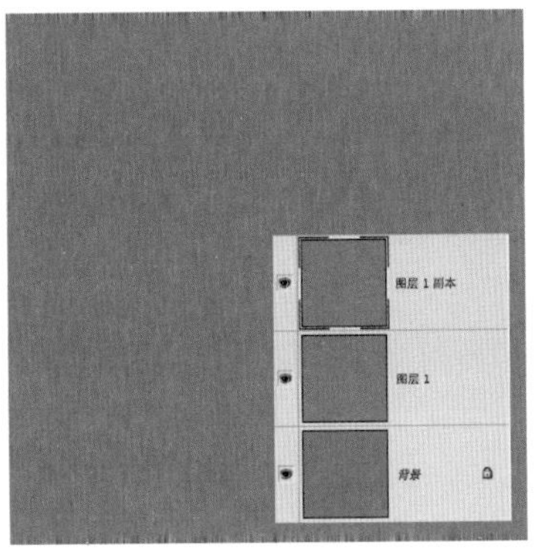

05 将模糊后的图层复制一份，并旋转 90° 。

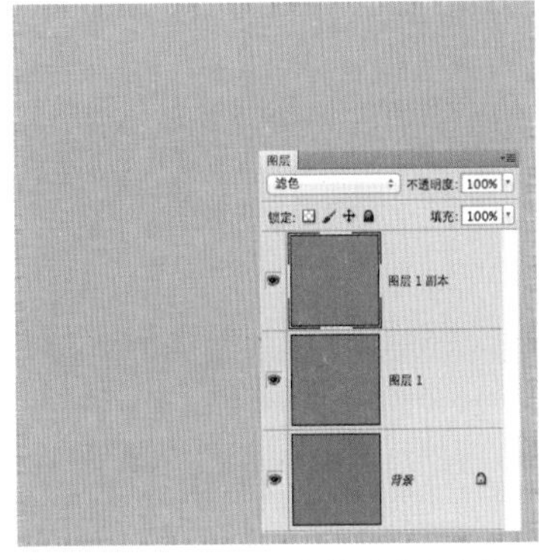

06 旋转后的图层混合模式改为滤色，即可出现布纹效果。

07 根据使用需要裁切图片，得到最终效果。

3.5.5 磨砂背景

视频：视频 \3.5 特效 \5 磨砂背景
素材：无

在作图时，经常需要快速地制作一个通用性比较强的背景，本例制作的背景符合这个要求。

01 建立一个空白文档。

02 填充渐变色，最好是某个色相由亮到暗的渐变。

03 复制图层，执行滤镜 \ 杂色 \ 添加杂色。

04 降低透明度，磨砂背景制作完成。

05 将 5- 油画 .psd 拖入到画布中，按 Ctrl+T 键，调整油画大小。在油画图层旁单击右键，选择【混合选项】，勾选【投影】，设置【角度】为 90，【距离】为 26，【大小】为 21，单击【确定】按钮，完成操作。

3.5.6 汽车光影特效

视频：视频 \3.5 特效 \6 汽车光影特效
素材：练习 \3-5 特效 \6- 汽车 .tif

本例的制作思路是，深色的背景，在画面的中央制作从天而降的光束，制造视觉中心点，在光束的照射下放置一辆漂浮在空中的汽车，成为画面的主体，最后放上文字完成设计方案。这个光影特效操作简单，通用性很强，主体不仅可以放汽车，也可以放其他产品，非常实用。

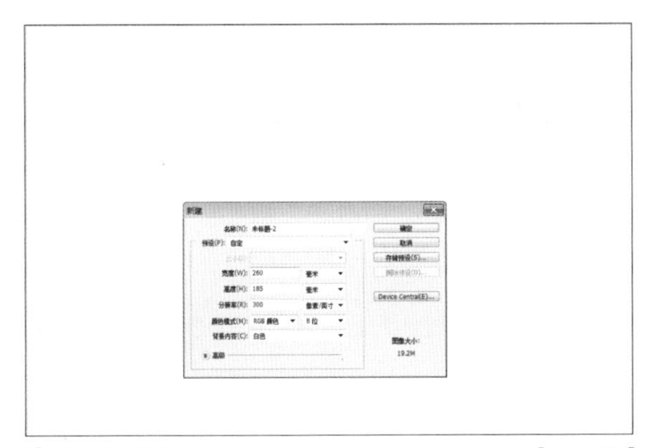

01 执行文件\新建，尺寸为 260 毫米 ×185 毫米，【分辨率】为 300，【颜色模式】为 RGB 颜色。

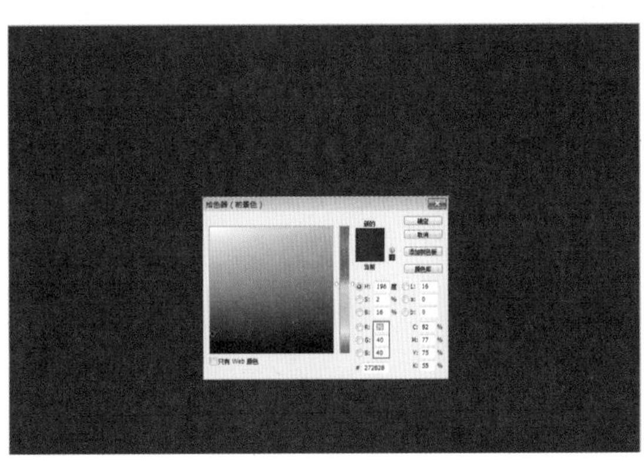

02 双击工具箱中的前景色图标，设置颜色值为 R39、G40、B40，按 Alt+Backspace 键，填充前景色。

03 **制作光束** 新建图层，用【矩形选框工具】拖曳一个矩形。

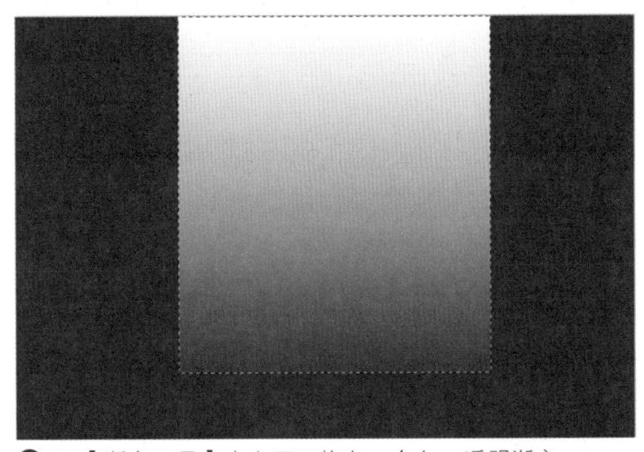

04 用【渐变工具】由上至下拖曳一个白 – 透明渐变。

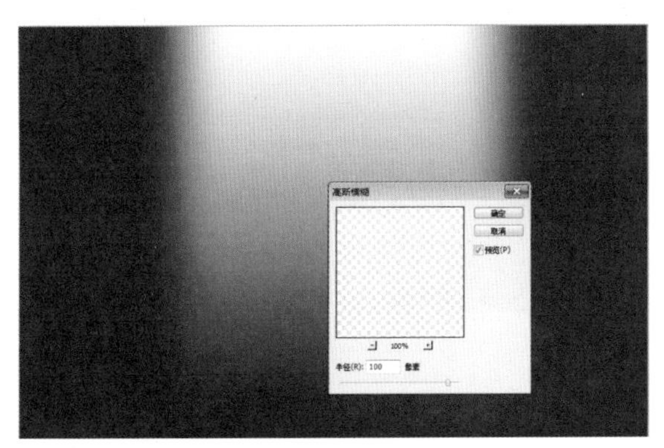

05 按 Crtl+D 键，取消选区，执行滤镜\模糊\高斯模糊，【半径】100 像素。

06 按 Crtl+T 键，单击右键，选择【透视】，分别拖曳上下锚点，使曲线成为梯形。

07 新建图层，用【矩形选框工具】拖曳一个矩形，用【渐变工具】由上至下拖曳白 - 透明渐变。

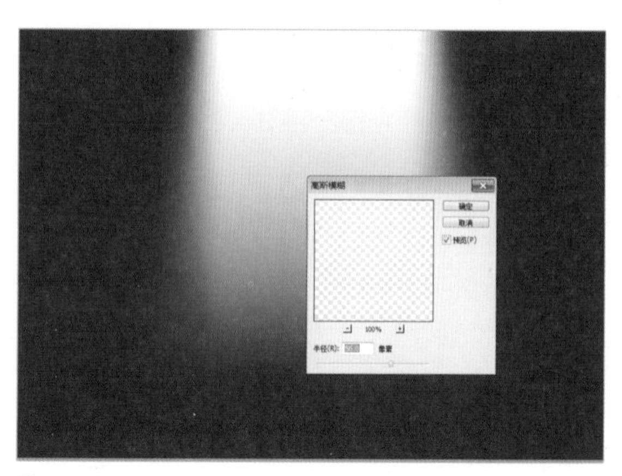

08 按 Crtl+D 键，取消选区，执行滤镜 \ 模糊 \ 高斯模糊，【半径】56 像素。

09 按 Crtl+T 键，单击右键，选择【透视】，分别拖曳上下锚点，使曲线成为梯形。

10 新建图层，用【矩形选框工具】拖曳一个矩形，填充白色。

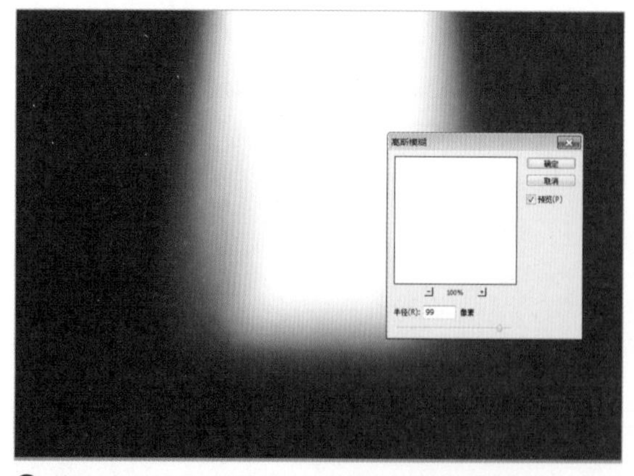

11 按 Crtl+D 键，取消选区，执行滤镜 \ 模糊 \ 高斯模糊，【半径】99 像素。

12 按 Crtl+T 键，单击右键，选择【透视】，分别拖曳上下锚点，使曲线成为梯形。

Tips 3 层光束由大到小，高斯模糊的数值也由大到小，营造外扩散、内聚拢的光效，使光束的效果更逼真。

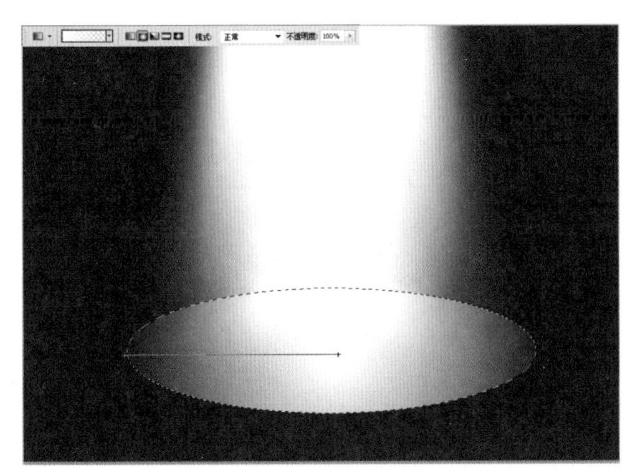

⑬ **制作地面上的光圈** 用【椭圆选框工具】拖曳一个椭圆，选择【渐变工具】，单击控制面板上的【径向】按钮，由中心向左拖曳。

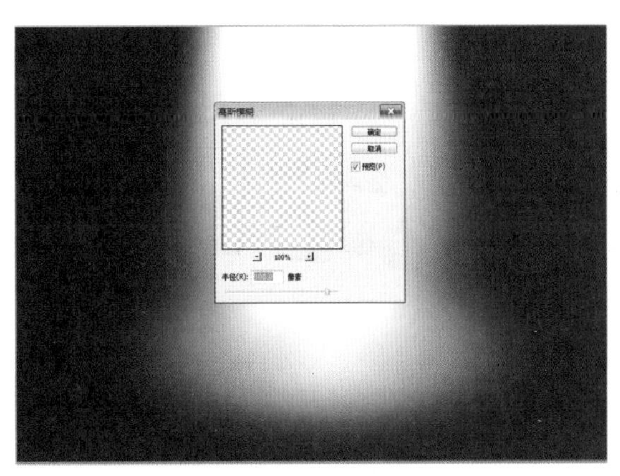

⑭ 按Crtl+D键，取消选区，执行滤镜\模糊\高斯模糊，【半径】100像素。

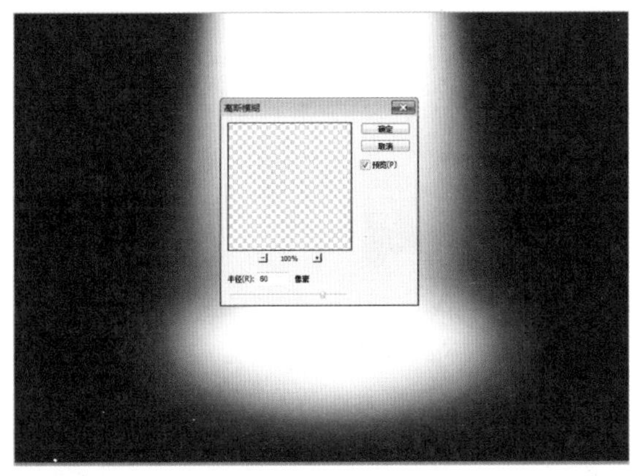

⑮ 用【椭圆选框工具】拖曳一个椭圆，选择【渐变工具】，由中心向左拖曳，按Crtl+D键，取消选区，执行滤镜\模糊\高斯模糊，【半径】80像素。

⑯ 用自由变换分别调整各图层的光束大小和透视，使其投在地面上的效果更自然，调整完成后，按住Shift键选择光束图层，按Ctrl+G键编组。

⑰ **抠汽车** 打开6-汽车.tif，用【钢笔工具】沿着汽车轮廓勾勒路径，闭合路径后，按Ctrl+回车键，载入选区，按Ctrl+J键，复制。

⑱ 在图层旁单击右键，选择【复制图层】，目标文档选择正在制作的光效文件，回到当前制作文件中，按Ctrl+T键，自由变换，按Shift键，等比例缩小汽车。

⑲ **调整汽车透视** 按 Ctrl 键，分别拖曳 4 个锚点，调整汽车透视，使其看上去像飘在空中。

⑳ **制作汽车投影** 用【钢笔工具】勾出不规则四边形。

㉑ 设置前景色为 R39、G40、B40，选择【渐变工具】，由左至右填充深色－透明渐变。

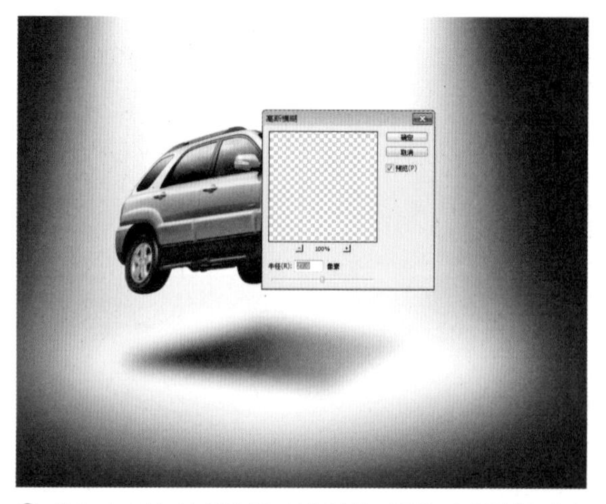

㉒ 按 Ctrl+D 键，取消选择，执行滤镜\模糊\高斯模糊，【半径】27 像素。

㉓ 打开窗口\路径命令，将【路径】面板中的路径拖曳至【创建新路径】按钮，保存投影路径。

㉔ 按 Ctrl+ 回车键，载入选区，选择【渐变工具】，按照图上箭头所示拖曳。

㉕ 按Crtl+D键，取消选区，执行滤镜\模糊\高斯模糊，【半径】23像素。

㉖ 降低图层不透明度为65%。

Tips 在制作汽车投影时，后面车轮离地面较近，所以投影较重，前面车轮离地面较远，所以在拖曳渐变时，只稍微加重两角的阴影即可，降低图层的不透明度后，使投影过渡自然，若觉得投影的边缘不够模糊，可以再高斯模糊，使其虚化。

㉗ **制作光线** 用【钢笔工具】勾勒光线。

㉘ 按Ctrl+回车键，载入选区选择【渐变工具】，单击控制面板上的【线性】按钮，按照图上所示拖曳白－透明渐变。

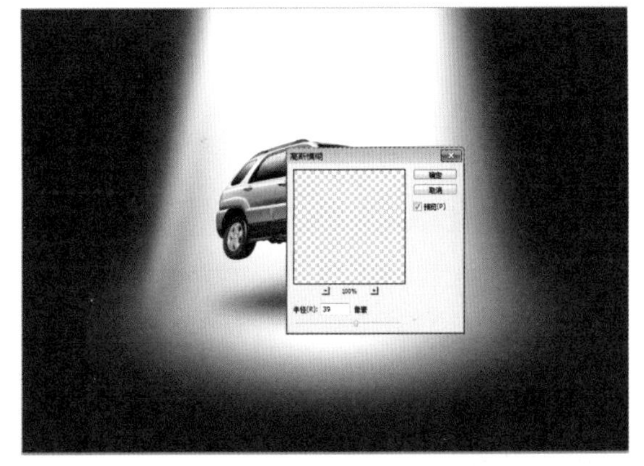

㉙ 按Crtl+D键，取消选区，执行滤镜\模糊\高斯模糊，【半径】39像素。

㉚ 将制作好的光线按Ctrl+J键，复制，按Ctrl+T键，单击右键，选择【水平翻转】，移至右边。

㉛ 按照上一步的方法，复制光线，通过自由变换调整光线的大小、角度，并移动它们到合适的位置。

㉜ 按住 Shift 键选择光线和汽车图层，按 Ctrl+G 键编组，在图层组旁单击右键，选择【转换为智能对象】。

㉝ 新建曲线调整层，按住 Alt 键单击曲线调整层和光线图层的衔接处，使调整层只对光线图层起作用，将曲线向上拖曳，提亮。

Tips

如何修改转换为智能对象的图层组？双击该图层，则会弹出一个新文件，在文件中可以单独对编组内的图层进行修改，修改完成后保存，然后关闭，再回到当前制作中的文件即可。

㉞ 选择【画笔工具】，前景色为黑色，【不透明度】为 35%，在选中光线图层蒙版的情况下，涂抹画面中汽车未被光线照到的地方。

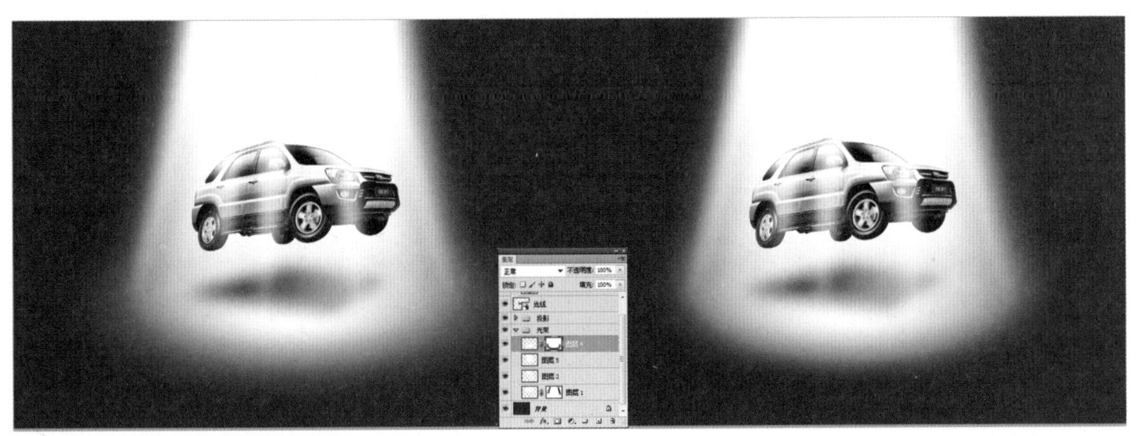

㉟ **修饰光束** 最下层的光束扩散范围稍大，可以在该图层添加蒙版，用黑色画笔，降低不透明度进行涂抹，椭圆光圈也可使用相同方法进行修饰。

㊱ **完成效果** 将 6- 汽车文字 .tif 拖入到画面中，摆放其位置，即完成汽车光影特效。

本章需要综合运用抠图、修图、调色、合成、特效技能来完成。本章的案例均源自真实的商业案例，需要运用到了多种PS技法才能实现。在学习本章内容时，建议多观看视频教学，很多细节的处理，无法在书中用文字进行表述，如有疑问，可在新浪微博@boxertian上进行讨论。

CHAPTER 4

Photoshop 综合实例

目的：综合应用前面所学技法制作综合实例。

讲解思路：按照实际工作流程进行讲解。

主要内容：人物封面、汽车广告。

4.1 普通人像

本案例主要讲解的是通过后期修图处理将普通人物照片变为漂亮的封面照。

4.1.1 拍摄普通人像的准备工作

1. 制定拍摄主题

我们在拍摄照片时，最好能制定主题，避免盲目拍摄，例如，需要表达某种心情，或某种照片风格，本例制定的是日式风格照片，选定的模特是甜美可爱的小女生，以脸部特写和半身构图为主。

2. 在网上寻找符合拍摄风格的样片

制定好拍摄风格后，可以在网上寻找相似的样片，以作参考。

3. 确定拍摄环境

在准备拍摄前，因为没用专业的摄影棚，所以需要找一个光线充足的环境，背景最好能找到一面纯色干净的墙壁，这样做是为了后期修图方便，省去了抠图的麻烦。最好准备几张大白卡纸和黑卡纸，可以做简单的补光，在拍摄时让模特的脸比较有光感、立体。

4. 拍摄过程

拍摄前，给模特看之前找到的样片，确定风格、姿势。在拍摄时，摄影师要多与模特进行互动，能使拍出来的照片更自然。没有经过专业模特训练的普通人很难一下拍出好看的照片，可以多拍一些，方便后期选图。

4.1.2 普通人像修图

视频：视频\4.1 普通人像\普通人像 -1 和普通人像 -2

素材：练习\4-1 普通人像\普通人像原图 .jpg

1. 修脸型和手臂

01 打开素材图片，按下 Ctrl+J 键，复制图层，背景层作为原图的备份。

02 图中圈出的地方是在整体修形时需要调整的。

03 **调整脸型** 用【套索工具】圈选左脸，圈选区域尽量大些，便于调整，单击右键，选择【羽化】，10 像素。

Tips 在修形前，需要观察图片人物有哪些形体问题，通常都需要瘦脸，没有专业造型师打造发型，所以在发型上或多或少都有不饱满的地方，还有胳膊和肩膀都需适当调整。修完形体之后，再对五官进行细致的雕琢。

04 按Ctrl+J键，复制图层，按Ctrl+T键，单击右键，选择【变形】，向右拖曳即可瘦脸，注意不要有衔接不上的地方。

05 按下回车键，单击【图层】面板的【添加矢量蒙版】按钮，选择【画笔工具】，前景色为黑色，【不透明度】为50，涂抹脸部衔接的痕迹。

Tips 调整形体时用到最多的就是【自由变换】里的【变形】功能，在调整脸型时，直接拖动中间区域，调整大的形体，但经常会出现边缘衔接不好的情况，这时候拖曳边缘的控制点，来让边缘尽量衔接上。

06 合并除背景层外的图层，用【套索工具】圈选右脸，羽化10像素。

07 按Ctrl+J键复制图层，按Ctrl+T键，单击右键，选择【变形】，向左拖曳即可瘦脸，若有衔接不好的地方，添加蒙版，用画笔擦除。

⑧ 合并除背景层外的图层，用【套索工具】圈选手臂外侧，羽化 10 像素。

⑨ 按 Ctrl+J 键复制图层，按 Ctrl+T 键，单击右键，选择【变形】，向左拖曳即可瘦手臂，若有衔接不好的地方，添加蒙版，用画笔擦除。

⑩ 合并除背景层外的图层，若觉得手臂不够纤细，可用【套索工具】圈选手臂内侧，羽化 10 像素。

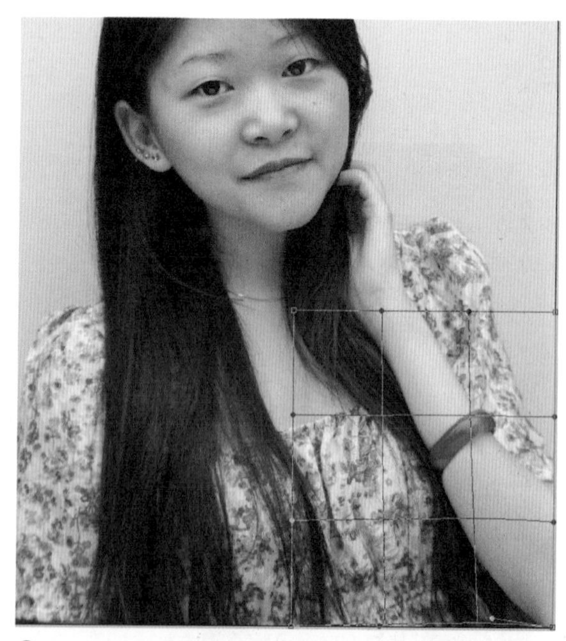

⑪ 按 Ctrl+J 键复制图层，按 Ctrl+T 键，单击右键，选择【变形】，向右拖曳，按回车键，完成瘦手臂操作，合并除背景层以外的图层。

2. 修五官

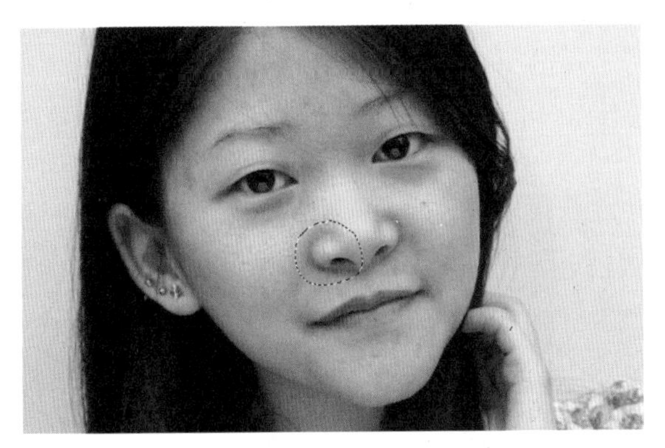

01 **调整鼻头** 用【套索工具】圈选左鼻翼，羽化 5 像素。

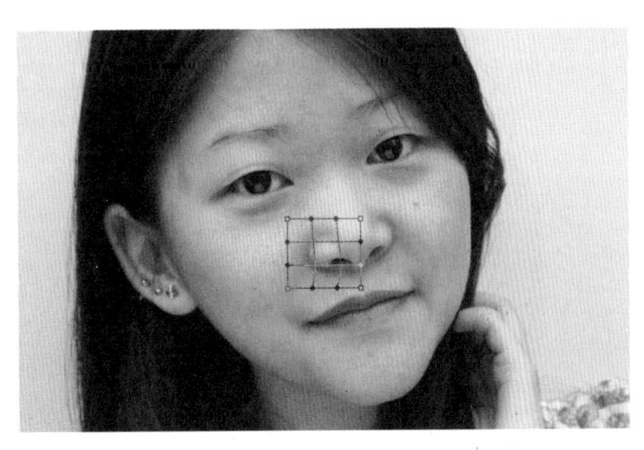

02 按 Ctrl+J 键复制图层，按 Ctrl+T 键，单击右键，选择【变形】，稍微向右拖曳一点即可。

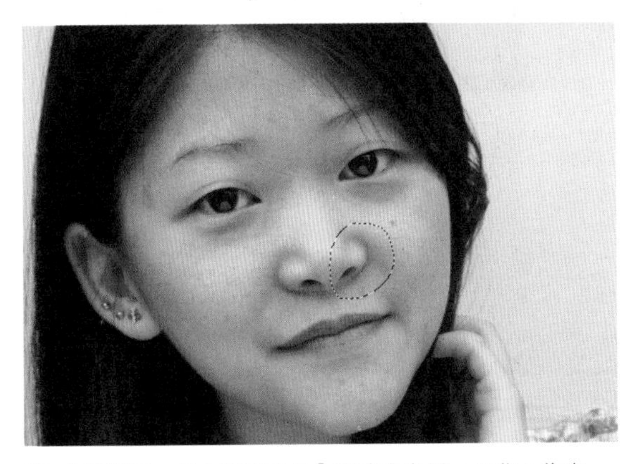

03 合并图层，用【套索工具】圈选右鼻翼，羽化 5 像素。

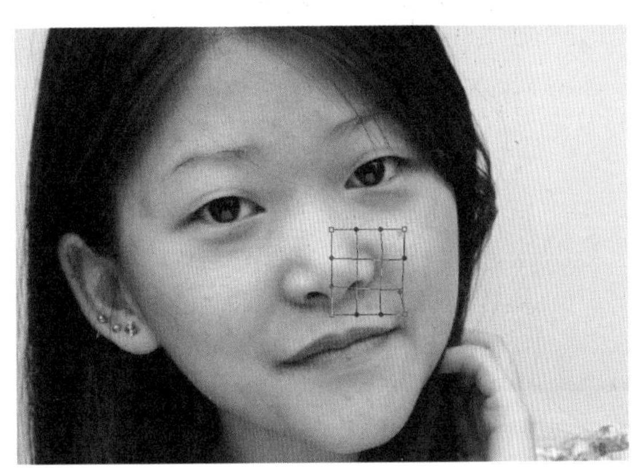

04 按 Ctrl+J 键复制图层，按 Ctrl+T 键，单击右键，选择【变形】，稍微向左拖曳一点即可，两边鼻翼要对称，合并图层。

3. 修饰细节

01 执行滤镜\液化，用【缩放工具】放大面部，用【向前变形工具】细微调整脸型、鼻子和耳朵，用【膨胀工具】稍微放大眼睛，注意操作都是很细微的调整。

02 用【向前变形工具】调整手臂轮廓、调整发型，使其饱满、调整嘴角，使其微微翘起，笑容不会显得僵硬。

4. 修补头发

01 图上红色标记的地方，头发不是很顺，可以用【仿制图章工具】修补，按 Ctrl+J 键复制图层。

02 根据修补面积调整【仿制图章工具】的画笔大小，不透明度 70%-100%，根据调整情况而定，按住 Alt 键单击需要修补地方附近的位置取样，涂抹时一定要顺着头发纹理。

5. 修脏点

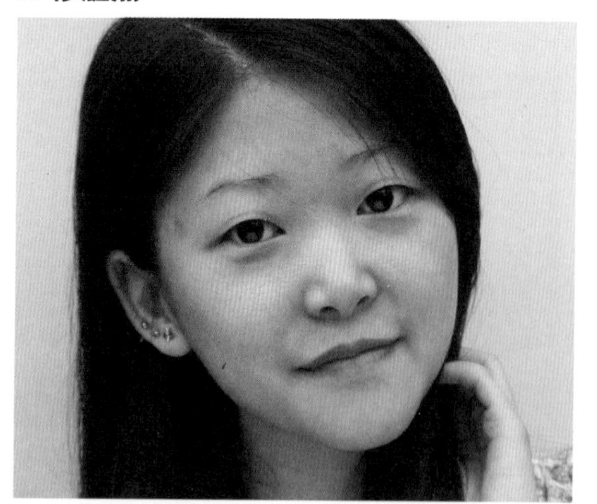

01 选择【污点修复画笔工具】，调整画笔大小，比去掉的痘痘大一圈，单击即可去掉痘痘，将脸上单独的痘痘去除干净。

02 用【修补工具】修掉面积较大的脏点，圈选出脏点区域，选区尽量精准，顺着皮肤纹理拖曳至好的区域即可，将脸上面积大的脏点，单独的发丝修掉。

6. 美化皮肤

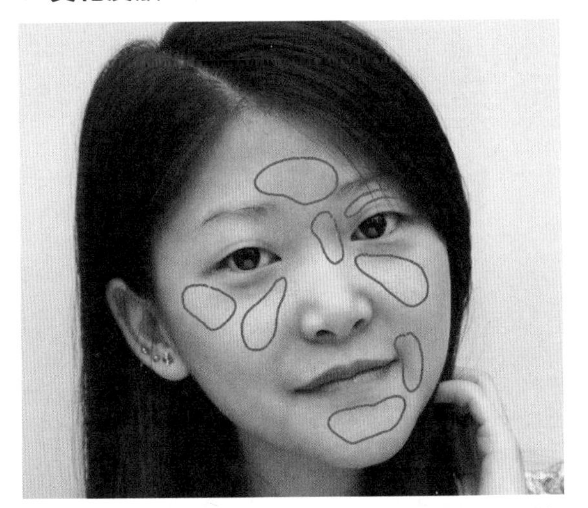

01 通常人的额头、脸颊、鼻翼附近和下巴容易出现皮肤粗糙和黑头的情况，需要用【仿制图章工具】修复这些问题。

02 按 Ctrl+J 键复制图层，选择【仿制图章工具】，不透明度为 5%~10%，按住 Alt 键在皮肤粗糙部位的附近取样，慢慢涂抹粗糙的部位，多变换取样点，多次单击涂抹，让皮肤变得柔和。

03 鼻子到嘴巴这块三角区域，需要修干净，因为这会使人的脸部看起来很清爽。

04 **去眼袋和法令纹** 按住 Alt 键取样眼袋下方的皮肤，然后用【仿制图章工具】涂抹眼袋，让眼袋变淡，用同样的方法减淡法令纹。

Tips 眼袋太深，会让人显得没精神，适当减淡会让人显得精神、年轻。但需要注意的是，一定不要把眼袋完全涂抹掉，会破坏面部结构，让人看起来很奇怪。

05 把【仿制图章工具】的【不透明度】调高到 15%-20%。因为图片的视觉中心一般集中在面部，身体部位就不需要保留太多质感，提高不透明度，会更容易把皮肤涂抹均匀。

7. 调整嘴唇颜色和调亮眼睛

01 用【套索工具】圈选嘴唇，单击右键，选择【羽化】5 像素。

02 新建【曲线】调整层，向上拖曳曲线，提亮嘴唇。

03 按住 Ctrl 键，单击嘴唇曲线调整层的蒙版，载入选区，新建【色彩平衡】调整层，为嘴唇添加红色和黄色，参数为 +11,0，-5，即完成调整嘴唇颜色的操作。

04 选择美化皮肤后的图层，用【套索工具】圈选左边瞳孔的下半部分，按住 Shift 键，圈选右边瞳孔的下半部位，羽化 3 像素。

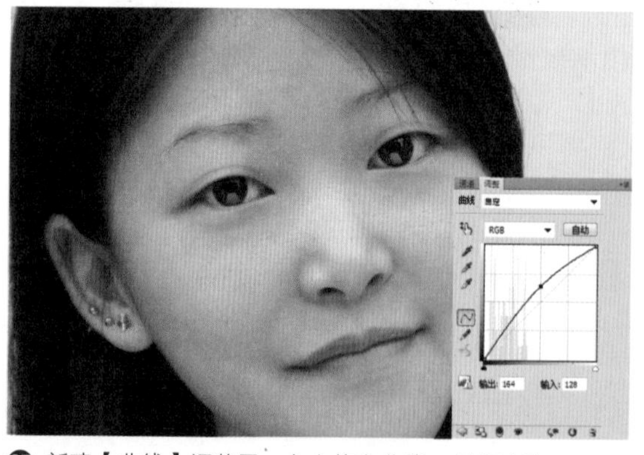

05 新建【曲线】调整层，向上拖曳曲线，提亮瞳孔。

06 用【套索工具】圈选眼睛，羽化 5 像素。

Tips 一般没化妆的人，嘴唇都会有些偏暗，所以将嘴唇调亮些，再增加一些红色，会让人更漂亮。明亮的眼睛，会让人看起来有神，所以需要稍微加强眼白和瞳孔的对比度，注意在调整时，眼白不能调整得太白，否则效果会适得其反。

⑦ 新建【亮度/对比度】调整层，设置【亮度】为 9，【对比度】为 20，即完成调亮眼睛的操作。

8. 修补眉毛

① 按Ctrl+J键，复制美化皮肤后的图层，选择【加深工具】，【曝光度】为7%，涂抹眉毛缺失的地方，调小画笔，涂抹眉尾，使眉尾稍微长一些，用【减淡工具】稍微涂抹眉头，减淡颜色。

② 用【套索工具】圈选两边眉毛，羽化5像素，新建【曲线】调整层，向下拖曳曲线，压暗眉毛，使其看起来浓密。

9. 调整脸部明暗

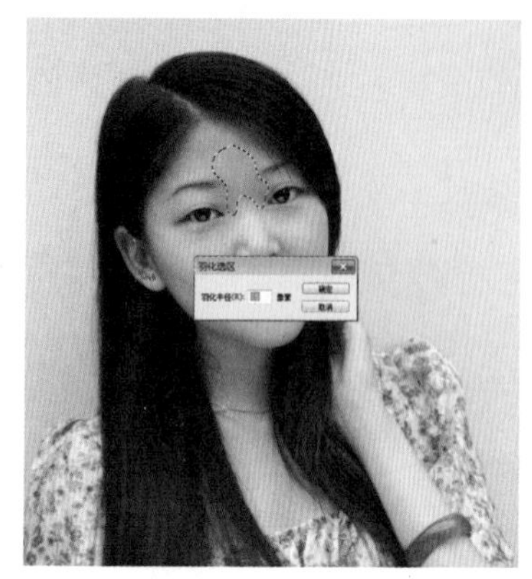

❶ 额头部分有些暗，需要提亮，用【套索工具】圈选额头中间部分，羽化 15 像素。

❷ 新建【曲线】调整层，稍微向上拖曳一点曲线，提亮额头。

❸ 鼻梁稍微有点曝光过度，需要压暗，用【套索工具】圈选鼻梁，羽化 15 像素。

❹ 新建【曲线】调整层，稍微向下拖曳一点曲线，压暗鼻梁。

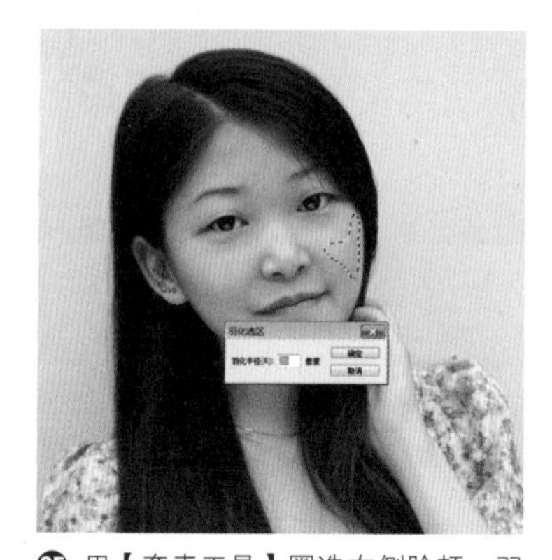

❺ 用【套索工具】圈选右侧脸颊，羽化 30 像素。

❻ 新建【曲线】调整层，稍微向上拖曳一点曲线，提亮脸颊。

10. 调色

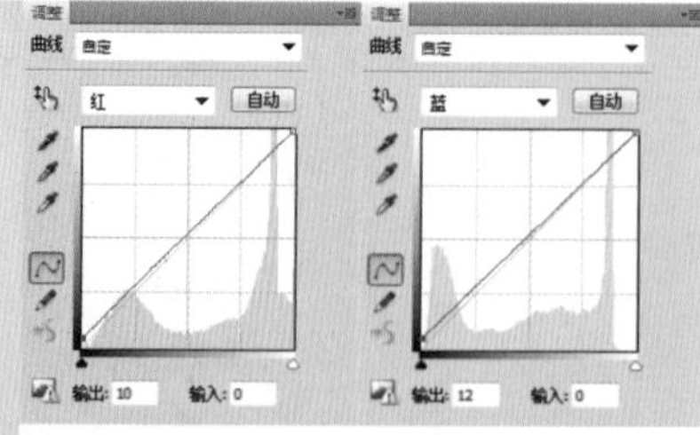

❶ **整体调整一个色调** 在图层最上方，新建【曲线】调整层，将红通道的暗部曲线向上拖曳，将蓝通道的暗部曲线向上拖曳，使图片色调偏粉。

❷ **调整皮肤颜色** 新建【可选颜色】调整层，【红色】设置为 +11、0、-6、0，【黄色】设置为 +3、0、-7、0。

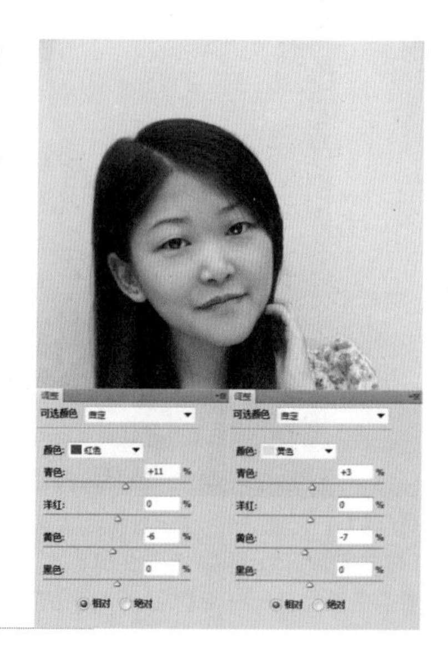

调整
色彩平衡
色调: 阴影 中间调 高光
青色 红色 +6
洋红 绿色 0
黄色 蓝色 -9
保留明度

调整
色彩平衡
色调: 阴影 中间调 高光
青色 红色 +5
洋红 绿色 0
黄色 蓝色 -4
保留明度

03 调整画面颜色，使其偏暖 新建【色彩平衡】调整层，【中间调】设置为 +6、0、-9，【高光】设置为 +5、0、-4。

04 改变背景颜色 将前面调整五官的调整层和美化皮肤图层合并，用【快速选择工具】选择人物。

05 单击右键，选择【调整边缘】，设置【半径】为 9.5，【平滑】为 1，【羽化】为 6。

06 单击【确定】按钮，按 Ctrl+Shift+I 键，反向选择。新建【曲线】调整层，先提亮背景，在各通道调整曲线，使背景偏黄。调整完成后，按 Ctrl+Shift+Alt+E 键，盖印图层，按 Ctrl+T 键，调整图片构图，按回车键，即完成普通人像的修图操作。

4.2 杂志封面

本案例主要讲解的是杂志封面人物的前期工作和修图方法，根据客户提出的要求，构思策划方案，在网上寻找大量的杂志封面作为参考，到拍摄时的准备工作，拍摄中的互动，拍摄结束后挑选适合的样片等，这一系列的工作流程，让读者了解前期策划－拍摄－后期修图，整个工作流程，以及让读者掌握如何修出一张完美的封面人物图。

4.2.1 拍摄前期的准备工作

1. 制定方案

根据客户需求，摄影师和后期师一起讨论需要拍摄图片的大致内容和风格。

题材：用于杂志封面的图片

构图：模特脸部或半身特写

风格：欧美范儿，大气，成熟女人

2. 在网上寻找符合拍摄风格的样片

在网上寻找大量的参考图片，用于拍摄和后期修图的参考，同时也可以给模特看，引导模特摆出漂亮的姿势。在众多参考图片中选出最符合需求的参考图片后，就可以确定拍摄风格、化妆造性和摄影用光等。

最终挑选出 3 张参考图片

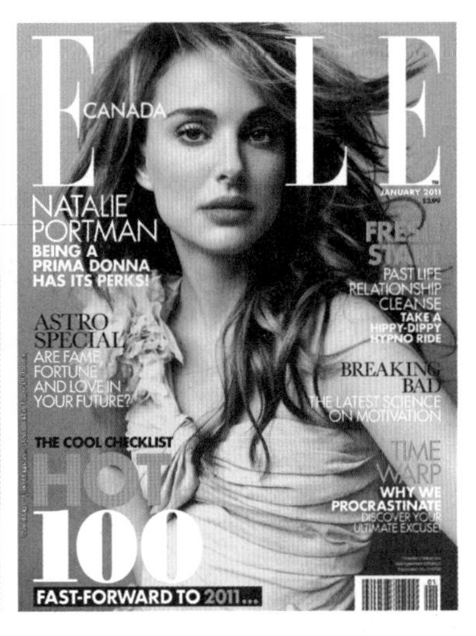

3. 寻找模特

联系模特经济公司，根据之前确认的风格寻找专业模特。

选定的模特▶

4. 挑选服装

根据样片挑选模特所穿的衣服。

5. 化妆造型

根据样片给化妆师传达我们需要的妆容、发型感觉，在加入化妆师的专业意见后，开始给模特化妆。

在化妆室进行前期的化妆

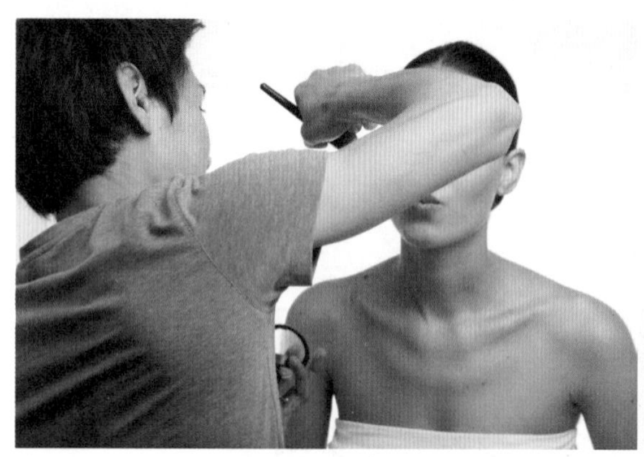

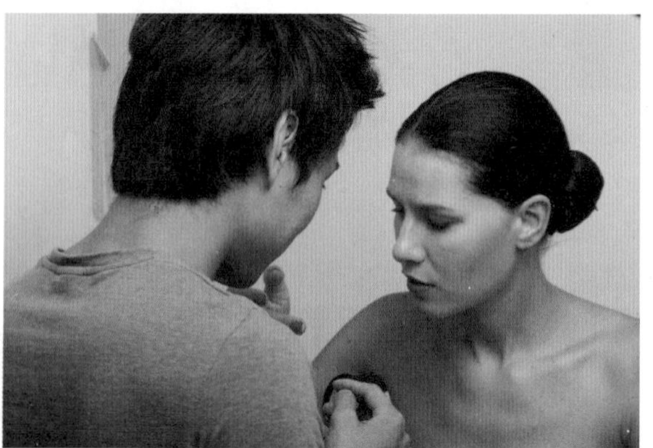

画好妆后，在布好灯光的摄影棚下进行最后的妆容修整

6. 准备拍摄

准备好摄影需要的专业灯光、背景设备等；摄影师开始布光，反复试光，调整背景；摄影师和模特进行沟通，给模特看样片，传达我们需要的风格。

4.2.2 拍摄

在拍摄的过程中，摄影师需要与模特进行互动，引导模特不断的调整状态，让模特的表现符合我们之前确定的风格，最终完成一组图片的拍摄。

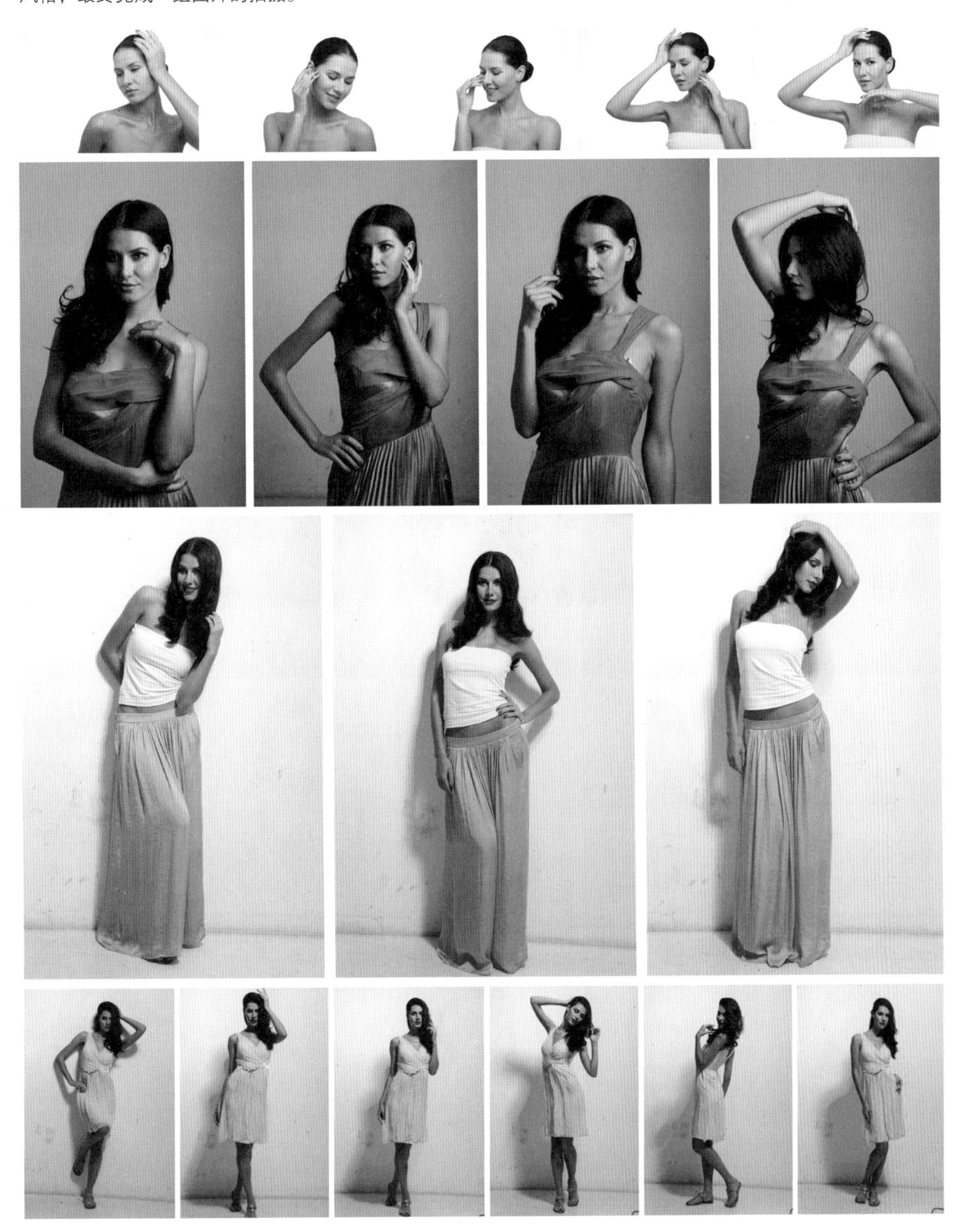

4.2.3 选片

拍摄完成后，摄影师把图片交给后期师，两人一起讨论、挑选出一张最好的照片拿来进行后期制作。在挑选图片时，可以将图片大致挑选一遍，然后将我们事先做好的封面版式在Photoshop中打开，把图片拖入到画布中，查看是否符合构图要求，查看图片的曝光是否正常，有没有过亮或过暗的地方，整个明暗过渡要柔和，有层次感。双击工具箱中的【缩放工具】，查看图片是否清晰，有没有虚焦的情况，模特表情和姿势是否自然，符合以上的条件，即可达到我们的封面要求。

4.2.4 封面人物修图

视频：视频 \4.2 杂志封面
素材：练习 \4-2 杂志封面 \ 杂志封面原图 .tif 和封面 .tif

1. 修形

01 这是最终确定为封面的图片，图片清晰度、曝光、构图、模特表情都符合封面的要求。

02 修掉相机产生的脏点和背景的脏点。按 Crtl+J 键，复制背景层，用【修补工具】圈选出右下角的脏点，拖曳至附近干净的区域。

03 **观察模特有哪些形体问题** 额头凸起的地方要修圆润，瘦脸，瘦胳膊，调整衣服褶皱。

Tips

在修形时要注意，不能将人物的脸型修得太尖，胳膊、腰、腿修得过细，在自然谐调的前提下，稍加修饰即可。如案例中的模特，本身就很苗条，我们只需进一步的美化，让模特看起来更有纤细的美感就行了。
还有需要注意的是，在前面的内容讲解中，笔者都建议复制背景层，不在原图上操作，方便操作过程中的对比，以及日后若有其他需求或调整，还可找到原图，所以我们在合并图层时，都保留背景层不合并。

04 瘦胳膊和腰 用【套索工具】圈选胳膊，圈选的范围尽量大些，这样才能有足够的调整空间。

05 单击右键，选择【羽化】10 像素。

06 按 Ctrl+J 键，复制选区内容，按 Crtl+T 键，单击右键，选择【变形】，向左拖曳曲线，使胳膊变瘦，注意衔接的地方不要有断层。

07 在胳膊图层，单击【添加矢量蒙版】按钮，选择【画笔工具】，不透明度为 40%，前景色选择黑色，涂抹衔接不自然的地方。

08 瘦前臂 合并图层，用【套索工具】圈选前臂内侧。

Tips 调整形体时，不仅要放大图片看细节，也要缩小图片看整体，这样才能将形体调整得自然、谐调。

09 单击右键，选择【羽化】10 像素。

⑩ 按Ctrl+J键复制图层，按Crtl+T键，单击右键，选择【变形】，向左拖曳曲线，使前臂变瘦。

⑪ 在前臂图层，单击【添加矢量蒙版】按钮，选择【画笔工具】，不透明度为40%，前景色黑色，涂抹衔接不自然的地方。如果涂抹错了，可以单击切换前景色和背景色的按钮（快捷键x），使前景色变为白色，涂抹即可擦掉错误的地方，合并图层。

⑫ **调整脸部** 用【套索工具】圈选右脸轮廓，单击右键，选择【羽化】10像素。

⑬ 按Crtl+J键，复制脸部图层，按Ctrl+T键，单击右键，选择【变形】，向上轻微拖曳曲线即可瘦脸，按下回车键，合并图层。

⑭ 用【套索工具】圈选左脸轮廓，单击右键，选择【羽化】10像素。

⑮ 按Crtl+J键复制图层，按Ctrl+T键，单击右键，选择【变形】，向右轻微拖曳曲线，合并图层。

⑯ **调整头部倾斜度** 用【套索工具】圈选头部，单击右键，选择【羽化】10像素。

⑰ 按Crtl+J键复制图层，按Ctrl+T键，将中心点放在脖子的位置，指针放在右上角的锚点外，变为旋转图标后，向左拖曳即可旋转，角度为2°~3°。

⑱ 单击【添加矢量蒙版】按钮，用【画笔工具】涂抹衔接不自然的地方，如手指、头发、脖子、墙壁等处，涂抹完成后合并图层。

⑲ **调整肩膀** 用【套索工具】圈选肩膀，单击右键，选择【羽化】10 像素。

⑳ 按 Crtl+J 键复制图层，按 Ctrl+T 键，单击右键，选择【变形】，向下轻微拖曳曲线即可，按下回车键，合并图层。

㉑ **调整形体细节** 按下 Crtl+J 键复制图层，为图层起好名字，执行滤镜 \ 液化，放大头部，用【向前变形工具】调整额头，使其圆滑。

㉒ 用【缩放工具】缩小画面，用【向前变形工具】细微调整脸型、肩膀、手臂和衣服褶皱。

㉓ **调整眼睛** 用【膨胀工具】，将画笔调整到与瞳孔大小一致，从中间向两边单击即可使眼睛变大的同时不变形。

㉔ **调整鼻子更挺拔、笔直** 用【向前变形工具】，稍微收一下鼻梁中的骨骼，两边鼻翼稍微往里收一点。

㉕ **调整嘴型** 用【向前变形工具】分别轻微的下压上嘴唇，上提下嘴唇。

㉖ **调整发型轮廓** 用【向前变形工具】向上提头发顶部凹下去的地方。

㉗ 调整完形体的效果。

Tips 在用【液化】调整人物细节时，【画笔密度】的参数不要设置得太大，一般在 20 以下即可，太大的数值容易使形体扭曲变形。随时按“【”或“】”调整画笔大小，以适合调整区域，随时放大或缩小画面，进行整体和局部的观察。

2. 修脏

⓪1 **祛痘** 按 Crtl+J 键复制图层，为图层起好名字，用【污点修复画笔工具】去除单独的痘痘，用“【”或“】”键，调整画笔大小，画笔刚好比痘痘大一圈，单击痘痘即可去除。

⓪2 **去除大面积脏点** 按 Ctrl+J 键复制图层，为图层起好名字，用【修补工具】修补脸部脏点，顺着皮肤纹理向好的地方拖曳。

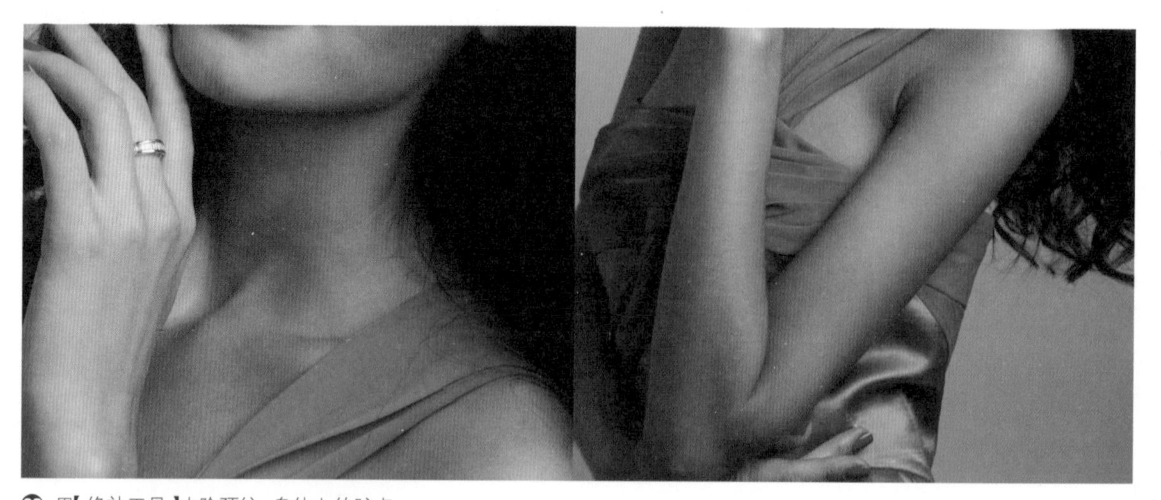

⓪3 用【修补工具】去除颈纹，身体上的脏点。

Tips 用【修补工具】圈选的范围要尽量精确，不要圈选不必要的地方或圈选一半，将脏点尽量拆分为小块进行修补，才能保留好的皮肤细节，如果修补的边缘有脏的部分，可以进行二次修补。要不断放大缩小图片，观察整体和局部。

3. 调整人物的明暗结构

01 新建【曲线】调整层，将曲线向上拖曳，提亮的程度即是皮肤的高光点，不能太亮，以看到皮肤细节为标准。

02 为曲线调整层填充黑色，让其暂时不起作用。

03 新建【曲线】调整层，将曲线向下拖曳，压暗的程度即是皮肤最暗的地方，皮肤暗部要保留细节，为曲线调整层填充黑色，让其暂时不起作用。

04 选择【画笔工具】，不透明度10%，前景色白色，选择“暗”曲线调整层涂抹脸部明暗过渡的地方，以及暗部区域里亮的地方。

05 选择“亮”曲线调整层涂抹亮部区域里暗的地方，注意不能破坏人物本身的明暗结构，只能加强明暗和细微调整。将不透明度调高至13%，减淡法令纹和眼袋。

06 用相同的方法处理手臂的明暗，用【画笔工具】在“暗”曲线调整层涂抹手臂两侧。

07 用【画笔工具】在“亮”曲线调整层涂抹手臂的中间部位。

08 用【画笔工具】在“亮”曲线调整层涂抹颈纹、腋下。

09 用【画笔工具】在“暗”曲线调整层涂抹脖子和锁骨部位太亮，以及亮暗不均的地方。

Tips 在处理完明暗关系后，缩小画布，半眯着眼睛查看效果，这样的好处是，能够很好的看出是否有太亮或太暗的地方，最后可以在“暗”曲线调整层，调大画笔在脸颊两侧涂抹，可以使脸部看起来更立体。

4. 调整人物局部颜色

01 调整额头颜色 按 Ctrl+Shift+Alt+E 键，盖印图层，用【套索工具】圈选额头偏青的部位，单击右键，选择【羽化】10 像素。

Tips

如何查看皮肤是否偏色？打开窗口\信息，用【信息】面板查看皮肤偏色，将指针放在皮肤上，正常的皮肤数值是：M和Y的数值差不多，C是M的2分之1或3分之1，K为0；若超出这个标准，则皮肤偏色。

如何纠正皮肤偏色？从【信息】面板中可看出，皮肤是由红色和黄色组成，用【可选颜色】调整需要的颜色，如皮肤偏黄就减少黄色。人的面部，一般在眼角、眼袋、鼻子下部和嘴角等地方容易出现偏色，可以重点注意这些部位。

02 打开图像\调整\可选颜色，【颜色】红色，数值为-7、0、-2、0，调整颜色没有绝对的数值，可通过窗口\信息，将指针放在调整的地方，查看【信息】面板调整前后的数值进行对比。

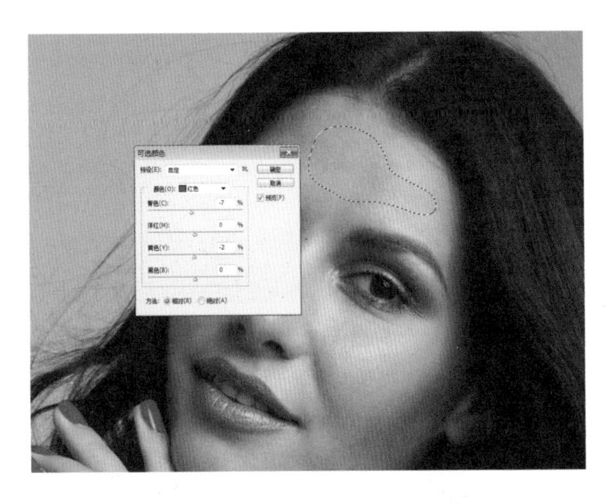

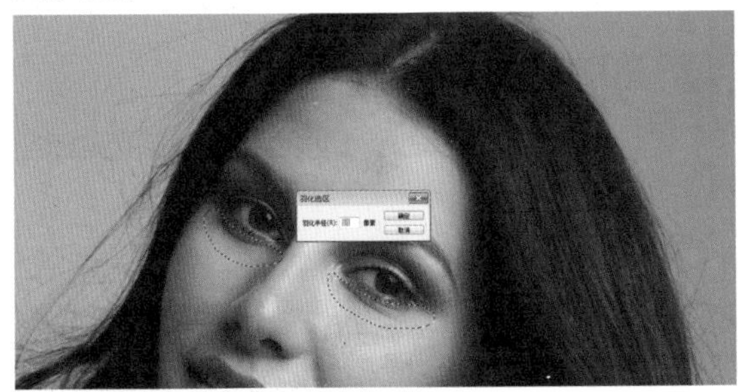

03 **调整眼袋** 用【套索工具】圈选眼袋，【羽化】10像素。

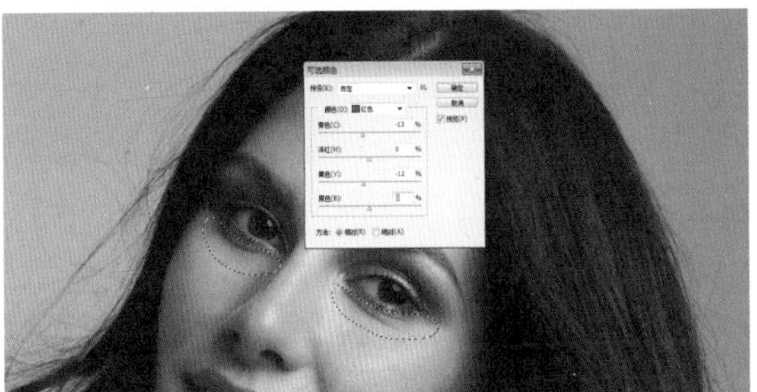

04 打开【可选颜色】，选择【颜色】红色，数值为-13、0、-12、0。

05 **调整嘴角** 用【套索工具】圈选嘴角，【羽化】5像素。

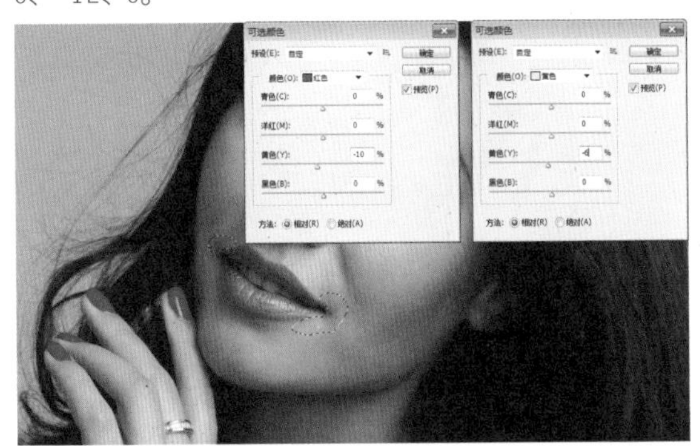

06 打开【可选颜色】，选择【颜色】红色，数值为0、0、-10、0，选择【颜色】黄色，数值为0、0、-6、0。

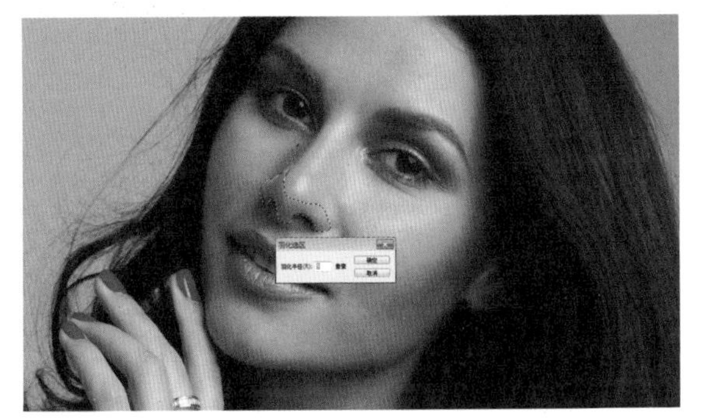

07 **调整鼻头** 用【套索工具】圈选鼻头，【羽化】5像素。

08 打开【可选颜色】，选择【颜色】红色，数值为-8、0、-6、0。

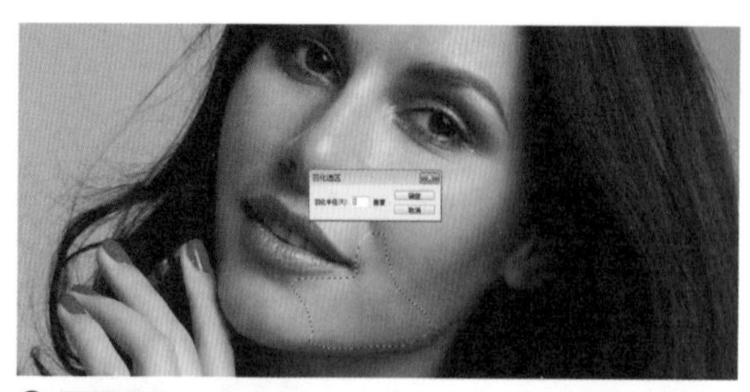

⓽ **调整下颌** 用【套索工具】圈选下颌，【羽化】5 像素。

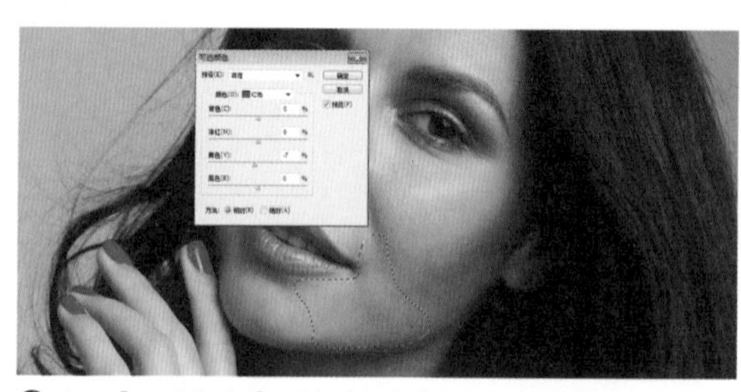

⓾ 打开【可选颜色】，选择【颜色】红色，数值为 0、0、-7、0。

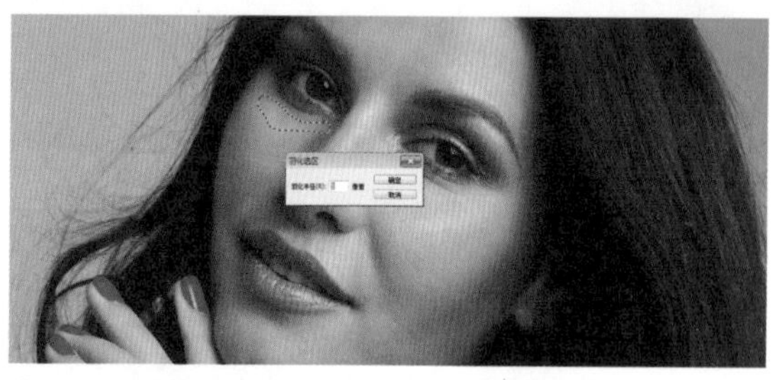

⓫ **调整左眼袋** 用【套索工具】圈选左眼袋，【羽化】5 像素。

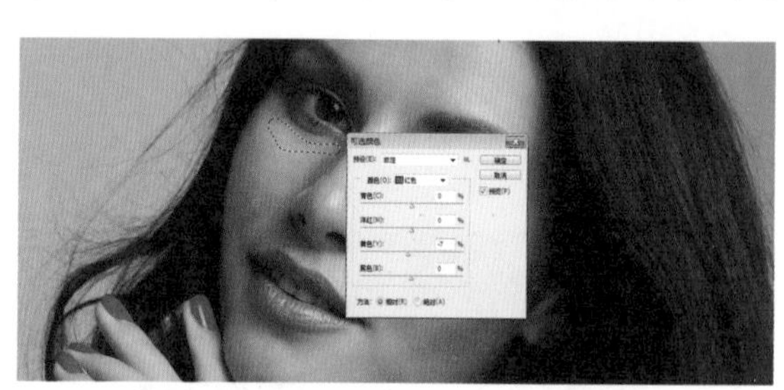

⓬ 打开【可选颜色】，选择【颜色】红色，数值为 0、0、-7、0。

5. 磨皮

⓵ 调整完皮肤局部颜色后，要进行细致的磨皮工作，使用【仿制图章工具】，把不透明度降到 10% 以下进行涂抹，可以很好的保留皮肤质感，还能使皮肤看起来很细腻。

⓶ 按 Ctrl+J 键，复制图层，用【仿制图章工具】涂抹时要注意，就近选择取样点，顺着皮肤纹理和明暗结构涂抹，随时缩小画布观察整体效果。

6. 调整五官和头发

01 调整眉型 选择【加深工具】，【曝光度】为 5%，涂抹眉型外轮廓不平整的地方，选择【减淡工具】，【曝光度】为 5%，涂抹眉毛中较深的地方。

02 修补睫毛 用【仿制图章工具】，【不透明度】为 80%，按住 Alt 键取样好的睫毛，填补缺睫毛的地方，不用刻意填补整齐，自然即可。

03 调整眼睛外轮廓 用【矩形选框工具】框选面部，执行滤镜\液化，用【膨胀工具】，调整画笔大小，比瞳孔稍大即可，单击右边眼睛的瞳孔、眼角放大眼睛。

04 用【向前变形工具】，调整眼睛外轮廓。

05 用【修补工具】修补眼内的血丝，提亮眼睛，用【套索工具】圈选眼睛，羽化 3 像素。

⓰ 按 Ctrl+J 键复制图层，混合模式为滤色，【不透明度】为 50%。

⓱ **调整瞳孔颜色** 用【套索工具】圈选瞳孔，羽化 3 像素。

⓲ 新建【曲线】调整层，向上拖曳曲线，调亮。

⓳ 设置混合模式为柔光。

❿ 按 Ctrl 键，单击【曲线】调整层蒙版，载入瞳孔选区，新建【曲线】调整层，向下拖曳曲线，压暗图片。

⓫ 设置混合模式为滤色，则完成调整眼睛的操作。

⑫ 用【修补工具】修补嘴唇较深的裂纹，圈选裂纹，顺着嘴唇纹理拖曳好的地方。

⑬ 用【套索工具】圈选嘴唇，羽化 6 像素。

⑭ 新建【曲线】调整层，调整为“S”型曲线，加强立体感。

⑮ 按住 Ctrl 键，单击【曲线】调整层蒙版，载入嘴唇选区，新建【色相\饱和度】调整层，设置【色相】为 +10，【饱和度】为 -8。

⑯ **调整头发** 选择【仿制图章工具】，【不透明度】为 80%，按住 Alt 键吸取头发顺滑的地方，顺着头发走势涂抹不好的地方。设置【不透明度】为 100%，适当的擦掉头顶杂乱的头发，靠近头发的部分，降低不透明度涂抹，不要将乱发涂抹得太整齐，适当保留一些，会更自然。

⑰ **调整头发明暗** 选择【快速选择工具】，在控制面板上设置画笔大小为 50px，选择头发，羽化 16 像素。

⑱ 按 Ctrl+J 键复制图层，执行图像\调整\阴影/高光，设置【数量】为 22，【色调宽度】为 40。

⑲ 单击【添加矢量蒙版】按钮，选择【画笔工具】，前景色为黑色，不透明度为 40%，擦除被调亮的背景。

⑳ 按 Ctrl 键，单击头发图层，载入选区，若有没选中的地方，用【快速选择工具】，调小画笔进行选择，羽化 16 像素。

㉑ 新建【曲线】调整层，调整亮部曲线，提亮头发。

㉒ 设置混合模式为明度，则提亮头发，不改变头发颜色。

㉓ 在选中蒙版的情况下，用黑色画笔涂抹被提亮的背景。

7. 调整衣服颜色

① 按Ctrl+Shift+Alt+E键，盖印图层，打开选择\色彩范围，勾选【本地化颜色簇】，单击【添加到取样】按钮，在画面中单击选取衣服，调整【颜色容差】和【范围】，使选择尽量精确。

② 单击【确定】按钮，新建【色彩平衡】调整层，选择【中间调】，设置参数为 -40、+9、+45。

③ 按住 Ctrl 键，单击【色彩平衡】调整层的蒙版，载入选区，新建【亮度/对比度】调整层，设置【对比度】为 18。

8. 调整整体的色调

01 调整肤色 新建【可选颜色】调整层，将指针放在皮肤上，观察【信息】面板的数值，根据数值调整【可选颜色】，适当的减少红色。

02 整体色调 新建【色彩平衡】调整层，设置【中间调】数值为 -3、0、+4，设置【高光】数值为 -17、+9、+19。

03 新建【亮度 / 对比度】调整层，【对比度】为 11。

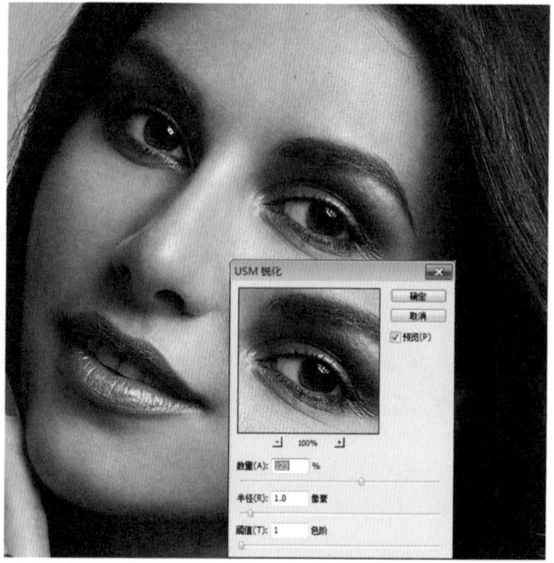

04 按 Ctrl+Shift+Alt+E，盖印图层，双击【缩放工具】放大图片，执行滤镜 \ 锐化 \USM 锐化，【数量】为 123，【半径】为 1.0，【阈值】为 1。

Tips 锐化的参数与图片大小和内容有关，如果图片较小，锐化的数量很低，效果就会很明显，如果图片较大，锐化的数量要大些，锐化的程度取决于图片没有明显的颗粒、噪点，但又有清晰感即可。人物照片锐化要柔和、风景照片锐化的范围要大，范围取决于半径的数值。

05 锐化后的效果。

06 将封面.tif拖入到画布中，在封面图层旁单击右键，选择【栅格化图层】，用【套索工具】圈选下面的文字，用【选择工具】拖曳到画面下方，即完成杂志封面人物的操作。

Tips 本例的杂志封面人物案例，重点在于讲解作为封面用图的照片该如何进行修图，修完图片后，需要将其置入到专业的排版软件中，如InDesign，根据封面尺寸，可能还需要进行裁图，然后排入文字，这里笔者事先做好了封面文字内容，只作为最后演示效果使用。

4.3 汽车广告

制作思路，在页面中搭建一个圆形舞台，舞台两侧放上弧形的光强，舞台中间摆放展示的主体 - 汽车。

4.3.1. 制作舞台

视频：视频 \4.3 汽车广告
素材：练习 \4-3 汽车广告

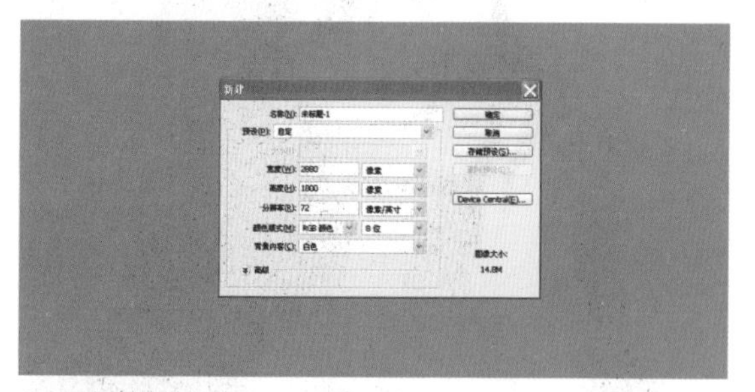

01 **新建文件** 执行文件 \ 新建，设置大小为 2880 像素 ×1800 像素，【分辨率】为 72，【颜色模式】为【RGB 颜色】。

02 **制作圆形舞台场景** 双击前景色，设置为黑色，按 Alt+Backspace 键，填充前景色。

03 将木板 .jpg 拖入到画布中，按 Ctrl+T 键，自由变换，单击右键，选择【透视】，向外拖曳右下角的锚点，向内拖曳右上角的锚点，使木板变为梯形，让其有纵深的感觉，单击右键，选择【缩放】，缩小木板以适合画布。

04 用【钢笔工具】在木板下方绘制弧形曲线，闭合路径。

05 按 Ctrl+ 回车键，转换为选区，按 Ctrl+Shift+I 键，选择反向。

06 单击【图层】面板的【添加矢量蒙版】按钮，木板的下方则变为弧形。

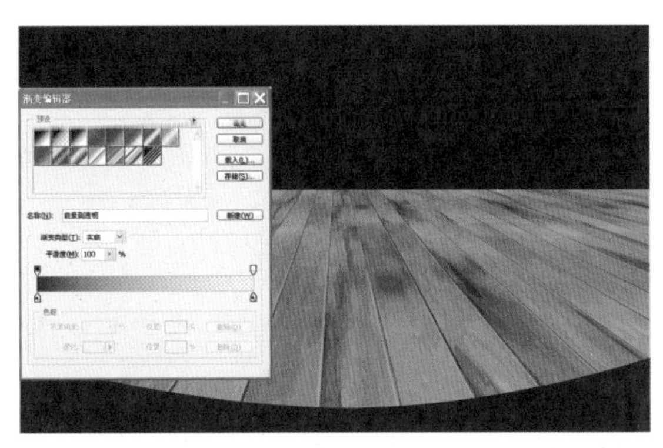

07 **为木板添加阴影** 单击【图层】面板的【创建新图层】按钮，前景色为黑色，选择【渐变工具】，在控制面板上单击渐变条，选择黑－透明渐变。

08 由四周往中心拖曳鼠标，制作阴影效果。

09 **调整木板颜色** 选择木板图层，单击【创建新的填充或调整图层】按钮，选择【色彩平衡】，调整颜色使木板偏暖，单击【确定】按钮，按住 Alt 键单击调整层，使其只对木板图层起作用。

10 **添加座椅** 将座椅 .jpg 拖入到画布中，按住 Shift 键调整图片大小。

11 按下回车键，在【图层】面板中，单击右键，选择【栅格化图层】，单击【添加矢量蒙版】按钮，用【渐变工具】在座椅四周向中心拖曳，遮挡四边。

Tips 在制作场景时，都需要定义一个主光源，将其他元素摆放到这个场景中，并在制作阴影时都以这个主光源为参考。

⑫ 按 Ctrl+T 键，自由变换，缩小并拉长座椅，放在舞台正上方，降低图层不透明度为 50%。

⑬ **添加幕布** 将幕布 .psd 拖入到画布中，按住 Shift 键，调整图片大小。

⑭ 将幕布 2.psd 拖入到画布中，按住 Shift 键，调整图片大小，将其放在第 1 个幕布图层的下方。

⑮ 按 Ctrl+J 键，将第 2 个幕布复制图层，按 Ctrl+T 键，单击右键，选择【水平翻转】，将其放在舞台的右侧。

⑯ **绘制幕布阴影和光线** 在幕布的最上方新建图层，用黑－透明渐变为两边幕布加上阴影。

⑰ 在左边第 2 块幕布上方新建图层，选择【渐变工具】，从左到右，由上到下拖曳，添加黑－透明的阴影。

Tips 将素材拖入到画布的方法有 3 种：1 是通过文件 \ 置入，置入的图片；2 是从文件夹中将图片拖入画布中；3 是打开素材图片拖入到画布中。前两种方法置入的图片，在【图层】面板的右下角都会有个【智能对象缩览图】图标，为置入的图片添加蒙版时，若【添加矢量蒙版】按钮显示为灰色，可将图片栅格化处理，在图层旁单击右键，选择【栅格化图层】即可。

⑱ 为阴影图层添加蒙版，选择【画笔工具】，设置前景色为黑色，擦除左下角多余的阴影。

⑲ 按 Ctrl+J 键，将阴影图层复制，并放在右边第 2 块幕布图层的上方，按 Ctrl+T 键，单击右键，选择水平翻转。

⑳ **添加幕布倒影** 选择左边第 2 块幕布，按 Ctrl+J 键复制图层，按 Ctrl+T 键，单击右键，选择垂直翻转，将倒影放在幕布下方。

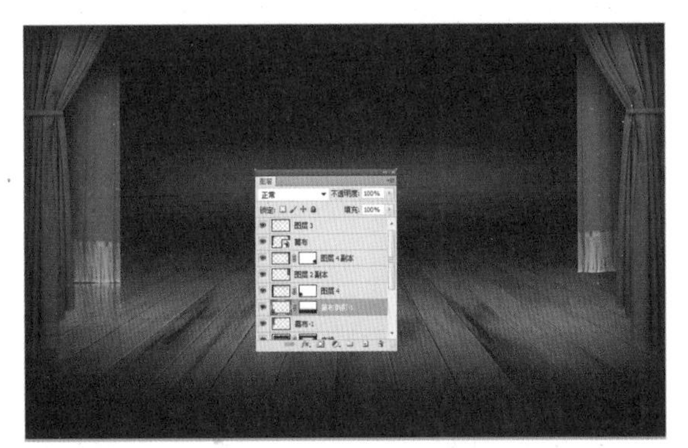

㉑ 为倒影图层添加蒙版，用【渐变工具】由下至上拖曳，添加黑 - 透明渐变。

㉒ 选择【选择工具】，按住 Alt 键拖曳倒影至右边，按 Ctrl+T 键，单击右键，选择水平翻转，放在右边幕布的下方。

㉓ 将第 2 层幕布左右两边的幕布、阴影、倒影分别合并，并起好名字，在“幕布 2”图层上方添加【色相\饱和度】调整层，按住 Alt 键，单击上下两层的衔接处，使其只对“幕布 2”起作用，降低其饱和度，使两层幕布有纵深的感觉。

4.3.2 制作灯光

01 **制作灯光** 最上方新建图层，用【椭圆选框工具】绘制椭圆形，填充白色。

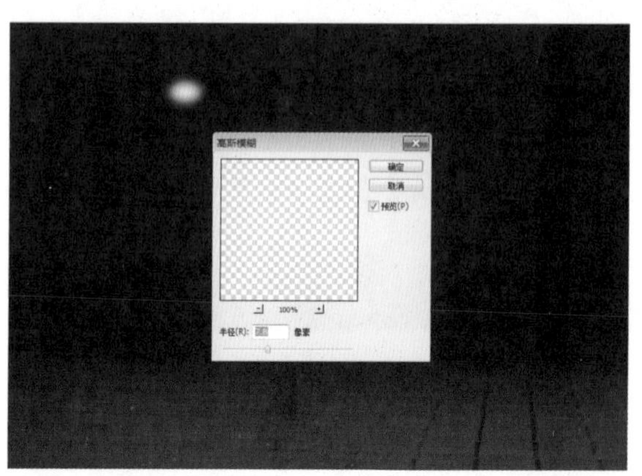

02 按 Ctrl+D 键，取消选区，执行滤镜\模糊\高斯模糊，【半径】为 7.8 像素。

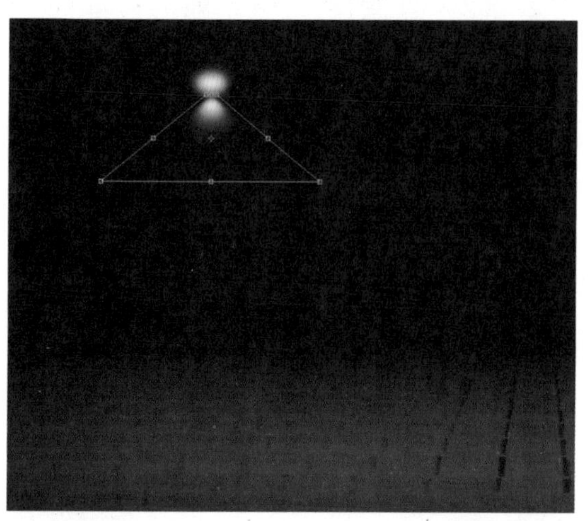

03 按 Ctrl+J 键复制，按 Ctrl+T 键，自由变换，通过透视和缩放调整灯光。

04 在图层面板最上方新建图层，用【椭圆选框工具】绘制椭圆形，用【吸管工具】吸取幕布颜色，并填充。

05 按 Ctrl+D 键，取消选择，执行滤镜\模糊\高斯模糊，参数设置稍大，使其有淡淡的红色光晕即可。

06 将制作灯的 3 个图层合并，起好名字，按住 Shift+Alt 键同时按住左键水平复制灯。

⑦ 复制5个灯，选择5个灯的图层，单击控制面板上的【按左分布】按钮，使它们之间的间距相等。

⑧ 将5个灯的图层合并，按住Alt键拖曳灯，即可复制。按Ctrl+T键，自由变换，按住Shift+Alt键拖曳右下角锚点，由中心等比例缩小灯，降低其图层不透明度。

⑨ 按照上一步的方法，再复制一排灯，调整其大小和不透明度，整体调整灯的摆放位置和整体大小。

Tips 在做合成操作时，会有很多的图层，所以一定要养成为图层起名字的好习惯，相关内容的图层可以编组，便于管理和选择，在【图层】面板中按住Shift键选择需要编组的图层，按Ctrl+G键即可编组。

4.3.3 放入汽车

01 打开“汽车 .jpg”，用【钢笔工具】抠出汽车。

02 打开窗口 \ 路径，将面板中的工作路径拖入到【创建新路径】按钮，即可保存路径，便于日后的调用。

03 按 Ctrl+ 回车键，转换为选区，选择任意选框工具，在画布中单击右键，选择【羽化】0.3 像素，可以使边缘柔和，不出现锯齿。执行选择 \ 修改 \ 收缩，收缩 1 像素，可以使汽车不漏背景边。

04 按 Ctrl+J，复制汽车，单击【添加矢量蒙版】按钮，单击右键，选择【应用图层蒙版】，去除汽车背景。

05 将汽车拖入到合层文件中，按 Ctrl+T 键，自由变换，缩小汽车，使其适合舞台。

06 **微调汽车透视** 按住 Ctrl 键，分别向下拖曳图中圈出的两个锚点，使汽车透视更符合舞台场景。

Tips 在抠完图后，可以在汽车图层下面新建图层，填充黑色，查看是否有漏背景边，如果有，可以用【钢笔工具】勾勒出白边的地方，选择图层蒙版，填充黑色即可去除漏边。

07 制作汽车倒影 按 Ctrl+J 键，复制汽车，并将汽车倒影图层放在汽车图层下方，按 Ctrl+T 键，单击右键，选择垂直翻转。

08 单击右键，选择【变形】，调整倒影的 4 个车轮，使其贴合汽车的 4 个车轮。

09 降低倒影的不透明度为 15%，单击【添加矢量蒙版】按钮，用【渐变工具】，由下至上拖曳，添加黑 - 透明渐变。

10 微调汽车倒影 执行滤镜 \ 液化，用【向前变形工具】调整轮子形状，使其更贴合汽车的轮子。

11 添加深色阴影 在倒影图层上新建图层，用【钢笔工具】沿着轮子的外围勾勒一个闭合路径。

12 按 Ctrl+ 回车键，载入选区。

⑬ 选择【吸管工具】，单击地板最深的颜色，即可吸取颜色，按 Alt+Backspace 键填充颜色。

⑭ 按 Ctrl+D 键，取消选区，设置图层混合模式为【正片叠底】，加深阴影。

⑮ 执行滤镜 \ 模糊 \ 高斯模糊，【半径】为 4 像素。

⑯ 按 Ctrl+T 键，单击右键，选择【变形】，调整阴影，确保阴影都在轮子的边缘处。

⑰ 为阴影图层添加蒙版，选择【画笔工具】，降低【不透明度】为 20%，前景色为黑色，稍微的擦一下阴影的边缘，使其更逼真。

⑱ **为汽车添加环境色** 在汽车图层上添加【色彩平衡】调整层，参数为 +7、0、-19，按住 Alt 键，单击两个图层直接的衔接处，使调整层只对汽车起作用。

4.3.4 制作光效

⓪① **制作光效** 新建图层，用【钢笔工具】在舞台下方绘制一条不闭合的弧线。

⓪② 选择【画笔工具】，设置画笔大小为 10px，硬度为 0，不透明度 100%，前景色为白色，在【路径】面板中，单击右键，选择【描边路径】。

Tips 画笔的大小即为光效的粗细。

⓪③ 在弹出的对话框中，设置【工具】为画笔，勾选【模拟压力】，单击【确定】，则出现一条两端细中间粗的描边，单击【路径】面板的空白处，取消路径的显示。

④ 按 Ctrl+J 键，复制光效图层，执行滤镜\模糊\高斯模糊，【半径】为 10 像素。

⑤ 将光效图层的不透明度调整为 70%。

⑥ 用【椭圆选框工具】绘制椭圆形，填充白色。

⑦ 按 Ctrl+T 键，调整椭圆角度，使其与弧线倾斜度一致。

⑧ 按下回车键，再按下 Ctrl+D 键，取消选区，执行滤镜\模糊\高斯模糊，【半径】为 3 像素。

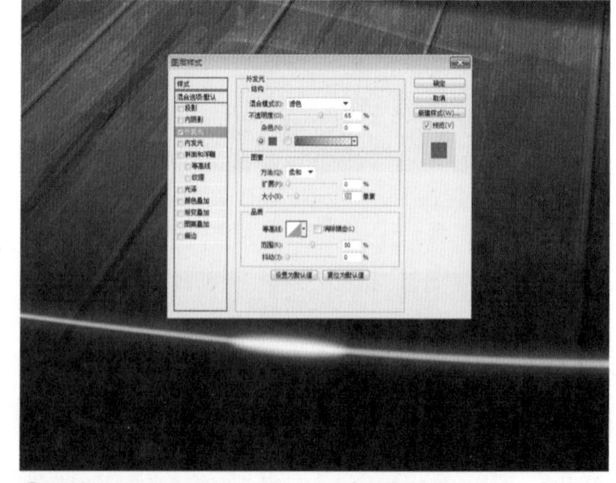

⑨ 在椭圆灯光图层单击右键，选择【混合选项】，勾选【外发光】，单击颜色小方格，设置颜色为红色，【大小】为 29 像素。

⑩ 降低灯光图层的不透明度为 75%。

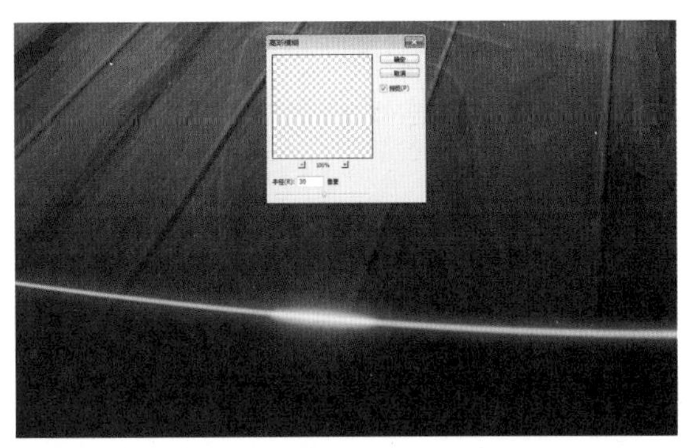

⑪ 按 Ctrl+J 键，复制灯光图层，执行滤镜\模糊\高斯模糊，【半径】为 30 像素。

⑫ 按住 Shift 键选择两个灯光层，按 Ctrl+T 键，拉长灯光，旋转角度，使灯光贴合弧形。

⑬ 将两个灯光图层拖曳至【创建新图层】按钮上，即可复制图层，按 Ctrl+T 键，向右拖曳，旋转角度，使灯光贴合弧形。

⑭ 按照上一步的操作再复制两个灯光，并分别用【自由变换工具】使它们贴合弧线。按住 Shift 键选择 4 个椭圆灯光和弧形，再按 Ctrl+G 键，将它们编组。

4.3.5 制作光墙

01 **绘制光墙** 单击【创建新组】按钮，光墙的图层都放在这个组里，单击【创建新图层】按钮，按住 Shift 键，用【钢笔工具】绘制一条竖线。

02 选择【画笔工具】，设置画笔大小为 5 像素，前景色为 R253、G222、B98。在【路径】面板中单击右键，选择【描边路径】，【工具】为画笔，不勾选【模拟压力】。

03 单击【确定】按钮，完成竖线的绘制。

04 新建图层，用【钢笔工具】勾勒弧形。

05 选择【画笔工具】，在【路径】面板中单击右键，选择【描边路径】，单击【确定】按钮。

06 新建图层，用【钢笔工具】在竖线上方勾勒弧形。

⑦ 选择【画笔工具】，在【路径】面板中单击右键，选择【描边路径】，单击【确定】按钮。

⑧ 新建图层，按住 Shift 键用【钢笔工具】绘制一条竖线。

⑨ 选择【画笔工具】，在【路径】面板中单击右键，选择【描边路径】，单击【确定】按钮。

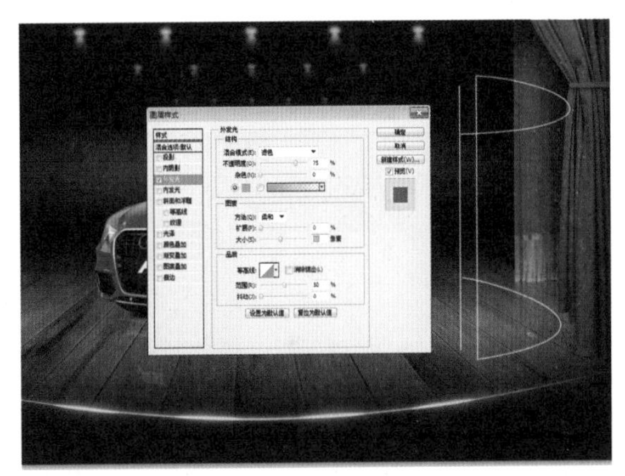

⑩ **设置线条的光效** 选择第 1 条竖线的图层，单击右键，选择【混合选项】，勾选【外发光】，单击颜色小方格，设置颜色为 R232、G148、B97，【大小】为 95 像素。

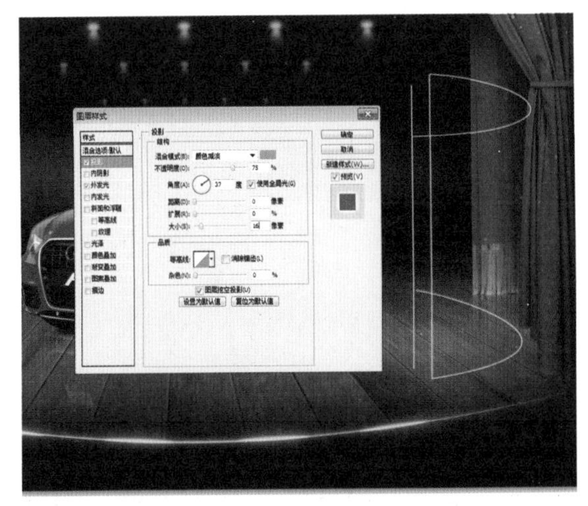

⑪ 勾选【投影】，单击颜色小方格，设置颜色为 R233、G158、B40，【混合模式】为颜色减淡，【角度】为 37，【大小】为 16 像素。

⑫ 按住 Alt 键，分别拖曳图层效果至其他线条图层。

⑬ **柔和线条** 选择第 1 条竖线的图层，执行滤镜 \ 模糊 \ 高斯模糊，【半径】为 3.2 像素。

⑭ 单击【添加矢量蒙版】按钮，选择【画笔工具】，设置【不透明度】为 20%，前景色为黑色，涂抹中间段的线条，使线条有过渡效果。

⑮ 选择第 2 条竖线的图层，执行滤镜 \ 模糊 \ 高斯模糊，【半径】为 3.5 像素。

⑯ 单击【添加矢量蒙版】按钮，用【画笔工具】涂抹中间段的线条。

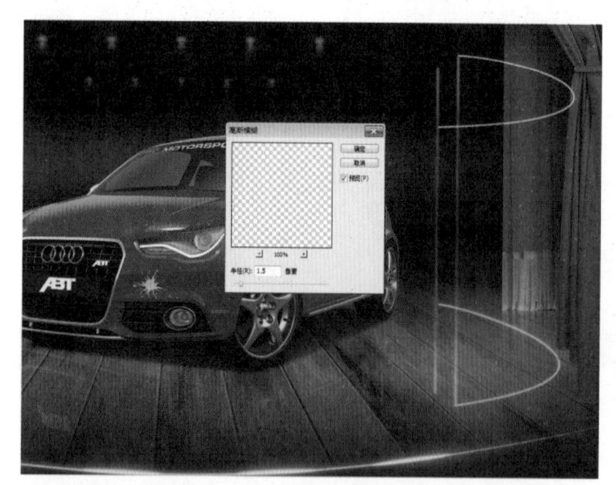

⑰ 选择下方的弧线图层，执行滤镜 \ 模糊 \ 高斯模糊，【半径】为 1.5 像素。

⑱ 单击【添加矢量蒙版】按钮，用【画笔工具】涂抹两端的线条。

⑲ 选择上方的弧线图层，执行滤镜\模糊\高斯模糊，【半径】为 1.5 像素。

⑳ 单击【添加矢量蒙版】按钮，用【画笔工具】涂抹尾部的线条。

㉑ **绘制墙面** 新建图层，用【钢笔工具】勾出墙面。

㉒ 按 Ctrl+ 回车键，载入选区，选择【渐变工具】，设置前景色为 R252、G235、B167，由上至下拖曳，填充黄 - 透明渐变。

㉓ 降低墙面的图层不透明度为 45%，按 Ctrl+D 键，取消选择。

㉔ 新建图层，用【钢笔工具】勾出墙面的厚度。

㉕ 按 Ctrl+ 回车键，载入选区，选择【渐变工具】，分别由上至下和由下至上拖曳，填充黄－透明渐变。

㉖ 按 Crtl+D 键，取消选择，执行滤镜\模糊\高斯模糊，【半径】为 2 像素。

㉗ 新建图层，用【钢笔工具】勾出内墙面。

㉘ 按 Ctrl+ 回车键，载入选区，选择【渐变工具】，设置前景色为 R254、G243、B197，由左上至右下拖曳，填充黄－透明渐变。

㉙ 按 Crtl+D 键，取消选择。单击【添加矢量蒙版】按钮，选择【画笔工具】，前景色为黑色，不透明度为 20%，涂抹右下方的内墙面，使其边缘柔和。

㉚ 选择内墙面图层，执行滤镜\模糊\高斯模糊，【半径】为 4 像素。

㉛ 用【钢笔工具】勾出后面的墙面。

㉜ 选择上面的弧线图层，再选择图层蒙版，用【画笔工具】擦除多余的线条。

㉝ 新建图层，按Ctrl+回车键，载入选区，选择【渐变工具】，由上至下拖曳，填充黄－透明渐变。

㉞ 降低墙面的不透明度为40%。

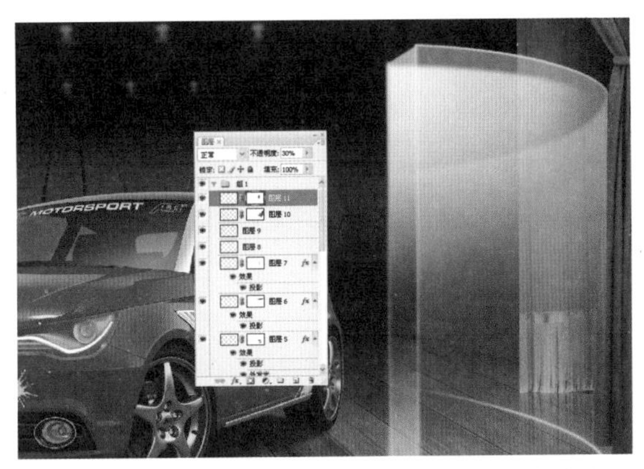

㉟ 为墙面图层添加蒙版，用【画笔工具】擦掉多余的地方。

㊱ 按住Alt键，将弧线图层的效果拖曳至墙面图层，使各墙面都应用上投影和外发光效果。

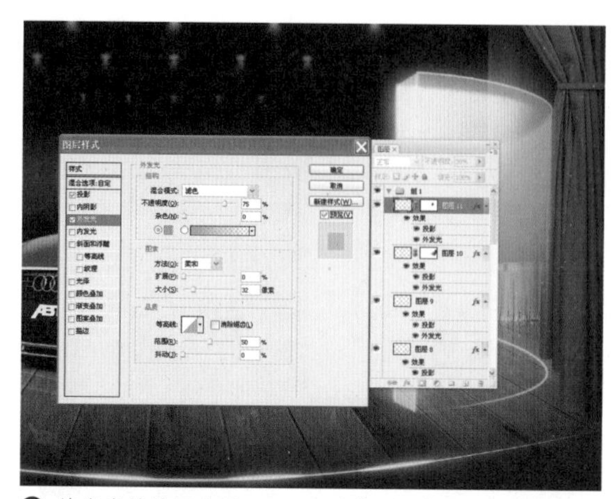

㊲ 外发光的效果太强，可以双击【图层】面板中的外发光效果层，改变【大小】即可。

㊳ 降低图层的不透明度，减弱发光效果。

㊴ 调整好各墙面的完成效果。

㊵ **加强线条的光效** 选择上弧线，按住 Ctrl+J 键复制图层，执行滤镜\模糊\高斯模糊，【半径】为 7 像素。

㊶ 下弧线的调整方法与上一步相同。

㊷ **添加反光面** 新建图层，用【钢笔工具】勾出反光面。

㊸ 按住 Ctrl+ 回车键，载入选区，选择【渐变工具】，前景色为白色，由左至右拖曳，填充白－透明渐变。

㊹ 降低反光面图层的不透明度为 25%。

㊺ **微调光墙** 用【画笔工具】，不透明为 20%，前景色为黑色，选择需要调整的图层，在图层蒙版中涂抹较亮线条或墙面，可以降低其不透明度。

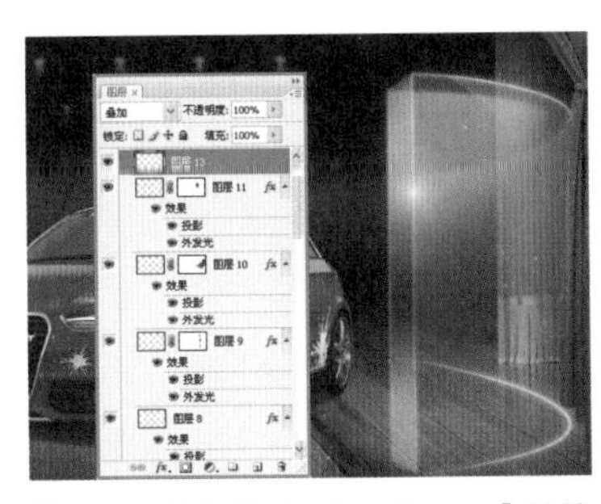

㊻ **添加高光点** 新建图层，用【画笔工具】，不透明为 20%，前景色为白色，调小画笔双击，依次调大画笔单击，即可制作高光点。

㊼ 按住 Ctrl+T 键，拉长和放大高光点，设置图层混合模式为【叠加】。

㊽ 按住 Ctrl+J 键，复制高光点图层，按住 Ctrl+T 键，拉长和放大高光点。

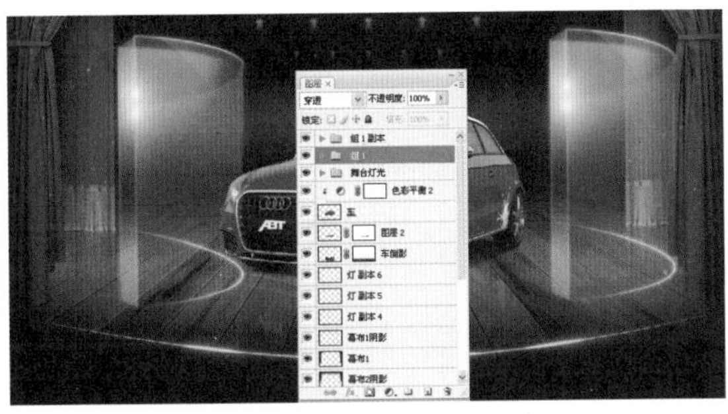

㊾ 单击图层组旁的三角按钮，使展开的图层收起来，按住 Alt 键拖曳光墙至画布左边，即可复制。

㊿ 按住 Ctrl+T 键，单击右键，选择【水平翻转】。

51 选择左边光墙的高光点，调整位置，即完成光墙的制作。

52 将文字内容 .psd 拖入画布中，调整位置，即完成汽车广告的操作。